武器与战争简史系列

兵戈史鉴

图解武器进化简史

曾蓉 编著

化学工业出版社
·北京·

本书精心选择了出现在古今中外历代战争中的数百种经典武器，这些武器中的佼佼者是武器发展史上人类智慧的结晶，它们的每一次亮相都引人瞩目——或打破了战争的僵局，或导致了不对称作战。如果将历代战争中的经典武器比作珍珠，那么科学技术就是贯穿始终、串联起这些珍珠的那条引线，阅读本书就像欣赏每一颗多彩的珍珠，以至观察穿珠引线，品味其最终完成一件绚丽艺术品的奥蕴，使自己的观察力有一个跨越性的提升，使自己对世界武器的发展有整体性的、清晰的历史认识。

本书内容结构严谨，图片精美丰富，不仅适合军事爱好者阅读和收藏，还可作为军事院校专业课程的参考用书。

图书在版编目（CIP）数据

兵戈史鉴：图解武器进化简史 / 曾蓉编著. —北京：化学工业出版社，2018.11（2023.1重印）
（武器与战争简史系列）
ISBN 978-7-122-32892-2

Ⅰ. ①兵… Ⅱ. ①曾… Ⅲ. ①武器-军事史-世界
Ⅳ. ①E92-091

中国版本图书馆CIP数据核字(2018)第194234号

责任编辑：徐　娟
装帧设计：龙腾佳艺
封面设计：刘丽华

出版发行：化学工业出版社（北京市东城区青年湖南街 13 号　邮政编码 100011）
印　　装：天津图文方嘉印刷有限公司
710 mm×1000 mm　1/16　印张 16　字数 300 千字　2023 年 1 月北京第 1 版第 2 次印刷

购书咨询：010-64518888
售后服务：010-64518899
网　　址：http://www.cip.com.cn

定　　价：84.00 元

前 言

战争与和平交织成人类历史。据资料统计，从公元前 3200 年至今的 5000 多年历史里，绝大多数时间都是战火丛生，和平的年份只有 300 多年。自有文字记载的第一次战争至今，全世界共发生战争 1.45 万次，共有 70 多亿人死亡。20 世纪世界发生战争 373 次，其中，第一次世界大战有 33 个国家 15 亿多人卷入战争，第二次世界大战有 80 多个国家和地区卷入战争。第二次世界大战结束后至今，世界发生战争约 300 次，和平的时间还不到 1 个月。战争远没有离开我们，而离开我们的是它的旧的形态。今天，我们在看到进行战争的手段和武器装备的性能正在朝着物理与化学的极限迈进的同时，我们也看到了新的战争形态正在逐渐展示在人们面前。

战争是政治的延续，是流血的政治，武器是战争的手段。除去人类处于野蛮蒙昧时代的空手格斗外，人类从战争最初的原始形态就开始采用外界工具来延伸自身的体能和力量，以达到战胜对手的目的，并在采用外界工具的过程中不断改进工具的形态、方式以及应用方法以获得最大的效用。这些工具在战争形成规模，发生在阶级与阶级之间、国家与国家之间以及其他不同的团体之间后，便演变为武器。所以称之为武器，是因为这些工具在使用过程中已经脱离它最初的用途（用于生产、捕猎）而成为一种专职的威慑、屠杀利器。

在人类战争史上，武器总是不断地革新，其革新的目的总是期望能获得更大的杀伤效果和威慑力量，同时也期望能最大限度地保护自己。武器的革新总是伴随着人类在技术上的进步。任何技术上的发明与创造总能在武器发展上找到它的一席之地。人类的技术进步会引发战争武器的革新，武器的演变过程演绎了人类科技发展史，人类战争武器的发展史谱写了人类科技史。

本书精心选取了出现在古今中外历代战争中的数百种经典武器，这些经典武器贯穿了人类战争史，涵盖了冷兵器、热兵器、近代武器、现代武器和未来武器，这些武器中的佼佼者是武器发展史上人类智慧的结晶，它们的每一次亮相都引人瞩目——或打破了战争的僵局，或导致了不对称作战。

每一种武器的发明都并非偶然，而是肩负着战场上毁灭的使命。武器是战争形态的核心内容之一，武器的发展进化促进了战争形态的变革。基于这种认识，本书不仅对每种经典武器的研制时间、主要构造、作战性能和实战情况进行了简明扼要的介绍，还详细说明了其产生的历史背景，梳理了从古到今武器发展进化的脉络，穿插其中的经典战役重现了当时武器的使用情景，增加了本书内容的深刻性、全面性和鉴赏性。

全书涉及许多军事武器、装备、历史文献，图片精美丰富，内容结构合理，在编写过程中参考了已公开的官方数据、翻译了许多英文资料以及国外的权威军事文档，从而保证了资料来源的可靠性。为本书的编著提供帮助的人员包括一些年轻的军事爱好者，具体有王强、贾丽雪、田浩月、张扬波、张宁、赵盛楠、付海川、柴占伟、梁雪连、黄佳伟等。

由于时间和编著者水平有限，书中难免存在疏漏之处，恳请广大读者批评指正。

编著者

2018 年 2 月

目 录

第一章 冷兵器

第一节 远古时代武器 …… 001
第二节 青铜器时代武器 …… 004
一、戈 …… 004
二、矛 …… 005
三、戟 …… 006
四、钺 …… 006
五、刀 …… 007
六、剑 …… 007
七、矢镞 …… 008
第三节 铁器时代武器 …… 009
一、铁器时代的到来 …… 009
二、铁器时代的发展 …… 010
三、铁器时代的主要武器 …… 010

第二章 热兵器

第一节 黑火药时代武器 …… 032
一、黑火药的发明 …… 032
二、北宋初期火药配方 …… 033
三、北宋初期的初级火器 …… 036
四、南宋时期火枪与铁火炮的发明 …… 037
五、元代的火铳 …… 040
六、欧洲初级火器发展 …… 042
七、欧洲火绳枪的创制与发展 …… 044
八、欧洲的早期火炮 …… 046
第二节 大航海时代武器 …… 049
一、风帆战舰 …… 049
二、舰炮 …… 052
三、大航海时代燧发枪的创制与改进 …… 054

第三节 第一次工业革命时代武器 …… 056
一、无烟火药与炸药 ……056
二、击针后装线膛枪和不断发展改进的步枪 …… 060
三、后装线膛炮 …… 064
四、手枪 ……066
五、机枪 ……068
六、鱼雷 ……069
七、蒸汽铁甲战列舰 …… 070

第三章 近代武器

第一节 一战武器 …… 074
一、一战坦克 ……075
二、一战飞机 ……082
三、一战舰船 ……089
四、一战冲锋枪 ……098
第二节 二战武器 …… 099
一、二战经典枪械 …… 100
二、二战经典坦克与装甲车 …… 107
三、二战经典火炮 ……112
四、二战经典舰船 ……115
五、二战经典飞机 ……124
六、二战经典导弹 ……129
七、二战经典原子弹 ……131
第三节 冷战时期核武器 …… 133
一、核裂变武器——原子弹与核聚变武器——氢弹 ……133
二、核潜艇 ……137
三、战略轰炸机 …… 144

第四章 现代武器

第一节 现代轻武器 …… 150
一、现代经典手枪 …… 150
二、现代经典冲锋枪 ……152
三、现代经典突击步枪 ……154
四、现代经典狙击步枪 ……157

五、现代经典轻机枪 ……159
六、现代经典重机枪 ……161
七、现代经典榴弹发射器 ……163
八、现代经典单兵火箭筒 ……164
第二节　现代火炮 …… 167
一、现代经典榴弹炮 ……167
二、现代经典高射炮 ……169
三、现代经典迫击炮 ……171
四、现代经典火箭炮 ……172
五、现代经典舰炮 ……174
第三节　现代舰艇 …… 175
一、现代经典航空母舰 ……175
二、现代经典巡洋舰 ……181
三、现代经典驱逐舰 ……183
四、现代经典护卫舰 ……186
五、现代经典两栖舰艇 ……187
第四节　现代战机 …… 189
一、现代经典战斗机 ……189
二、现代经典攻击机 ……193
三、现代经典作战支援飞机 ……196
四、现代经典军用直升机 ……202
五、现代经典军用无人机 ……205
第五节　坦克、装甲车 …… 211
一、现代经典坦克 ……211
二、现代经典装甲车 ……217
第六节　现代导弹 …… 222
一、现代经典反坦克导弹 ……222
二、现代经典地空导弹 ……225
三、现代经典空空导弹 ……227
四、现代经典空地导弹 ……231
五、现代经典空舰导弹 ……232
六、现代经典陆基洲际弹道导弹 ……233

第五章　未来武器

第一节　太空武器 …… 236
第二节　电磁武器 …… 238
第三节　激光武器 …… 239
第四节　纳米武器 …… 241
一、纳米信息系统 …… 241
二、纳米攻击系统 …… 242
三、纳米武器装备的特点 …… 244
第五节　战场机器人 …… 245
第六节　未来单兵战斗系统 …… 246

参考文献

第一章　冷兵器

战争贯穿了人类漫长的冷兵器时代。工欲善其事，必先利其器，作为战争工具的冷兵器历经实战不断得到改进。冷兵器由原始社会原始、粗糙的生产工具演化而来。人类早期的冷兵器以石头制作为主。随着科技的发展，在铜、铁等金属制作工艺出现之后，冷兵器才开始选用金属制作。

第一节　远古时代武器

草莽丛生处，锋芒自此出！

武器是怎样产生的？也许这要追溯到 500 万年之前早期原始人类制造的第一块天然石器，它既是武器，也是当时人类的劳动工具。恩格斯认为：“根据所发现的史前时期的人的遗物来判断，根据最早历史时期的人和现在最不开化的野蛮人的生活方式来判断，最古老的工具是些什么东西呢？是打猎的工具和捕鱼的工具，而前者同时又是武器。”（《劳动在从猿到人转变过程中的作用》）

历史总是在不经意间扭转和改变。历史、考古以及兵器史专家推测：早期的人类在长期使用天然木棒和石块来获取食物和护卫时，偶尔发现用砾石摔破后产生的锐利边缘来砍砸和切割东西较省力，于是便有意识地打击石头，使之破碎，以制造出合用的工具。

在原始社会，获取食物是人类的头等大事。野生谷物、坚果和根茎等可以采集，但是动物只有通过狩猎才能获得。公元前 25 万年到公元前 10 万年左右，人类掌握了将木制的矛头放在火中使其变硬或者用带刃的石头将其削尖的技术，最早的矛就此产生了，这使得人类在与猛兽的战斗中占有了很大优势。早期人类狩猎的场景如图 1-1 所示。

图 1-1　原始人利用骨矛、石矛猎杀哺乳动物

随着劳动和生活经验的不断积累，人类制造石器的能力也不断提高，石器的种类日益丰富。特别是随着农业和畜牧业的出现，加之后来出现的一些原始手工业，石器制作得更加精细了。人类逐渐掌握了琢磨加工的方法，石器的刃口愈加锋利。随着人口的增加和生产的需要，各部落联盟经常为争夺水源、草地及掠夺人口和牲畜而发起冲突。

到距今 5000 多年前的新石器时代晚期，有些氏族部落开始从母系社会向父系社会过渡，社会的生产有了一定的发展，私人占有财产的现象逐渐产生，部落之间的武力冲突已经带有掠夺财富的性质。随着武力冲突规模的不断扩大，部落之间的武力冲突逐渐发展成了部落之间的战争。在这些战争中，单纯地利用带有锋刃的生产工具已经不能满足作战的需要，于是出现了由少数人制作的与生产工具不同的武器。这些武器都是当时的人们用石、骨、竹、木等材料，仿照动物的角、爪、喙的形状制成的，比天然或简单加工刮削而成的刀器和生产工具的杀伤力要大得多，真正意义上的兵器（图 1-2 ~图 1-8）就逐渐与生产工具分离开来。

图 1-2　新石器时代的石斧

图 1-3　有全槽的石斧

图 1-4　梭镖

注：早期最为有效的武器是梭镖投射器或抛矛器。梭镖投射器由一个有槽的长杆构成，使用者在槽里放置矛或梭镖；长杆底部一个钩状的凸出物将抛射物支撑在合适的地方，直到使用者准备向目标“开火”。

图 1-5　滑石石铲

注：这个带刃的石铲由滑石、各种包含高白垩成分的皂石制成。由于很容易变形，滑石被早期人类用于制造工具、装饰品以及武器。这件样品来自于现在的美国南部密西西比当地的文明（公元前 1500 ~ 公元前 1000 年）。

图 1-6　绿岩石凿

注：图中是来自北美的石凿，是由绿岩制成的。绿岩是一种在河边就能找到的坚硬的岩石，很难加工，但是其耐用性却和金属相似。虽然这些石凿是被用作砍伐树木的工具，但是它们和其他一些类似的带刃石器一样，都是战斧之类武器的早期雏形。

图 1-7　石锛

注：石锛（bēn）也是一种重要的石兵器。它是从林木工具发展而成的，由石锛头和木柄构成，用绳索绑扎而成。木柄通常由有杈的树枝做成，锛头则分为有段和无段两种。

图 1-8　石矛、石斧、石锛

当时人类所使用的石器主要分为三大类：第一类为打击器，如石铲、石斧、石凿等；第二类为投掷器，如石核、梭镖等；第三类为刮器，如石刀、石刮、石锥等。当然，如果用今天的眼光来看，这些石器的制作显然十分粗糙。比如，石斧实际是在一块扁平石头的一侧边缘上，经过斜击，打去几片碎片，使边缘部分裂成锐形，做成刃部，再将其另一侧的边缘打制成方形或多边形，以便人手把握。

第二节　青铜器时代武器

壮士亦何为，素丝悲青铜！

青铜是铜和锡或铅的合金，因为色青，故称青铜，具有熔点低、易锻造、硬度比纯铜高的特点。青铜器时代就是人类使用青铜制作主要的生产工具、武器及生活用器的时代，是人类物质文化发展史上继石器时代之后的第二个时代，是人类使用金属的第一个时代。在青铜器时代，青铜器无论是在生产上还是在社会生活的各个方面都占有主导地位，起着决定性的作用，是最主要的文化因素，因此，这个时代被称为青铜器时代。

对人类而言，青铜器时代是一个技术快速发展的时代。在这个阶段，人类通过提炼、熔解和锻造金属矿石，第一次学会了如何制造工具和武器。“青铜器时代”这个术语是具有弹性的，因为不同的文明是在不同的时代制造了这些金属工具。这个术语也有些用词不当，因为在最早的阶段，人们使用的是黄铜而不是纯的青铜。这个时代有时也被划入红铜时代（金石并用时代）。黄铜在公元前 3500 年 ~ 公元前 3000 年的中国和东地中海地区已被人们了解，在之后的 1000 多年里，黄铜和后来的青铜的使用技术传入了欧洲。

青铜器时代最具代表性的武器包括戈、矛、戟、钺、刀、剑、矢镞七种。

一、戈

戈的历史十分久远。武王伐纣时，曾在牧野向士兵们发出这样的号召：“称尔戈，比尔干，立尔矛，予其誓。”于是，一场著名的牧野之战打响了。双方兵戈相向，血染沙场。后来，因为殷商士兵不甘心为残暴的纣王卖命，纷纷倒戈，最终纣王大败，商朝灭亡。戈是用青铜铸的呈牛舌形的锋刃器。戈的后部有上下突出的短阑，把末端插入柲（bì，戈柄的古称）内，然后用动物筋或革带把短齿和柲扎结在一起。商代的戈体比较宽，到了商末周初时开始改窄。图 1-9 为春秋战国时期的铜戈。

二、矛

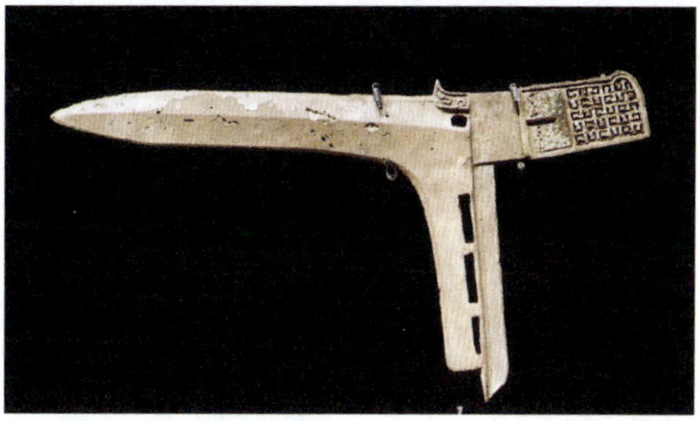

图 1-9　春秋战国时期的铜戈

矛是人类各民族共同发明的一种武器，也是世界上各国古代军队中大量装备和使用时间最长的冷兵器之一。在地球上，只要有人类生活过的地方就会有矛出土。它是一种用来直刺、扎挑的长柄格斗武器。至今，在世界偏僻蛮荒之地的土著人还在使用长矛狩猎、战斗。矛由矛头和矛柄两部分组成，其制作简单，也是一种纯粹的刺杀兵器。

商和西周时代的青铜矛多是大型的，两侧有宽大的翼，有后掠式的，也有呈叶状的。春秋晚期和战国时代的矛虽然形式较多，但两翼都逐渐缩小，更利于迅速穿刺（如图 1-10 ~ 图 1-12 所示）。

图 1-10　商晚期酗亚矛

图 1-11　商晚期囧纹矛

图 1-12　战国早期越王者旨乌睗矛

图 1-13 为迈锡尼矛头，这是一件青铜器时代晚期的现代复制品矛头，来自迈锡尼时代——一个以希腊城邦命名的时代，它在公元前 3000 年 ~ 公元前 1000 年被士兵广泛使用。这个矛头有一个槽状的、叶形的锋刃，总长度为 70 厘米。

图 1-13　迈锡尼矛头

三、戟

戟最早出现在殷商时期，是以矛为主体，并在矛的基础上结合戈的优点而打造的新型兵器，是戈和矛的合成兵器。它既有直刃又有横刃，呈“十”字或“卜”字形，是一种具有可钩、可啄、可割、可刺的多种用途兵器，杀伤力大大超过戈和矛。戟上似矛的部分被称为刺。刺和戈有分铸的，也有合铸的。西周时代，戟的戈和刺是合铸的。春秋后期，刺和戈多数是分铸的。戟最流行的时期是春秋战国时期（如图 1-14 ~ 图 1-16 所示）。

图 1-14　西周晚期侯戟

图 1-15　战国中期陈侯因咨戟

图 1-16　战国中期商鞅戟

四、钺

钺（yuè）的外形和斧十分相似，盛行于商代，周初的墓葬中也常有发现。钺和斧的不同之处在于，钺专用于杀戮，也就是只作为刑具使用。据史书记载，牧野之战商纣王兵败自焚以后，武王还用钺把已经死亡的纣王的头砍下来。钺的形制可以分为两类，一类是大的或甚大的，另一类是小的。在殷墟王陵中，发现殷王的近卫武士身旁装备小钺。大钺都出于较大的墓中，如河南安阳小屯的妇好墓、湖北盘龙城商代早期墓葬和山东益都商代大墓等都出有大钺。可见，大钺还有表示墓主人等级尊贵的作用。武王即位的时候，据说周公把大钺，召公把小钺，以辅协武王。因此看来，在某种程度上，钺还代表着权力。

1966 年，山东益都苏埠屯出土商晚期的亚醜钺（图 1-17），长 32.5 厘米，两面各饰以相同的半兽半人的头像，巨睛凝视，獠牙，大咧口。现存的商代青铜大钺，多以半兽半人的动物面部作为装饰，这件钺也是如此。它的眼和嘴与一般的兽面纹没有不同之处，但从整体看，又有点像人面。为何这一独特的图像和钺联系在一起，值得考究。由于钺是刑具，因此推测，其装饰是刑神的形象。

图 1-17　商晚期亚醜钺

五、刀

这里的刀指的是用于作战兵器的刀，而不是日常生活中所用的刀。青铜时代的刀按其形状可分为两种。一种是长身宽刃并且卷头呈弯钩形的刀，可装长柄，为殷墟时期所铸；至西周时期，刀身变得狭长些，刀头缩小成圆刃状，但是也发现有宽刃的大刀。另一种是宽刃长身的翘首刀，有短柄，在殷陵的杀殉甲士中佩有这种刀。还有一种是双刃刀，刀体呈长三角形，两侧皆有刃，刀柄微曲，柄末端有铁空心圆形的铃。这种刀多发现在河北、山西及陕西等省的北部，是具有地域特点的兵器，器形较小，推测是格斗所用。此时期的刀如图 1-18 ~ 图 1-24 所示。

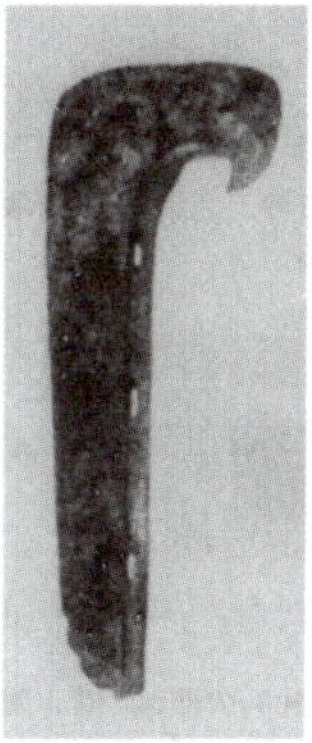

图 1-18　商晚期卷头刀

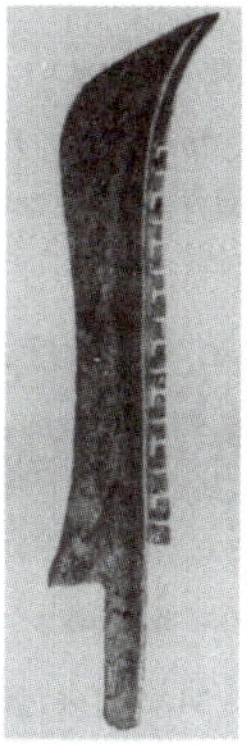

图 1-19　商晚期目雷纹刀

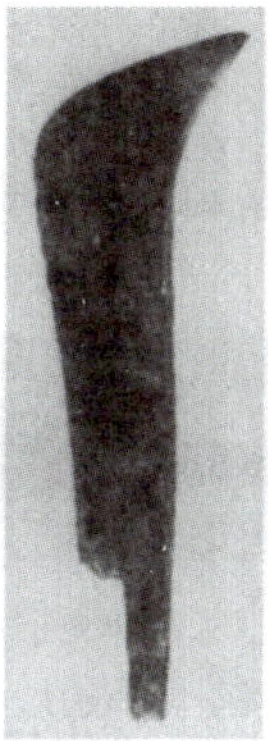

图 1-20　商晚期方格脊纹刀

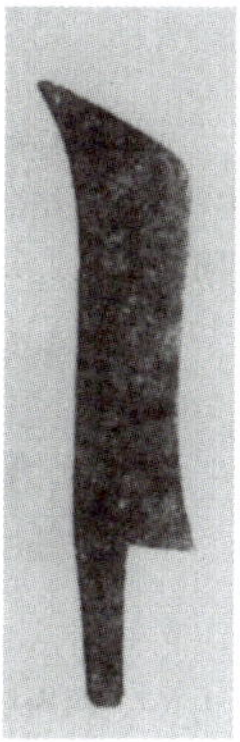

图 1-21　商晚期亚矣刀

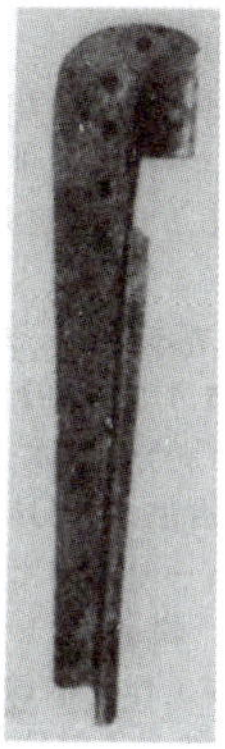

图 1-22　西周早期乳钉纹刀

图 1-23　双刃铃柄刀（一）

图 1-24　双刃铃柄刀（二）

六、剑

剑是从商代才开始出现的。从商代晚期到西周时代的青铜剑是短剑，它是一片上部较窄、下部略宽的长条形锋刃器。剑在商末周初时期稀少而珍贵，还不是普遍使用的兵器。到了春秋晚期，剑才开始作为一种新式武器，大量装备至军队中最下层的军官。为了作战方便，人们把剑体延长，使之更加具有刺杀的效能。春秋晚期至战国时期，青铜剑极为流行。当时的吴国和越国是优质剑的著名产地。1965 年，湖北江陵出土的越王勾践剑，是当时最高水平的铸品。

春秋晚期的越王勾践剑（图 1–25、图 1–26），长 55.7 厘米、身宽 4.6 厘米，保存完好，基本上没有腐蚀，金光湛湛，犀利异常。剑上有铭文八字：“越王鸠浅（勾践）自乍（作）用鐱（剑）。”

此剑剑体满饰菱形花纹，花纹内所填的物质与剑体不同。经用同样纹饰的残剑进行分析，证明花纹的基体是高锡青铜和微量铁的合金。铭文铸在花纹和剑的基体上，说明这种纹饰是在浇铸剑体时形成的，而不是铸成后镀上去的，否则铭文大部分会被湮没。这种纹饰的铸造工艺如何，是一个仍在探索的问题。

图 1–25　越王勾践剑铭文

图 1–26　春秋晚期越王勾践剑

七、矢镞

矢镞如图 1–27 ~ 图 1–29 所示，是一种用青铜铸造的箭头。矢镞有一个尖锐的头部和张开的两翼，翼的末端通常呈后掠式，使之射中敌人肌肉后拔出时必然会扩大创伤面积。矢镞虽有大小、厚薄和阔狭之分，但基本形式是相同的。到了战国时代，出现了镂空翼的矢镞，还新出了锥形和三角形的矢镞。矢镞形态的变化，与当时作战的方法、兵种和武器的改进有关。矢镞发展总的趋势是两翼逐渐缩小，以便能深入被射物的内部。矢镞的末端插入箭杆之中的部分叫作铤，商、周时代的矢镞一般很短，战国时代出现了长铤，也有铁铤和铜矢镞合铸的。

图 1–27　商晚期矢镞

图 1–28　战国矢镞（一）

图 1–29　战国矢镞（二）

发现于波斯（现代的伊朗）的卢里斯坦山区的波斯矢镞（图 1–30）由坚硬的青铜制成，使用于大约公元前 1800 年 ~ 公元前 700 年。

图 1–30　波斯矢镞

第三节　铁器时代武器

夜阑卧听风吹雨，铁马冰河入梦来！

一、铁器时代的到来

铁器时代是人类发展史中一个极为重要的时代。人们最早知道的铁是陨石中的铁，古代埃及人称之为神物。铁的冶炼和铁器的制造经历了一段很长的时期，当人们在冶炼青铜的基础上逐渐掌握了冶炼铁的技术之后，铁器时代就到来了。

在考古学上，铁器时代是指人们开始使用金属铁来制造武器和工具的时代，是人类史前时代按照石器—青铜—铁器三代划分法的最后一个技术文化阶段。这一时代诞生的古希腊文明、古罗马文明、波斯文明、印度文明、华夏文明（秦汉文化）在农业经济、宗教信仰与文化模式等方面都有了自身显著的特征。

铁制兵器正式装备部队后，因为其硬度和韧度都明显地优于青铜，也由于骑兵大量使用后冲锋陷阵、马上接战的战术对兵器的强度有更高的要求，所以在西汉末年时，铁制兵器已完全取代青铜兵器，进入了一个全新的时代。在这数百年的交替期间，同时也是青铜兵器的发展巅峰，铁制兵器在历史舞台上展现了其最后的灿烂风华。

相比青铜器而言，较高的硬度和低廉的价格使得铁器在武器和农业方面被广泛使用。印度大约在公元前 800 年，中欧大约在公元前 750 年，中国大约在公元前 600 年，相继进入了铁器时代。

中国古代人民对铁的认识是很早的，但是真正体现社会生产力水平的冶铁手工业是在春秋中叶以后发展起来的。战国时期，冶铁炼钢技术又有新的进步。铁器登上历史舞台，引起农具和手工业工具的大变革，成为社会经济飞跃的重要因素。武器的生产是以整个社会的经济与科技的发展为基础的，它既受生产力水平的制约，又必然灵敏地反映最新的生产技术成就。由于统治阶级的重视，这种先进的冶铁技术必然被利用来制造武器，于是，铁制兵器就出现在战场上。

进入铁制兵器时期，为了提高战斗力，兵器的选材不只是可能，而是一种必然，并逐步走向科学化。

二、铁器时代的发展

铁是地球上蕴藏最丰富的金属。不过，人类的铁器时代比青铜时代来得晚，那是因为铁的冶炼比铜困难。

考古学家在地中海一带和近东地区发现了公元前 3000 年的铁器，其中一件为人工冶炼，四件为陨铁制品，这是人类所知最早的铁器。所以，人类至少有 5000 年使用铁器的历史。

公元前 20 世纪，西亚地区的赫梯人掌握了炼铁的技术，最先制造出铁制兵器。从此，铁制兵器被当作珍品一般在两河流域各国之间流通。古国亚述（公元前 9 世纪）是第一个普遍使用铁制兵器的国家，这是亚述帝国强大最重要的原因。印度有丰富的优质铁矿，而且至少在公元前 3 世纪就冶炼出非常高纯度的高碳钢。中亚游牧民族在公元前 9 世纪就已经得到铁制兵器，到了公元前 7 世纪，他们自己开始冶炼铁器。

公元前 14 世纪，通过海上民族腓尼基人，铁器开始传入欧洲。在希腊发现最早的铁剑是公元前 11 世纪锻造的，比中国早了至少 300 年。希腊在公元前 6 世纪完成铁器化，接着就是罗马帝国。由于东欧有极为丰富的高质量铁矿，冶铁技术迅速向西传播。欧洲本来铁矿就很丰富，所以虽然文化和经济水平都不高，但是从公元前 8 世纪到公元前 6 世纪这短短的 200 多年间，铁器就在欧洲全面普及了。青铜器的最后一个据点——不列颠岛（英国），也在公元前 5 世纪完成了铁器化。于是，整个欧洲都在公元前 5 世纪进入了铁器时代。中国最早的陨铁制品出现在公元前 13 世纪（河北出土的铁刀），但是后来就长期沉寂了，显然是因为不能掌握铁的冶炼方法。这样一直到西周末期（公元前 8 世纪）中国才开始炼铁。

铁器的应用是人类文明最重要的里程碑。直到今天，炼钢的技术仍然是一个强国非常重要的技术指标。尤其是在传统工业，譬如汽车和造船，还有国防工业，譬如坦克、枪支与火炮，炼钢技术是必不可少的支柱，任何工业强国都在全力研发。

三、铁器时代的主要武器

（一）攻击性兵器

1. 矛

如前所述，矛是一种用来直刺、扎刺的长柄格斗武器，由矛头和矛柄两部分组成。矛头锋利，多以金属制作，矛柄多以硬木、竹竿、硬藤等制作，也有用金属杆制作而成的。矛比当时的戈、戟等兵器刺杀效果要好，所以它一直是铁器时代的主要作战兵器之一。铁矛头具有体长、锋利的优势（如图 1-31、

图 1-32 所示），其应用价值更要比青铜矛头广泛，所以矛的制造材料也变成了以铁为主，铁矛逐渐取代了青铜兵器。

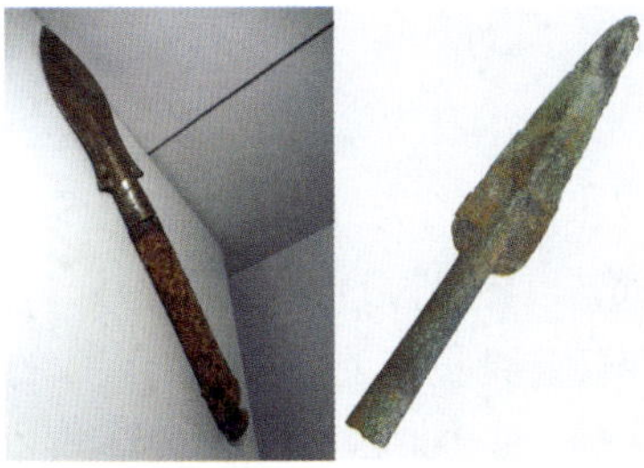

（a）西汉铁矛头　（b）秦汉铁矛头

图 1-31　铁矛头

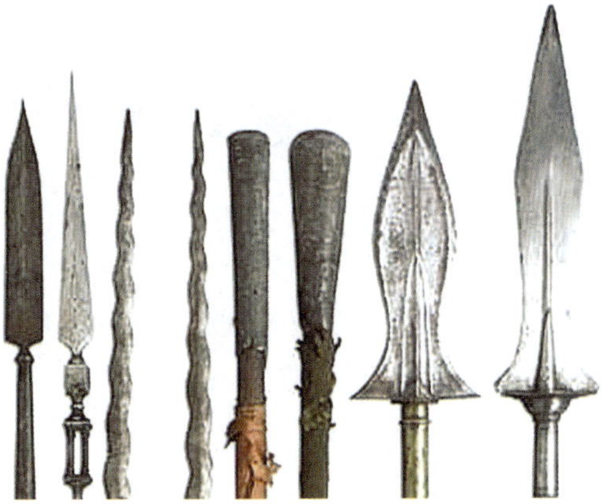

图 1-32　欧洲各样式的长矛矛头

西汉铁矛是专供骑兵使用的长矛，全长为 1 丈 8 尺（汉代 1 丈约等于现在 2.3 米），称为“矟”（后世又俗称为“枪”）、“铊”等。这种矟在当时是不许普通老百姓拥有的，一直到唐代都被看作官方的兵器。

与中国古代的铁矛头相比，国外的铁矛头也各有优点。古代欧洲使用的矛主要有短锤矛、菱形矛、长矛和短矛四种。短锤矛外形独特，是在短杆的一端装有金属叶片（盾片）制成的小头。16 ~ 17 世纪使用的短锤矛长约半米，带有直径 14 厘米的铁头，铁头上还装有 14 个叶片。哥萨克人更是将短锤矛作为首领权力的标志，而且这一习俗甚至一直沿用到俄国国内革命战争期间。

菱形矛（图 1-33）则是长杆上装有扁长铁（钢）尖头的矛。这种矛长达 2.5 米或更长，是德国 16 世纪时雇佣兵的常用武器之一，到 17 世纪却发展成为君主卫士的专用武器。后来，俄国在 17 世纪也出现了菱形矛，并且在 17 世纪 ~ 18 世纪 30 年代，菱形矛一度成为俄国军官的荣誉武器而不用于作战，而将菱形矛的原体——埃斯潘通矛作为俄国军队的作战武器一直沿用。

在 16 世纪的意大利，开始使用一种特殊的折叠矛，如图 1-34 所示。这种矛头的矛头较长，可折向矛柄，柄部也可折叠，便于携带，但因制造精细，费用很高，只有富有的贵族王公才能使用。到 17 世纪末 18 世纪初，随着燧发枪和刺刀开始装备部队，

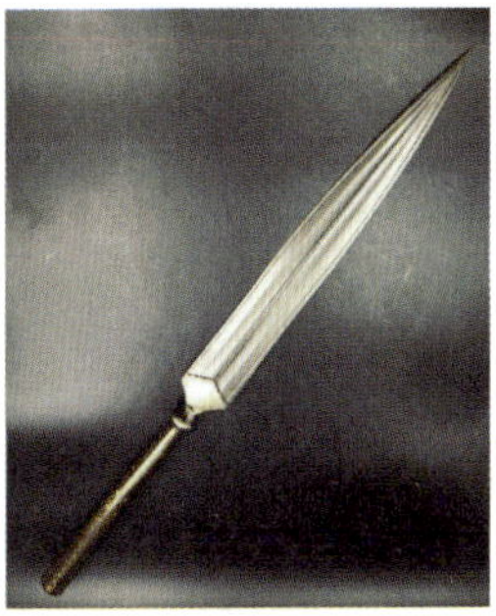

图 1-33　19 世纪波斯恺加王朝的错金乌兹矛（矛头长 68.5 厘米、宽 5.5 厘米）

步兵中的长矛兵逐渐从战场上消失。但是长矛在骑兵装备中还残留了一段相当长的时期，甚至在 20 世纪初波兰骑兵的装备中还留有长矛。

图 1–34　折叠矛

伴随着长矛长度的增加，再加上铁矛头的运用，人们的作战方式也发生了明显的变化，由个人的单打独斗逐渐发展成团体作战。在古代，世界最长的矛是马其顿长矛，最短也有 2 米，最长可达 6 ~ 7 米。矛头多由铜、青铜和铁制成。在重装步兵组成的马其顿方阵中，长矛的威力发挥到了古代战争史上顶点。布长矛阵形，作战冲锋时，整个方阵就像一面带刺的墙，凶猛地向敌人冲去（如图 1–35、图 1–36 所示）。

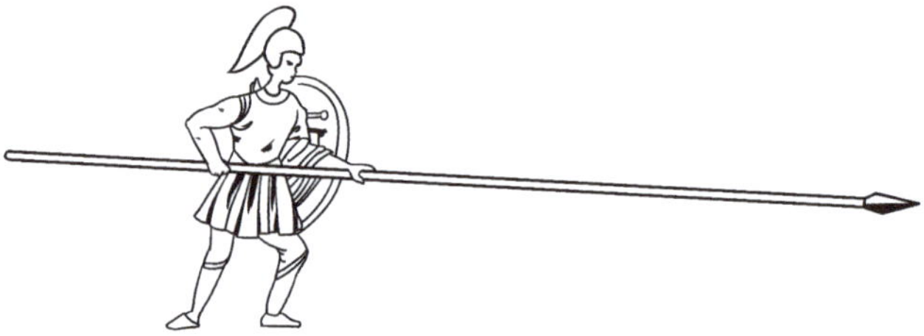

图 1–35　马其顿的长矛手

图 1–36　战斗姿势的马其顿长矛方阵

注：前 6 行平持长矛，后 10 行斜持长矛起保护和补充作用。

经过无数次战争的考验，长矛日渐成为当时冷兵器舞台中的主角，一时间称霸陆地战场。直到火器出现以后，长矛才悄然退出了战争历史舞台。

2. 枪

枪是古代一种刺击长兵器，也是在矛的基础上诞生的。

在中国晋代，枪头改为短而尖的形式。唐和五代以至更后各时期，枪都成为军队的主要武器。唐代枪分漆枪、木枪、白杆枪、棒扑枪四种。漆枪短，是骑兵用的；木枪长，是步兵用的；其余两种为皇朝禁卫军所用。宋朝的枪种类繁多，《武经总要》记有捣马突枪、双钩枪、单钩枪、环子枪、素木枪、鸦项枪、锥枪、梭枪、锥枪、太宁笔枪、短刃枪、抓枪（两种）、蒺藜枪、拐枪、拐突枪、拐刃枪等。明朝军队中，枪仍居“白刃之首”，主要有舀角枪、箭形枪、龙刀枪等，还有手头标枪。清代的长枪有嫉形枪、笔形枪、钩形枪、矛形枪等。到清末，经战争的淘汰，种类繁多的长枪趋向于单一化，枪头一般为扁形，圆底，筒外加数个铜箍，其外形接近矛头。中国古代枪如图 1-37 所示。

图 1-37　中国古代枪

枪是不与敌人直接接触就可同敌人搏斗的兵器，可用作刺杀，也可用来投掷。与矛相比，枪头比矛头的刃部短而尖锐，所以刺杀时枪比矛更为轻便锋利。三国时期，枪的枪头已经换为铁制，到唐代以后，作战部队几乎全部用枪取代了矛。宋代是中国兵器发展史上的一个重要转折时期，枪成为主要的作战兵器之一，种类发展繁多，仅《武经总要》一书就记载了 18 种形态各异的宋代枪。

到了元代，蒙古骑兵也喜欢用枪，枪头为三尖刀，十分锋利，作战时还可以当作标枪掷出以飞刺敌人。随着人类文明的进步和战争的需要，明代人们将火药和铁枪结合起来，制成了一种能喷火烧灼敌人的梨花枪。此枪的杀伤力强、范围大，颇受将士的推崇，最终被广泛运用。梨花枪其实起源于宋代，是冷兵器向火器过渡的一种枪，只是在明代得到了广泛的运用而已。到了明代末期和清代，随着火枪的出现，其能够满足作战范围扩大的需要，使部队作战能力大大增强，以至于枪逐渐被火枪所替代。

3. 戟

如前所述，在戈的顶端装上矛尖，既可击杀，又能冲刺，这就是戟。戟在南北朝以前是一种流行兵器，有长柄单戟和短柄双戟两类（如图 1-38 所示）。短柄双戟属于短兵器。长柄单戟又分两种：在末端置有左右两个月牙的，叫“方天戟”；仅有一侧有月牙的，叫“青龙戟”。后来，由于盔甲制作日益精良，钩啄的杀伤力减小，戟的作用降低，而枪和矛等刺杀兵器仍能大显身手，所以，戟逐渐被枪取代。到了唐代，戟几乎全部退出了作战兵器的行列，但又被唐代官方列为代表身份等级的礼兵器，规定三品以上的大员或下州以上的衙署才可以列戟，并以戟的多少代表官位的高低。

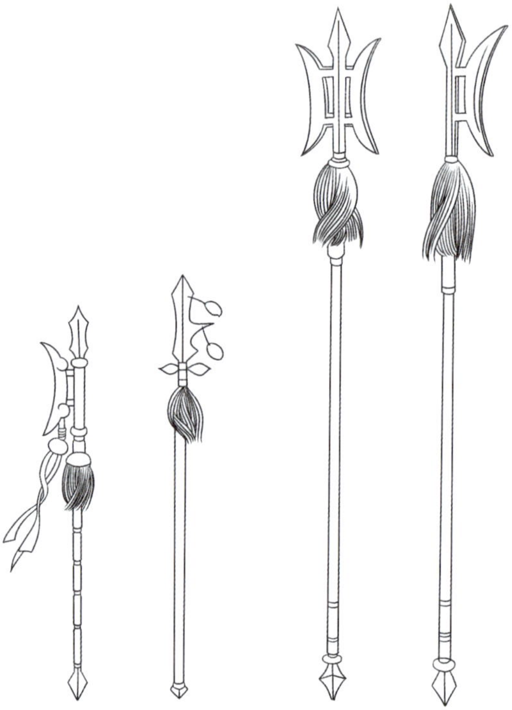

（a）戟刀 （b）棨戟 （c）方天戟 （d）青龙戟

图 1-38 各类戟

戟在欧洲国家也被广泛使用，在 14 ~ 16 世纪，一直是步兵的主要武器，甚至在火器出现之后，仍沿用到 18 世纪。

4. 斧和钺

斧和钺都是一种砍兵器。斧和钺的形制相同，区别在于大小，大的称钺，小的称斧。斧和钺在商代已是重要兵器之一，后汉和隋唐曾流行用斧。斧和钺的缺点是刃厚且笨重，火器流行之后，斧和钺逐渐衰退。

斧在今天是一种短兵器。古代作战时用的斧多是长柄，俗称“大斧”，属于长兵器。另一种短柄斧，俗称“板斧”。至今仍有板斧套路传世，以抡劈为主。

三国时期，由于钢铁的产量、质量不断提高，铁制大斧沉重而锋利，杀伤力大大增强。晋代以后，斧和钺的外形发生了较大的变化，其刃部明显加宽，斧柄则明显减短，从而操作更加方便，砍杀能力也有明显提高。当时的斧和钺依样式不同分为长柄斧、凤头斧等，如图 1-39 所示。

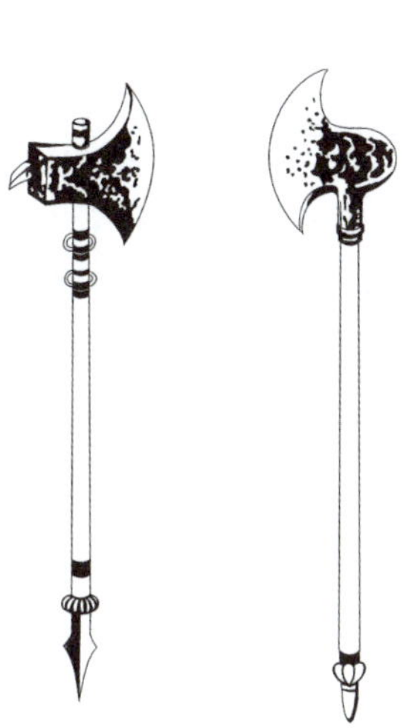

图 1-39　长柄斧、凤头斧

唐宋时期，钢铁材料广泛应用，斧和钺发展成为战场常备兵器，流行于军中，成千上万的士兵持长斧作战。

宋朝军队面对的主要敌人是西夏、契丹和女真的骑兵，相比较而言，宋朝军队在骑战中常处于劣势，主要靠步战取胜。所以，宋军士兵大多手持斧和钺，用于抗击辽金铁骑的冲击，以克敌制胜。

在欧洲等地，斧也是出现最早和最具威力的兵器之一，并被相当多的民族神化。丹麦斧是世界兵器史上一种影响非常大的兵器，它具有很宽的斧身，斧背扁平，刃部呈月牙状。北欧诸国以及英吉利人、诺曼底人都长期使用丹麦斧，后发展成为多种形制的专用斧，一直沿用到 16 世纪末期。

西欧、北美在 16 ~ 18 世纪有了铜斧和铁斧两种战斧。当时，北美印第安人把战斧作为一种投掷和劈杀的冷兵器。

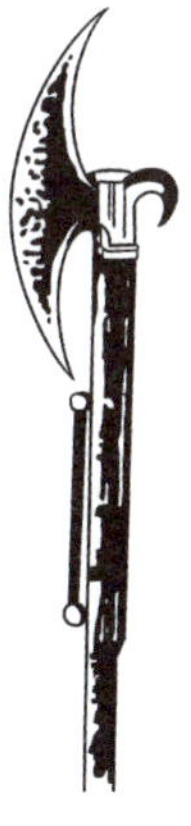

图 1-40　欧洲长柄斧

长柄斧（钺）是欧洲最古老的一种劈杀武器，是将斧背装在柯（长杆）上的半月形宽刃斧，有时斧背上还带有钩子，步兵用它把骑兵钩下马。长柄斧最早出现在青铜器时代（如图 1–40 所示）。9 ~ 15 世纪，长柄斧在俄国军队中被广泛使用。到 16 世纪，在俄国，长柄斧被钺代替。不久，斧在西欧被戟代替。18 世纪，钺和戟成为沙皇宫廷卫士和岗哨的仪仗武器。

5. 长刀

刀有“百兵之胆”的称号，仅单边有刃，宽身厚背并呈弧形，而柄也是弯的。由于形状像柳叶的关系，所以又被称为“柳叶刀”或是“雁翎刀”。千百年来，刀这种兵器在战场上被广泛使用。

刀的套路有单刀和双刀两种，均以劈砍为主。单刀要求勇猛迅疾，多有缠头撩花动作。双刀更富于观赏性，好手舞起，犹如团雪滚滚，不见人影。

身后装有长柄的刀名为春秋大刀、偃月刀、长刀。长刀由于直背直刃，柄长刀利，砍杀有力，很适合用于各种战斗场合，历来为兵家所推崇。

秦汉时期，骑兵成为作战的主力，单纯的刺扎兵器已经不足以发挥其效力，于是，擅长劈砍的长刀被广泛采用。汉朝时期，冶铁技术已有相当的发展，制刀技艺日渐精湛，那时曾先后炼制出 30 炼、50 炼及至 100 炼的钢刀。为了改变炼钢生产效率低、炼钢受限的局面，大约到东汉时期，一种以生铁为原料的崭新的炼钢技术已经成熟，并用于制作兵器。西汉的环手铁刀如图 1–41 所示。

图 1–41　西汉环手铁刀

魏晋南北朝时期，长刀已成为骑兵的重要武器。此时的长刀不仅制作工艺精细，而且装饰非常考究，刀上饰有各种鸟兽的形象，并且取有各种名字。

隋唐以后，新的冶铁技术——灌钢法诞生了，并取代了当时的百炼法，使刀刃的加工制作更加锋利。唐代大刀全长达 3 米，重 7.5 千克，两面有刃，又称为陌刀，当时军中专门组建了陌刀队。唐代陌刀和宋代长刀如图 1–42 所示。另有一种朴刀，其刀柄比大刀的短些，刀身窄长，也是双手使用。朴刀套路目前仍有流传。

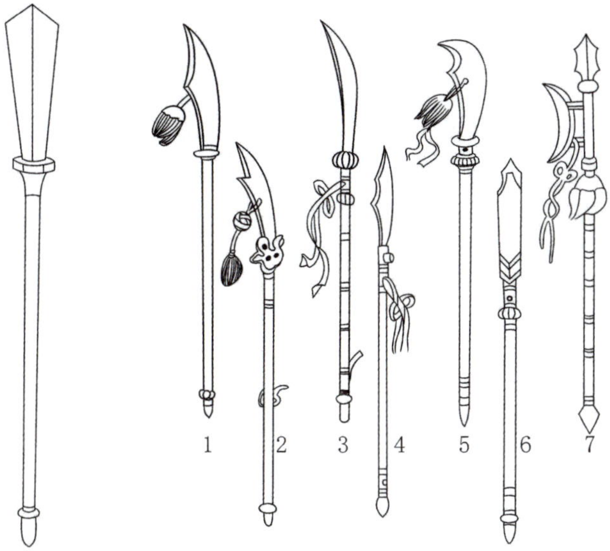

（a）唐代陌刀　　（b）宋代长刀

图 1-42　唐代陌刀和宋代长刀

1—屈刀；2—偃月刀；3—眉尖刀；4—笔刀；5—凤嘴刀；6—掉刀；7—戟刀

到了清代，长刀又有新的分类（如图 1-43 所示），人们将长柄短刃的刀称为“大刀”，而将短柄长刃的刀称为“长刀”。随着战争形式的演变，长刀的形制日渐发展得实用、单一。从此以后，长刀一直没有完全脱离战场，直到今天，一些国家的军队里仍装备有长刀这种武器。

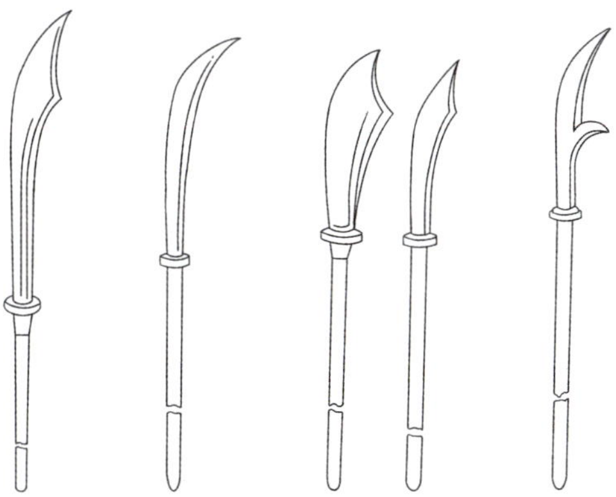

（a）虎牙刀　（b）片刀　（c）宽刃刀　（d）挑刀

图 1-43　清代长刀

由于文化的差异，西方国家及印度、波斯的刀与中国在形制上有显著的不同。欧洲各国短刀、长刀均较少使用，而是以用剑为主。但是，在阿拉伯国家和其他一些信仰伊斯兰教的民族以及日本、土耳其等国常使用刀，这也许与受中国文化的影响有关。

6. 短刀

在铁器时代，短刀（如图 1–44 所示）主要是随着秦汉时期冶铁技术的问世而飞速发展起来的。当时，已经有了专门的战刀和佩刀之分。战刀注重质地坚韧，做工精良；佩刀则讲究式样别致，镶饰美观。

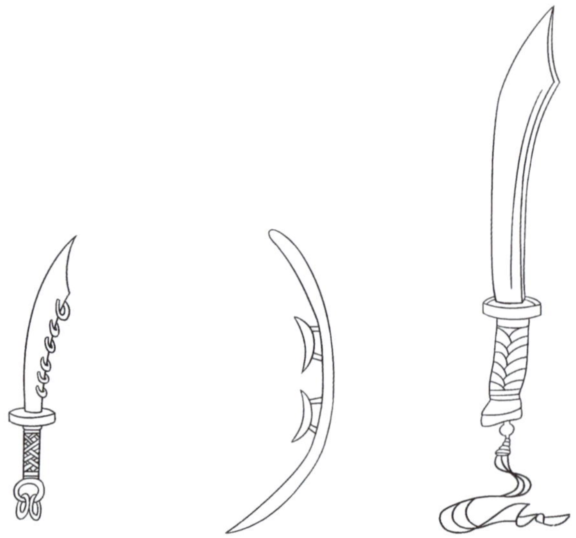

（a）大环刀　（b）护手大连刀　（c）短刀

图 1–44　短刀

在汉代，帝王公卿无不佩刀。这种佩刀不仅是一种自卫的武器，还标志着佩带者的等级地位。东汉时期，朝廷还曾对天子百官的佩刀形制及装饰做了极严格的明文规定，任何人也不准许逾越。

汉代的作战用刀也叫佩刀。但是，与王公大臣的佩刀不同，此类佩刀注重质量而不讲究美观，多为钢铁制作，有的甚至是“百炼钢刀”。

三国时期，有一种最为出名的刀名叫环首刀。这种刀直背直刃，刀背较厚，刀柄呈扁圆环状，长度为 1 米左右，便于在骑战中抽杀劈砍，是一种实用性较强的短兵器。许多将领在战场上的厮杀格斗中，常常是长矛短刀并用，远刺近劈，威力无比。

唐代的刀种类较多，有手刀、屈刀、偃月刀、仪刀、鄣刀、横刀、朝刀、眉尖刀、凤嘴刀、笔刀等多种。其中三种最为常用：仪刀、鄣刀和横刀。仪刀是皇室禁卫军所使用的武器；鄣刀是一般官吏佩带的短刀：横刀又叫佩刀，则是装备军队的战刀。

宋元时期的刀制仍然沿袭唐制，刀的种类及制作方法也没有太多的变化，只是去掉了华美的装饰，使刀更加趋于实用（如图 1–45 所示）。

明代军队使用最多的短刀是腰刀，刀身狭长、弯曲，刃部有所加长（如图 1–46 所示）。

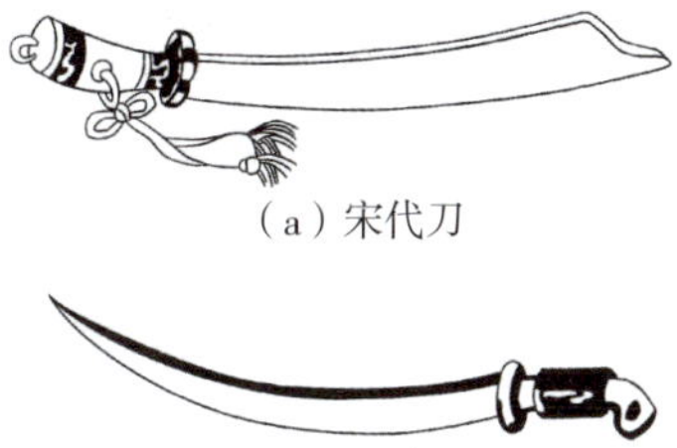

（a）宋代刀

（b）元代刀

图 1–45　宋、元刀

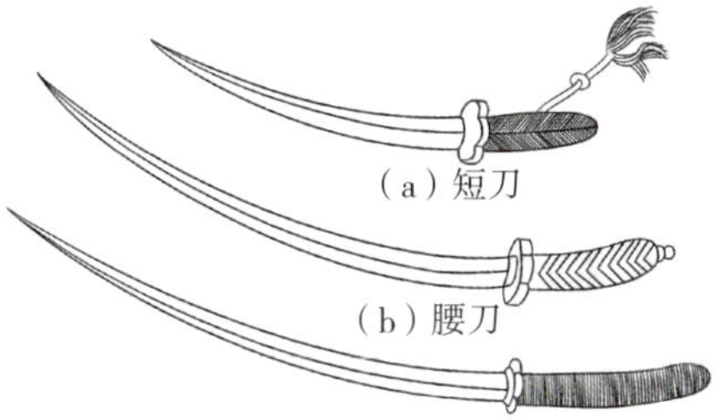

（a）短刀

（b）腰刀

（c）长刀

图 1–46　明代刀

到了清代，刀的种类更加繁杂，有腰刀、滚背双刀、脾刀、双手带刀、背刀、窝刀、鸳鸯刀、船尾刀、割刀、缭风刀等，其中被广泛应用于作战的是腰刀和双手带刀。腰刀上部较直，下部微曲，刃部略窄，多用于骑兵作战。双手带刀是一种步兵使用的大刀，柄较长，可容双手把握，刀刃特别宽大厚重，上部呈平线形。这种刀分量重、威力大，一刀砍下来，足可斩断敌人的首级和四肢（如图 1–47 所示）。

短刀不仅在中国古代军队中被广泛使用，而且在古埃及、古希腊、俄国和古代拉美等国也获得了广泛应用。国外比较出名的短刀主要有阿拉伯弯刀、俄式军刀、俄式大军刀、马刀和大砍刀等。

阿拉伯弯刀是一种曲线形的短刀，因其为古代阿拉伯穆斯林制造和使用而得名，此刀弯度大，韧性和硬度好，刀刃极为锋利。

最早装备俄国非正规骑兵的主要是高加索式军刀［图 1–48（b）］，其刀身稍弯曲，凸面为刀刃，前端为双刃，带鞘重约 1.2 千克。俄式军刀在刀鞘和刀柄的构造上不同于高加索式军刀。1881 年，戈尔洛夫中将设计出 6 种军刀，装备俄国的骑兵和骑兵炮兵。后来，苏联军队装备的军刀就是 1881 年式和 1927 年式的军刀。

（a）顺刀

（b）短柄刀

图 1-47　清代刀

（a）土耳其马刀

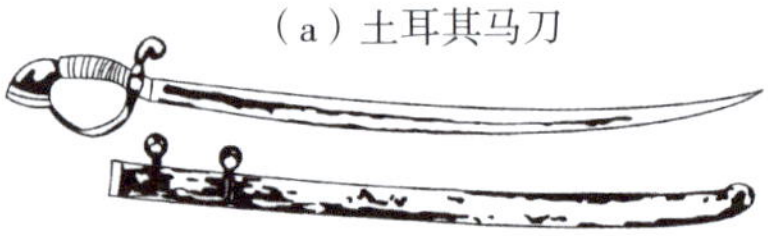

（b）1913 年式俄国军官马刀

图 1-49　土耳其和俄国的马刀

（a）18 世纪土耳其军官佩带的军刀

（b）高加索式军刀

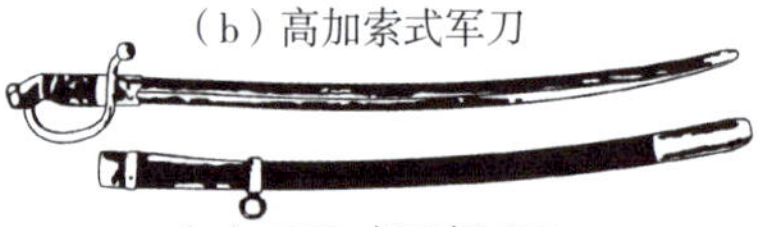

（c）1909 式军官军刀

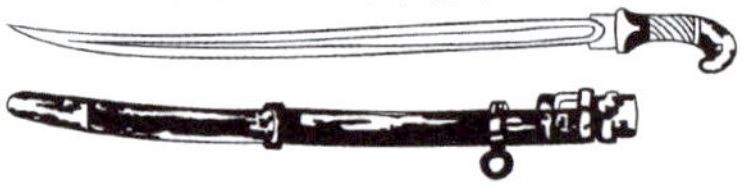

（d）1927 年式骑兵军刀

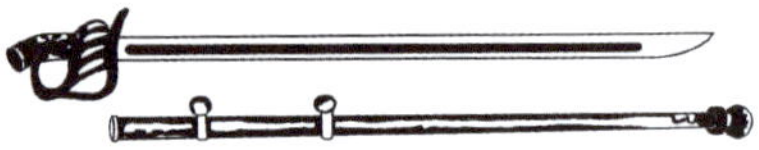

（e）19 世纪俄国军官用的大军刀

图 1-48　各种外国军刀

俄式大军刀是一种直刀身单刃劈刺冷兵器，刀身长 85 厘米，刀柄上有防护盘，可置于腰带上的鞘内或挂在马鞍上，最早出现于 16 世纪。在俄国军队中，大军刀从 17 世纪末开始广泛使用，在 18 ~ 19 世纪主要装备于重骑兵的胸甲骑兵团、龙骑兵团和马枪团，至 19 世纪末才停止用大军刀装备部队 [图 1-48(e)]。在俄国海军中，大军刀属于接舷搏斗武器，刀身较短。在苏联海军中，大军刀仅作为副战旗手制服装具的一部分被保留下来。

马刀是从东方传入欧洲的，7 ~ 8 世纪盛行于东欧和中亚游牧民族，是一种用于劈杀或劈刺的兵器，刀身呈弧形，凸部是刀刃，凹部是刀背，有刀尖（部分刀身带槽）和安刀柄的刀尾。由于刀身弯曲，重心远离刀柄，从而增大了马刀的杀伤力和杀伤范围。土耳其和俄国的马刀如图 1-49 所示。

7. 剑

剑（如图 1-50、图 1-51 所示）有“百兵之君”的封号，可以说是兵器界的“明星”。剑不仅作为防身性兵器，还由于其修长光洁的形态具有优雅气质，受到名士贵族钟爱，久而久之剑被视作有智慧、有内涵的兵器，是一种身份的象征。剑为双刃，以撩刺为主，风格轻灵潇洒。剑术也分单剑与双剑两种，以单剑为多。有的剑在剑柄上配有剑穗（又称剑袍），称为文剑。无剑穗的剑称为武剑。剑穗长者较为难练。有人又在剑穗上串有铁珠，随剑穗飞舞，可击人致伤。

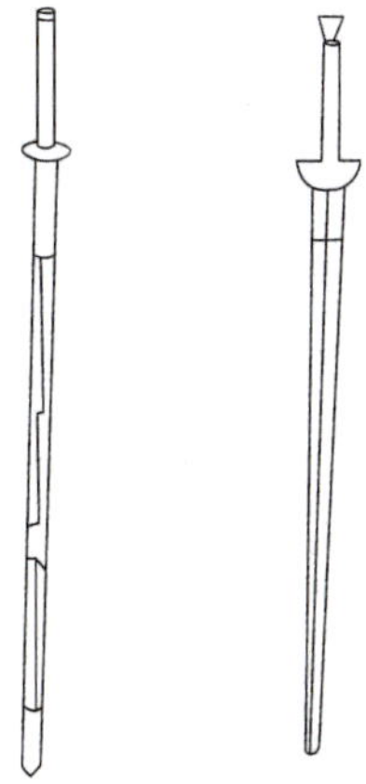

（a）战国铁剑　（b）汉代铁剑

图 1-50　战国、汉代铁剑

与其他兵器相比，剑诞生得较晚。剑体形修长，两面有刃，向前聚成锐利的锋，后端有短柄，用以把握，刃和锋是剑推刺挥劈的有效杀伤部位。

铁器时代首先出现铁剑的是楚国。铁器的使用是中国古代兵器史上的一大转折。由于有了钢铁身躯，剑质变得更加坚硬，而剑身变得更加柔韧，长度也大大增加了。战国中期以后，中原地区的铁剑也逐渐增多。汉代是钢铁兵器的大变革时代，其取代了青铜兵器，主要兵器的种类均发生了明显的新旧更换。到汉武帝时，钢铁剑的锻造技术已经有了明显提高。

（a）唐代剑　　（b）宋代剑　　（c）元代剑

图 1-51　各种剑示意

剑在国外也有相当久远的历史。早在中世纪，欧洲步兵和骑兵就使用了怀剑、巨剑、小剑、曲剑、佩剑、三菱剑、短剑、刺剑和花式剑等 10 多种剑。公元前 2000 年末期至公元前 1000 年初期，在欧洲和亚洲还出现了一种长劈剑，在步兵和重骑兵中广泛使用。

公元前 100 年以前，古罗马人就在波佐利、锡拉库萨、波普洛尼亚等地建有大规模制造盔甲刀剑的工厂。从公元 2 世纪起，古罗马铁匠就能制造一种称为"焊纹剑"的兵器。

这是金属表面硬化工艺的杰作，即把铁件放在炭火中煅烧，使铁件表面形成一层碳合金，然后经过反复折叠和锤击，使整个工件都含有碳合金条纹。这样打造出来的剑既有弹性又有强度，蚀磨加工后剑身会呈现水形纹样。这种剑造型短而刃宽、沉重。不少铁匠还会在剑上刻上自己的名字，在挪威、瑞典、法国、丹麦、英国等地都曾发现 10 世纪一位名叫英格布雷的铁匠制造的"焊纹剑"。

1770 年左右，短剑被军队淘汰了。在现今西方各国，短剑作为身份的象征还在使用，如法庭人员、宫廷卫士和军队武官。这类剑的剑把和护手非常普通，往往用蚀刻的方法将一些花纹装饰在上面。

17 世纪，西方军队用剑在生产上开始出现标准化。英国在 1796 年才真正实现了军队用剑标准化。当时英国步兵军官使用的是一种直把剑，护手部有合页，能折叠。到了 18 世纪中期，英国步兵不再使用佩剑，而军官则一直使用到 19 世纪末。在此之后，作为军衔的象征，军官受勋时才会获赠这种短剑。

到了 19 世纪，西方军队佩剑样式较多。但它们已经不再用于装备部队，而是一般用作赠送退休军官或追赠死亡军官。

综上所述，剑的历史虽然久远，但真正用于作战的时间并不长，而最终成为一种威风凛凛的装饰品。

8. 弓箭

春秋战国时期，作为远射兵器的弓箭应用得已相当普遍，被列为兵器之首。贵族、将门之子一般从小就开始学习射箭。射箭不仅在国君会盟、宴会上被视为一种礼仪，在民间风俗中也以它作为礼节。这个时期，出现了复合弓（如图 1–52 所示）。弓的各部名称如图 1–53 所示。

汉代，为适应步战、水战、骑战的需要，人们制作了更加利于实战的弓箭，比较出名的有虎贲弓、雕弓、角端弓、路弓、强弓等。这些弓弓力强劲而且装饰有铜箍、玉角，十分精致美观。不过，尽管其名称各异，但其形制大致相同，只是饰件和挽力不同而已。

图 1-52　长沙楚墓出土的复合弓

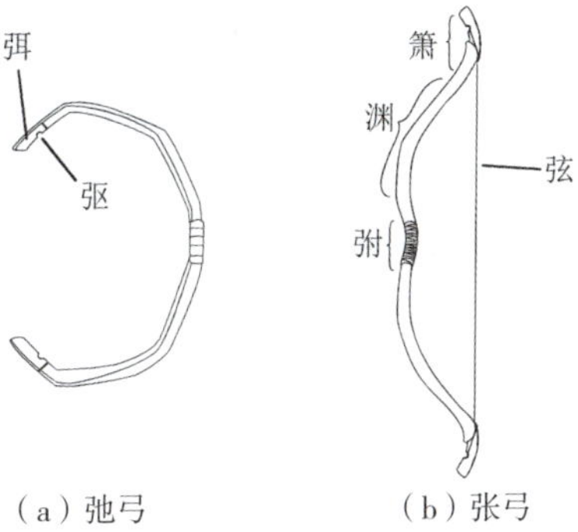

图 1-53　弓的各部名称

唐代的弓分为长弓、角弓、梢弓和格弓四种。长弓用于步战，角弓用于骑战，梢弓和格弓用于狩猎或作为皇朝禁卫军用弓。唐代步射、骑射如图 1-54 所示。

从北宋到清初，弓箭一直是军队的主要作战兵器之一。古人曾说："弓者，器之首也，故言武事者，首曰弓矢。"特别是元代的蒙古兵和清代的八旗兵，专精骑射，以弓箭为主要武器。宋朝的弓箭如图 1-55 所示。

图 1-54　唐代步射、骑射图

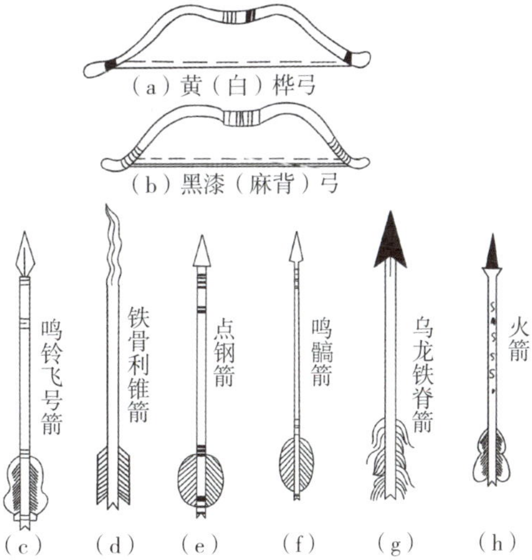

图 1-55　宋朝弓箭示意

元代蒙古兵使用的弓主要有"马克打"大弓、"卡蛮"大弓（图 1-56）、顽羊角弓等，箭则有响箭、鲵骨箭、批针箭等。

明代除沿用宋代四种弓以外，还有开元弓、小梢弓和西番木弓三种，箭则增加了透甲锥箭等 20 多种。除此以外，明代还有鞭箭、袖箭、筒子箭等几种杂箭。

清代时，弓箭的外形装饰得更加漂亮，种类名称也更多，如图 1–57 所示。当时，弓按官阶品级有不同的尺度纹饰，箭也按战斗、田猎、校阅、信号等不同用途，分为 40 多种不同形式。普通军官和士兵使用的弓箭则相对比较简单。弓分两种：一是习射用弓，多以榆木为杆，丝为弦；另一种是战斗用弓，以鹿皮为弦。箭也分两种，尖形的叫梅钺箭，棱形的叫钑箭，均为实战使用，以桦木或柳木为杆，长 3 尺❶，铁链长 3 寸❷。

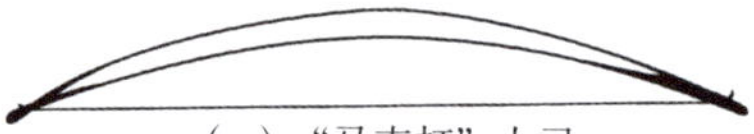

（a）“马克打”大弓

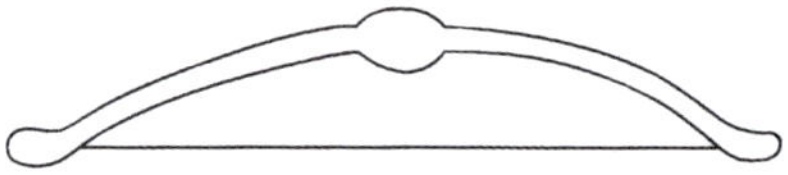

（b）“卡蛮”大弓

图 1–56　元代弓示意

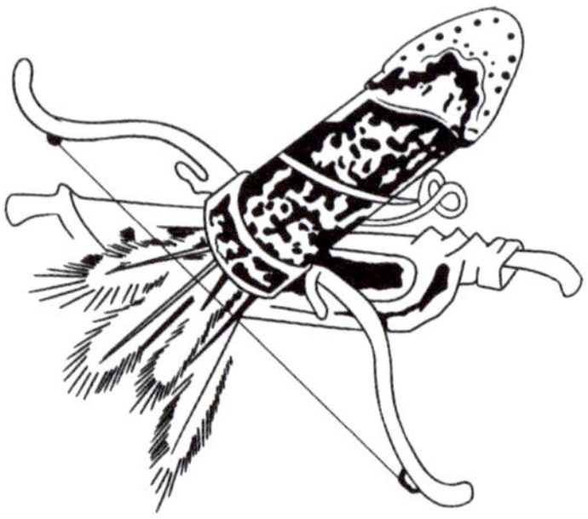

图 1–57　清代弓箭示意

火器发明后，由于早期的火绳枪等武器发射速度慢，且易受气候的影响，弓箭仍以它轻巧灵便、射中率高的优点继续服役军中，并一直沿用到清朝末年。直到今天，我们仍可在体育竞技场上见到神箭手的飒爽英姿和精湛技艺。

实际上，古埃及、古印度的弓箭也发展得比较快。早在公元前 16 世纪，古埃及军队的弓箭手就装备了铜镞箭。在西方国家使用的弓箭中，十字弓和长弓最为出名。十字弓的名称是与十字军紧密联系在一起的，但并不是十字军发明的，而是因十字军崛起后的广泛应用而得名，并一直沿用到 16 世纪。这种弓中国早在公元前 200 年就已经广泛使用了。与其他弓相比较，十字弓有一个较小但十分坚固的弓架，与箭杆在其顶端部位交叉成十字形状，故而得名。

恩格斯曾经指出，古代“军队的力量在于它的步兵，特别是在于它的弓箭手”。的确，弓箭使作战突破了面对面白刃格斗的局限，因而具有其他冷兵器不可取代的长处。但是它也存在着准确性差、费力气、不易掌握等弱点，最终被利用机械发射箭支的弩所取代。

9. 弩

弩（图 1–58）是在弓的基础上形成和发展起来的，严格地说，弩实际上是弓的一个分支，是装有弩机的弓。

---

❶ 1 尺 =0.33 米，下同。

❷ 1 寸 =3.3 厘米，下同。

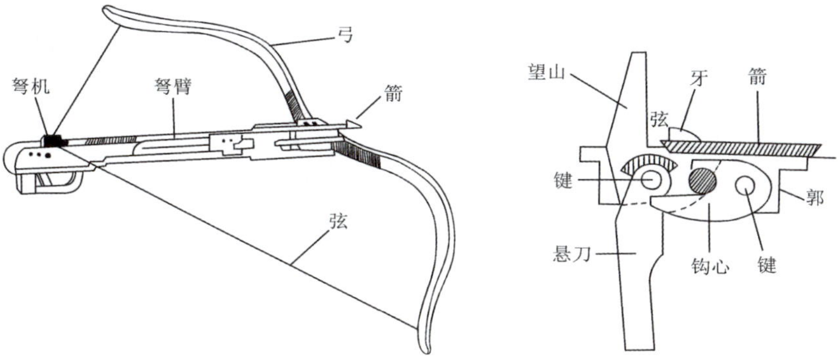

（a）弩　　（b）弩机

图 1-58　弩及弩机结构示意

与弓相比，弩有两大特点：一是拉弓、瞄准、发射的操作步骤可分解进行，瞄准时间充裕，命中率高；二是张弦不单靠臂力，也可依靠脚踏腰引，有些大型弩还会安上绞车，靠几十个人合力拉弦，射程远，杀伤力强。由此，人们称弩的发明是远射兵器的一次革命。弩的出现，使战场面貌大为改观。

汉代，战争主要发生在汉军和全民皆骑的匈奴之间，抗击使用轻骑快弩的匈奴骑兵主力，对于数量比骑兵多得多的汉军步兵来说，强弩的作用更为突出。因为用强弩作为远距离杀伤武器，可以在匈奴弓箭或快弩的射程之外先行射杀匈奴骑兵。因此，弩成为汉军的主要作战装备，在汉代也有了一定的发展。后来人们懂得了地球引力与抛物线弩箭轨道的关系，出现了专门的瞄准具“望山”并有了分度线，即类似近代步枪标尺的分划，掌握了射角与射程的关系（如图 1-59 所示）。

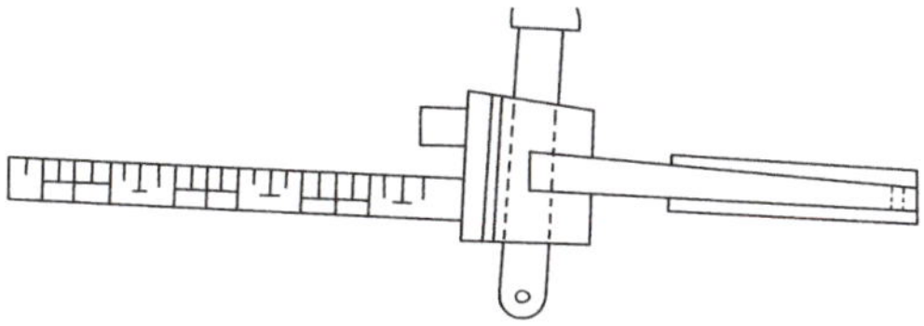

（a）瞄准具“望山”

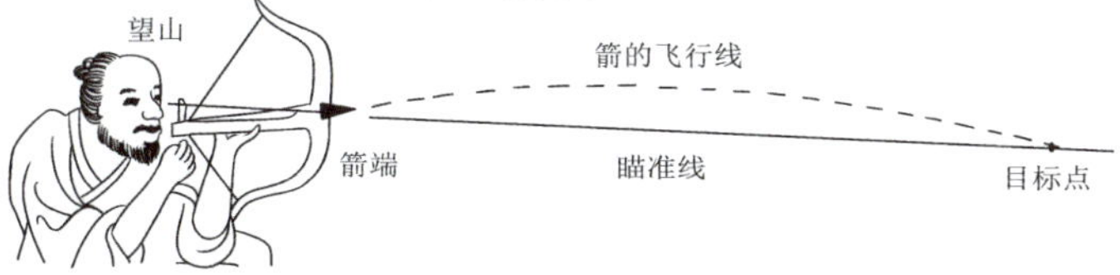

（b）“望山”使用示意

图 1-59　汉弩机“望山”分划及使用

到了魏晋时期，弩在构造上没有大的变化。南北朝时期以骑兵为主，他们习惯用弓箭，很少用弩。唐代的弩种类很多，分擘张弩、角弓弩、木车弩、大木车弩、竹杆弩、大竹杆弩、伏远弩 7 种，擘张弩和角弓弩为轻型弩，其他弩则为重型强弩。

尽管弩比弓具备射程远、杀伤力强、命中率高的优点，但它的缺点也是明显的，不如弓轻便，且射速较慢。因而，弩出现后，弓的作用仍为各朝各代所重视，两者长短相辅，共同成为军队装备中的主要武器。

宋代极注重弩的使用和发展。宋代弩有踏张弩和床弩两大类，其中踏张弩又分为黑漆弩、黄桦弩、白桦弩、雌黄桦梢弩、跳蹬弩、木弩等，如图 1-60 所示，使用点钢、木羽、凤羽、朴斗、三停等比普通箭坚牢得多的箭支。

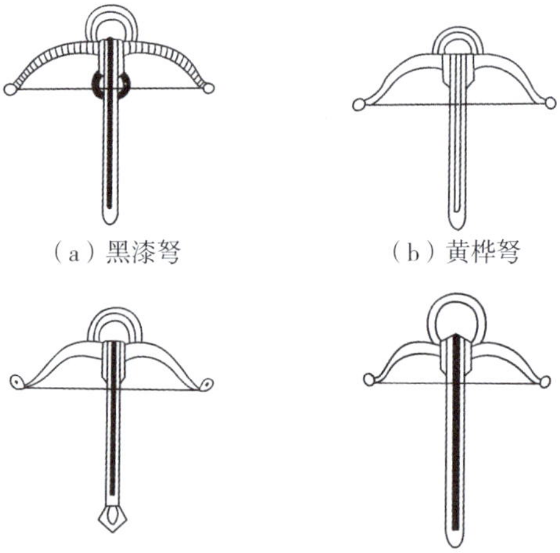

（a）黑漆弩　（b）黄桦弩

（c）白桦弩　（d）雌黄桦梢弩

图 1-60　宋代弩

发明于东汉时的床弩到宋代又有了很大发展，极其盛行，成为宋军攻守战斗中必备的重型武器，如图 1-61 所示。

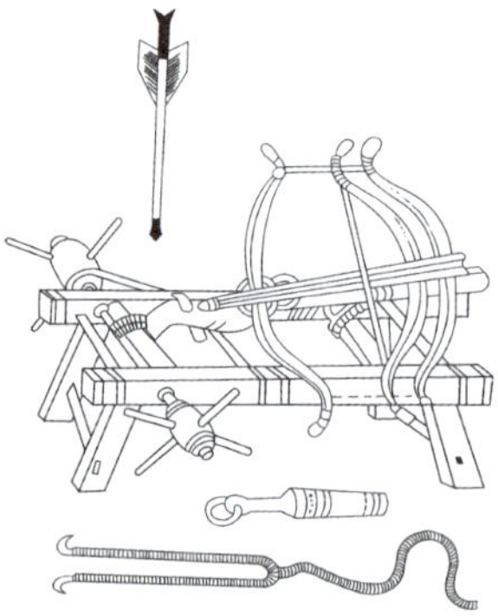

图 1-61　三弓床弩

（a）装箭　（b）准备　（c）发射

图 1-62　轮流放弩图

由于弩的射速慢，宋军在与金国骑兵作战时，弓弩手一般采用迭射法。所谓迭射法，即军士前后排成三行，第一行发射时，第二行准备，第三行装箭。第一行发射后退至第三行位置后装箭，第二、三行递进至第一、二行位置，轮番发射，如图 1-62 所示。

活跃在战场上的还有一些暗发弩，比如背弩、踏弩、袖炮、伏弩等，但至今考古学家们也无法证实其诞生和发展的轨迹。

弩在西方的历史可追溯到古希腊，当时出现了一种带有机架的箭弩，被称为卡塔普里特弩。还有一种名为波里色勒的箭弩，这种弩具有箭射出后自动填装新箭的机械装置。古罗马用于发射标枪的弩是一种大型弩，自身带有支架，便于固定在地上，弦索很粗，可发射 2 米长的标枪，威力很大。

直到火器问世后，弩和其他冷兵器一样，一度与火器共存。随着火器性能的日益改进，弩到明末就已经很少被采用。到了清代，更是难寻它的踪迹了。

（二）防护性装备

1. 盾

盾是掩蔽身体、抵御敌人矢石锋刃的防护器械，通常与刀剑等格斗兵器配合使用。早期的盾也称为“干”，与戈同为先秦战争中的主要兵器，因而有着“干戈相见”等词句。直到今天，人们仍将“干戈”作为兵器的通称，并把它引申为战争。

西汉时期因为骑兵的盛行，大多为椭圆形盾。汉代盾如图 1-63 所示。

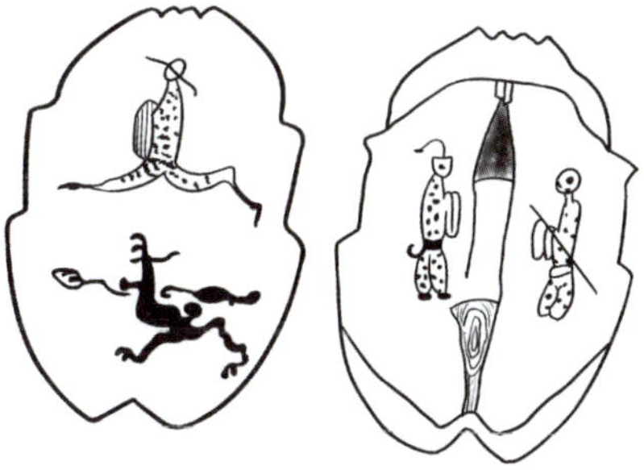

（a）椭圆盾正面　（b）椭圆盾反面

图 1-63　汉代盾

宋代盾牌是由木、竹和皮革制成的，分步兵旁牌和骑兵旁牌两种，如图 1-64 所示。步兵旁牌为长形，盾后有拐子木，可倚立在地上。骑兵旁牌为圆形，可挂在骑兵左臂上，用以抵御飞矢。此外，还有一种用于守城的立牌，通常高 5 尺、宽 3 尺，可以防避敌人火箭、炮石的伤害。

明代还发明了一种可与火器并用的独特盾牌，其中较为出名的有神行破敌猛火刀牌、虎头火牌、虎头木牌、无敌神牌等。这些盾牌体形较大，通常有专职的牌手持牌，既能防御也能攻击，且威力较大。这些牌用生牛皮制成，内藏火器，作战时，牌手持牌掩护士兵前进，可向敌人喷射达 2 ~ 3 丈❶远的火焰。

❶ 1 丈≈ 3.33 米，下同。

（a）步兵旁牌

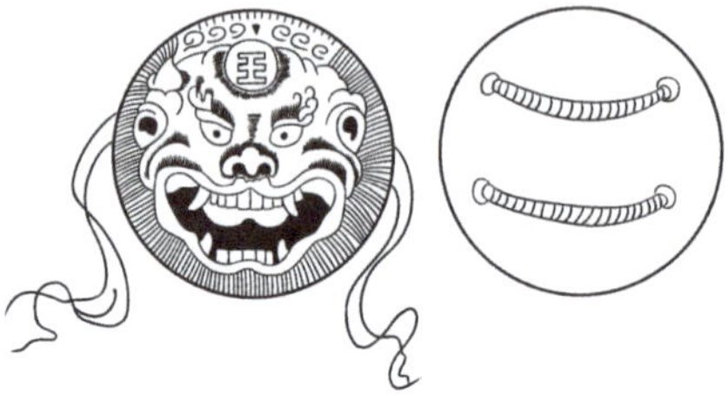

（b）骑兵旁牌

（c）立盾

图 1-64　宋代步骑兵使用的盾牌

明代最大的一种盾牌叫无敌神牌，后面可以躲藏 25 个人。作战时，可用它施放火焰，阻止敌骑兵的冲击，也可以掩护士兵免受敌方箭枪的射杀。如果数牌相连，还可以迅速布成坚固的防护墙，抵御敌兵进攻。

到了清代，盾牌发展没有什么变化，仅沿袭了明代的步兵盾牌。清道光之后，随着近代新式火器的传入，盾牌逐渐被淘汰。

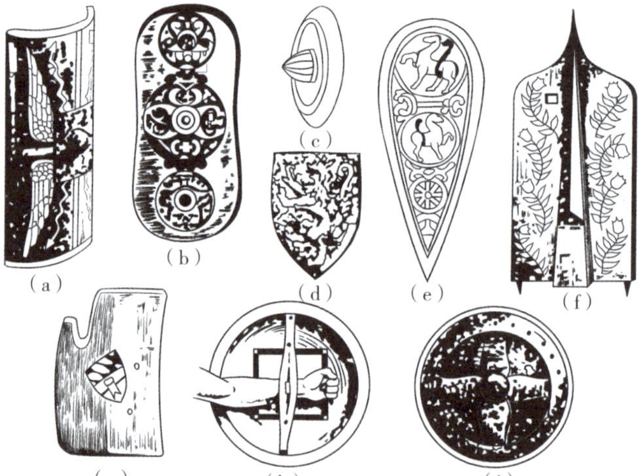

图 1-65　欧洲各种盾牌

（a）罗马大盾——斯库图姆（古希腊罗马时期）；（b）欧洲铜盾（公元前 1 世纪 ~ 公元 1 世纪）；（c）带环纹的拳形盾（8 ～ 16 世纪）；（d）骑士盾（13 世纪）；（e）诺曼人的盾（12 世纪）；（f）帕武阿盾（14 世纪）；（g）欧洲轻盾——塔尔奇（14 世纪）；（h）希腊圆形盾（古希腊罗马时期）；（i）俄罗斯圆形盾（13 ～ 17 世纪）

在国外，盾牌种类同样极其繁多，有圆形的、椭圆形的、长方形的等，多以木树、皮革、藤条等材料制成。古希腊和古罗马诸国都曾广泛使用过盾（如图1-65所示）。

随着近代火器的不断改进和发展，国外盾也逐渐被人们废弃。不过，在中非、南美及大洋洲诸岛上，一些土著居民及少数民族至今仍在使用盾。

2. 铠甲

在冷兵器时代，战斗时双方手持武器，面对面地厮杀。将士们为了保护自己，必须戴盔穿甲。盔，古代称为胄，形状似帽，用来保护作战者的头部。甲则称介或函，形状类似衣服，用来保护作战者的身体免受刀剑伤害。

先秦时期，人们把用皮革、藤等材料制作的防护具叫作“甲”。后来有了铜牌，人们又用铜片钳在皮甲上，多数仍称为甲，而用铁牌制的皮甲便改称为铠。唐代以后，无论采用皮革还是藤条或铜铁制作，所有的甲一律统称为铠甲，不再分甲和铠。

战国时代，频繁而激烈的战争对武器装备的生产和改进起到了极大的促进作用，为铁制兵器的生产和使用开拓了道路。

随着铁制兵器的发展，从战国晚期到东汉，铁铠逐渐完善，成为取代皮甲的主要防护装备。铁铠最早出现于春秋战国时期，当时称为铁幕，用于防护手臂部分。“铠”字原意是指厚重、坚实。到了西汉，人们又将铁甲称为玄甲，“玄”即黑色的意思。

西汉时期的铁甲在制造工艺上已相当成熟，从甲片的制造、编缀方法到整体形制，都已形成了制度，期间主要发展的是鱼鳞甲，如图1-66所示。

随着冶铁技术的提高，汉代铁甲不仅在工艺上日臻精湛，而且在锻造技术上也不断提高。三国时期，上好的铠甲都是用百炼钢法锻造的。西晋时期，军队铠甲的主要品种是筩（同筒）袖铠（图1-67），又称诸葛亮筩袖铠，这是一种胸甲、背甲联缀在一起，肩部有短袖的铠甲。南北朝时期，骑战特别盛行，一种既能保护身躯要害，又不影响驰骋战斗的轻便铠甲——两当铠开始广泛使用。

到隋唐时，两当铠逐渐被明光铠（图1-68）代替。

除明光铠外，唐代还有许多有名的铠甲。据《唐元典·武库令》记载，唐甲共有13种：明光甲、光要甲、细鳞甲、山文甲、乌锤甲、白布甲、皂绢甲、布背甲、步兵甲、皮甲、木甲、锁子甲和马甲。其中，明光、光要、细鳞、山文、乌锤、锁子6种为铁甲。而锁子甲是一种用铁链衔接、互相密扣、缀合成衣的铠甲，其形如联锁网状，穿起来柔软方便，既轻又坚密，比大型坚甲防护力强，且便于骑射。

（a）侧面 （b）正面

图 1–66 汉代鱼鳞甲

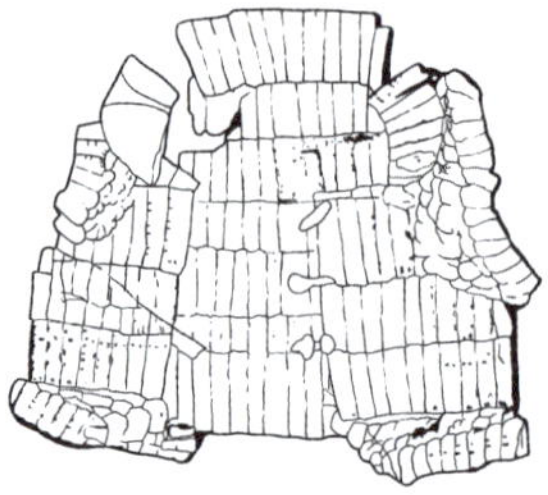

图 1–67 西晋筒袖铠

（a）正面 （b）反面

图 1–68 着明光铠陶武士俑

宋代甲胄有钢铁锁子甲、黑漆顺水山字甲、明光细网甲、明举甲、步人甲等，还有一种十分坚精的铁甲——瘊子甲（图 1–69）。这种甲柔薄坚韧，甲片呈青黑色，甲面光滑得可照见人的毛发。

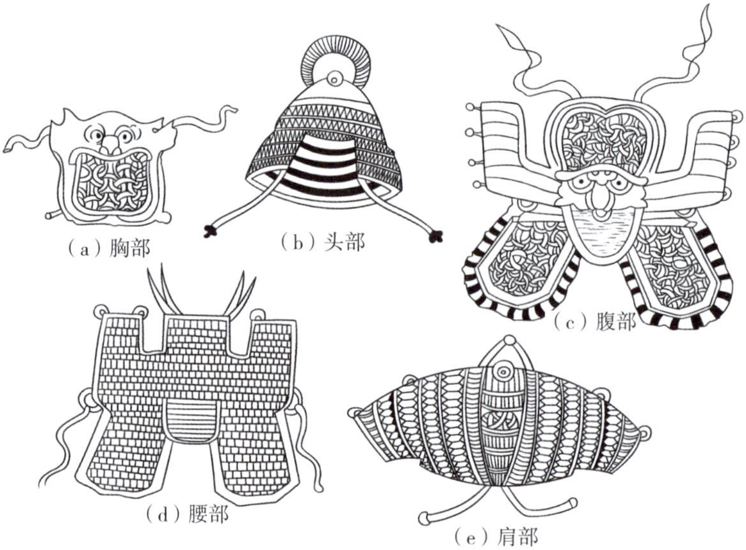

图 1–69 宋代瘊子甲

元代铠甲没有太大的发展，有名的有柳叶甲、罗圈甲等，其技术水平与唐末铠甲大体相近。

明代以后，铠甲的质料有所改进。明初，在以金属、皮革制甲的同时，开始用棉布、棉花制甲。到清代中后期，随着火器的不断发展，铠甲有限的防护能力已很难抵御铅子的穿透。后来，随着西式操练的推广，铠甲逐渐退出了战争的舞台。

在西方，铠甲使用得也极为广泛。古埃及衣甲、亚述铠甲、波斯鱼鳞甲、古印度铠甲等也都很有名。

3. 盔

在钢盔诞生之前很长的一段时间里，一种防避冷兵器对将士头部伤害的装备——胄早就诞生了。它的功能和原理均与现代钢盔相近似。胄可以说是钢盔的祖先。

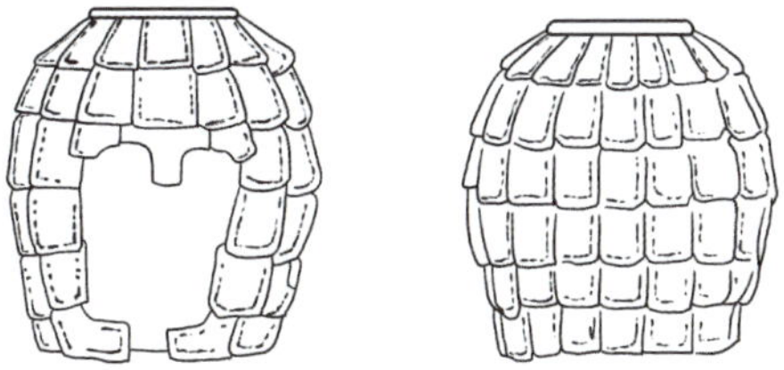
（a）正面　（b）反面

图 1-70　战国铁胄

战国时期，开始出现铁胄，如图 1-70 所示。由于铁胄的外表很像当时的饭锅，而当时的锅名为“鍪”，所以铁胄亦名为“兜鍪”。

秦汉以后，铁兜鍪成为将士护头的主要装具。南北朝时期的兜鍪，额前伸出冲角，两侧增加了护耳，这种外形一直保持到隋末。西汉以后，军队装备的兜鍪形制没有多大变化，多用钢铁制造。唐宋以后，除了名字，其他结构没有变，兜鍪又改称为盔。明朝也没有多大变化，只是在御林军中出现了没有过的锁子盔。清代末年，西式铁盔传入中国，传统的中国铁盔日益向西式铁盔靠拢，形成以西式为主、中式为辅的新型步兵头部防护器具。

亚述人也是较早使用头盔的民族。亚述尖顶式头盔是一种较有名气的古代铁制头盔，呈圆锥形，底部有 1 ~ 2 个环，前额外一般有半圆的护罩，如图 1-71 所示。

图 1-71　亚述的各种头盔

12 ~ 17 世纪，东方一些国家发明的球顶尖盔传入俄国和西欧，很快，金属头盔便在俄国诞生了。俄国最早的金属头盔是近卫重骑兵的银质球顶尖盔，盔上装饰有金属鹰和羽毛。后来，这种银盔逐渐转变为由铁、钢或铜制造。现代钢盔诞生后，古代头盔也立即退出了历史舞台。

第二章 热兵器

所有依靠火药或类似化学反应提供能量以起到伤害作用的兵器（如火药推动子弹），或者直接利用火、化学、激光等携带的能量伤人的兵器（如火焰喷射器），都是热兵器。热兵器的杀伤力相比之前的冷兵器的杀伤力简直是天壤之别。以往的战争——冷兵器的战争仅是机械性力量和人的勇气与智慧的厮杀，而火器则第一次把化学力量和单兵战斗结合起来。火药是中国的四大发明之一，是人类文明史的一项杰出成就。火器的发明是兵器历史上的一个转折点。火药在适当的外界能量作用下，能够进行迅速而有规律的燃烧，同时生成大量高温燃气。古代中国发明的火药，被称为黑火药，它与诺贝尔发明的黄火药还有所差距。

第一节 黑火药时代武器

硝烟吹散尽秋萤，可有凌烟歇众灵！

一、黑火药的发明

火药或黑火药是指一种木炭、硝酸钾（硝石）和硫黄的爆炸混合物。将火药引入战争，代表了军事技术的一个巨大进步：驱动飞弹的能量第一次可以以化学方式而不是人类肌肉力量或机械力量的方式储存起来。所谓的“火药革命”并不是一夜之间突然发生的。人类开发出真正有效的火药武器，并计算出如何在战争中使用它们以达到最佳效果，花费了许多年，然而这场革命的影响在全世界都可以深刻地感受到。

10 世纪后期，中国北宋的军事技术家和统兵将领，依据以往炼丹家在炼制丹药过程中曾经使用过的火药配方，经过调整和修正后，配制成最初的军用火药并制成火器用于作战，开创了人类战争史上火器与冷兵器并用的时代。从此以后，在刀光剑影的战场上，又出现了火器的声响与弥漫的硝烟。恩格斯曾对中国古代的这一伟大发明创造给予了充分的肯定。他在 1857 年发表的著名论文《炮兵》中写道："现在几乎所有的人都承认，发明火药并用它朝一定方向发射重物的，是东方国家……在中国，还在很早的时期就用硝石和其他引火剂混合制成了烟火剂，并把它使用在军事上和盛大的典礼中。"

历史发展雄辩地证明，火药的发明与火器的创制不是某个天才人物灵机一动的产物，而是中国古代的劳动人民、医学家、药物学家（即本草学家）、炼丹家和军事家、统兵将领在长期的生产实践、科学试验与军事活动中，经过反复试验与使用检验后完成的，又随着社会生产力的发展与科学技术水平的日益提高不断改进与优化。

中国古代发明的火药，由硝石、硫黄和含碳物质，经过人工均匀拌和炼制而成。火药与依靠空气中氧气才能进行燃烧的物质不同，它是由硝石释放氧气完成燃烧过程的自供氧燃烧体系，即内燃烧体系，因而可以在密闭的容器中燃烧。由此可见，硝石在火药中扮演着氧化剂的角色，没有中国的祖先们对硝石特性的认识，就根本不可能演出火药发明的历史伟剧。硝石，即现代化学上所说的硝酸钾，是一种钾盐，在采用人工提炼方法以前，呈天然分布状态。天然硝石是一种矿物质，存在于含有钾、钠、钙、镁的土壤中，当有足够的空气和水分时，由含氮的有机物分解而成，通常同钠盐、镁盐等盐类物质共同存在。人们可以从含有天然硝石的土壤中，用水沥滤、蒸发等方法，提炼质地较纯的硝。中国的大部分省区都盛产天然硝石。

硫黄也同硝石一样，是炼制火药的主要原料之一，在火药燃烧过程中扮演着还原剂的角色，是火药能够爆炸的重要因素。天然硫黄在自然界中常以游离硫、硫化物、硫酸盐等形式存在。单体硫呈黄色，古代也称石流黄，最早在陕西汉中发现。大约在西汉时期，在湖南、山西、河南等地，也发现了硫黄的产地。我国蕴藏丰富、分布广泛的硝石和硫黄，为火药的发明提供了重要的物质条件。随着硝石和硫黄产地的不断发现，药物学家、医学家、炼丹家对它们特性的认识也逐步加深，经过反复深入的研究和试验，写下了许多具有科学价值的文献，为后人的研究提供了宝贵的资料。

二、北宋初期火药配方

《武经总要》是中国北宋初期官修的第一部百科性兵书（如图 2-1 ~图 2-3 所示），因其刊载了世界上最早的三个火药配方及火毬、火药箭等初级火器，而被各国火器史研究者视为不可多得的珍贵资料。

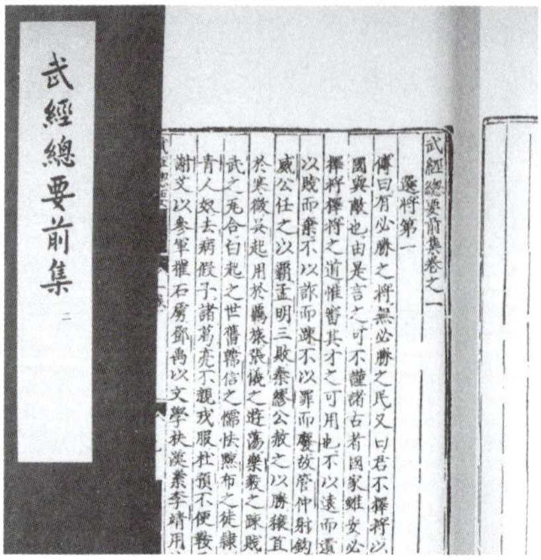

图 2-1　《武经总要》

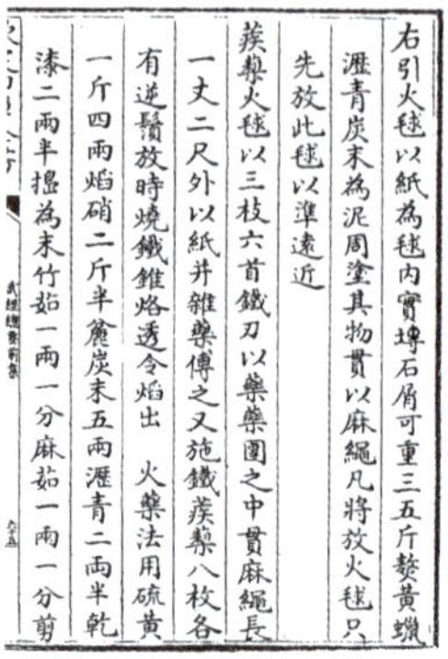
右引火毬以紙爲毬内實塼石屑可重三五斤熬黃蠟
瀝青炭末爲泥周塗其物貫以麻繩凡將放火毬只
先放此毬以準遠近
蒺藜火毬以三枝六首鐵刃以藥藥團之中貫麻繩長
一丈二尺外以紙并雜藥傅之又施鐵蒺藜八枚各
有逆鬚放時燒鐵錐烙透令焰出　火藥法用硫黃
一斤四兩焰硝二斤半麄炭末五兩瀝青二兩半乾
漆二兩半擣爲末竹茹一兩一分麻茹一兩一分剪

图 2-2　中国最早刊载火药配方的《武经总要》（1044 年）

《武经总要》由曾公亮（字明仲，今福建泉州人）和丁度（字公雅，今河北清河人）总领编撰成书，为中国古代军事百科全书的编撰树立了样板，开创了古代兵书编写的新体例。它不再像既往的兵书那样集中论述和阐发谋略等方面的运用，而是把兵学的内容分成若干门类进行论述和阐发，其中军事技术内容极为丰富，包括各种冷兵器、战车、战船、军事筑城、攻城器械、守城器械，按古代兵学分门别类地论述，不但有形制构造和使用方法的文字说明，而且绘有众多而古朴的示意图、构造图，是中国北宋以前的军事技术集大成之作，为后人的研究提供了丰富而确凿的资料。书中刊载的三个火药配方[1]，是迄今为止世界上所能找到的最早的火药配方（图 2-2），是火药发明与火器用于作战的唯一历史性标志。

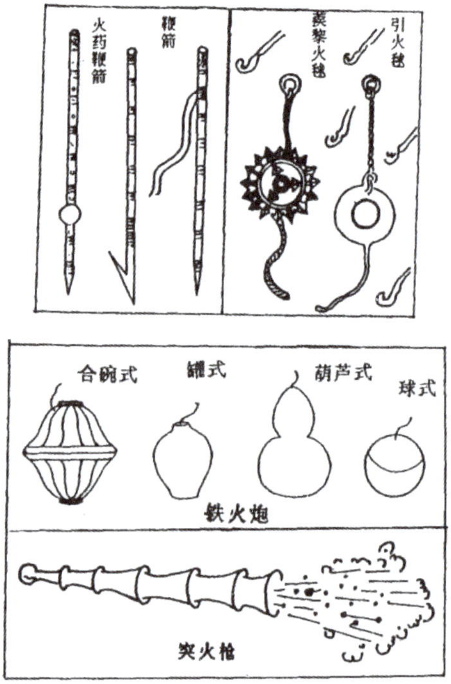

图 2-3　《武经总要》中刊载的初级火器

[1] 三个火药配方：见《通汇·技术卷》五第 71、96 ~ 101 页。

（一）火毬火药方

“晋州硫黄十四两[1]、窝黄七两、焰硝二斤半、麻茹一两、干漆一两、砒黄一两、定粉一两、竹茹一两、黄丹一两、黄蜡半两、清油一分、桐油半两、松脂十四两、浓油一分。”

当上述原料齐全后，工匠便按规定一面将黄蜡、松脂、清油、桐油放在一起煎熬成膏；一面将其他各种配料分别捣碎碾细，筛选合用的粉末，放入膏中搅拌和匀，成为膏状火药；尔后，用纸在火药外面包裹五层，用麻缚定；最后，熔化松脂，敷在外壳上。至此，一份火药便配制成功。

（二）蒺藜火毬火药方

“硫黄一斤四两、焰硝二斤半、粗炭末五两、沥青二两半、干漆二两半，捣为末；竹茹一两一分、麻茹一两一分，剪碎；用桐油和小油各二两半、蜡二两半，熔汁和之（即为蒺藜火毬火药）。（外敷药料为）纸十二两半、麻十两、黄丹一两一分、灰末半斤，以沥青二两半、黄蜡二两半，熔汁和合，周涂之（作为封固火毬外壳的涂料）。”

此方中所用的焰硝即硝石重 40 两，硫黄重 20 两，各种含碳物质共重 19.52 两，三者共重 79.52 两，它们的组配比率分别是 50.3％、25.2％、24.5％。加上外敷用料 36.51 两，则配制一份蒺藜火毬火药，共用各种物料 116.03 两。

（三）毒药烟毬火药方

“重五斤。用硫黄十五两、草乌头五两、焰硝一斤十四两、芭豆五两、狼毒五两、桐油二两半、小油二两半、木炭末五两、沥青二两半、砒霜二两、黄蜡一两、竹茹一两一分、麻茹一两一分，捣合为毬，贯之以麻绳一条，长一丈二尺，重半斤，为弦子。更以故纸一十二两半、麻皮十两、沥青二两半、黄蜡二两半、黄丹一两一分、炭末半斤，捣合涂傅于外（外敷于毬壳上）。”

此方中，硝石 30 两，硫黄 15 两，含碳物料共 15.52 两，三者共重 60.52 两，组配比率分别是 49.6％、24.8％、25.6％。另外，草乌头、芭豆、狼毒、砒霜四种致毒物共重 17 两，全毬共用药料 77.52 两。

上述三个火药配方说明，用硝石、硫黄、木炭为基本原料，再掺杂一些其他配料，就可以配制成不同性能和用途的火药。毬壳外面用于封固的涂料，是用易燃物和其他配料拌和而成，它们在干涸后，既有保护毬内火药干燥洁净的作用，又具有便于火锥烙透毬壳后点燃毬内火药的性能。所以在使用时，只要用火锥将毬壳烙透，抛射至敌军的营阵，即可产生燃烧、发烟和散毒等作用，借以毒杀敌军人马，夺取作战的胜利。

---

[1] 此处按当时制度：1 斤 =16 两，1 两 =10 钱，1 钱 =10 分计量。

三、北宋初期的初级火器

（一）火毬

火毬（同火球，以下均写作火球）类火器的品种较多，仅《武经总要》第十一和十二卷，就记载有 8 种火球的图绘及其构造与使用方法的文字说明，它们是：火球、引火球、蒺藜火球、霹雳火球、烟球、毒药烟球、铁嘴火鹞、竹火鹞等（图 2-4、图 2-5）。火球是用火药制成的一种燃烧性火器，其成分除了硝、硫、炭以外，大多是可燃性物质，如竹茹、麻茹、小油、桐油、黄蜡、沥青等，因此是一种用抛石机抛至对方烧裂后引起燃烧的火球。铁嘴火鹞是一种与火球形制稍有不同的鹞式燃烧性火器，它用木作鹞身，头部安有铁嘴，尾部束有秆草，火药装入草尾中。铁嘴火鹞多用于守城战中，当敌人前来攻城时，即点着火药，用抛石机将其抛射至敌攻城士兵群中或粮草积聚之处，引起燃烧。

图 2-4　蒺藜火球、引火球

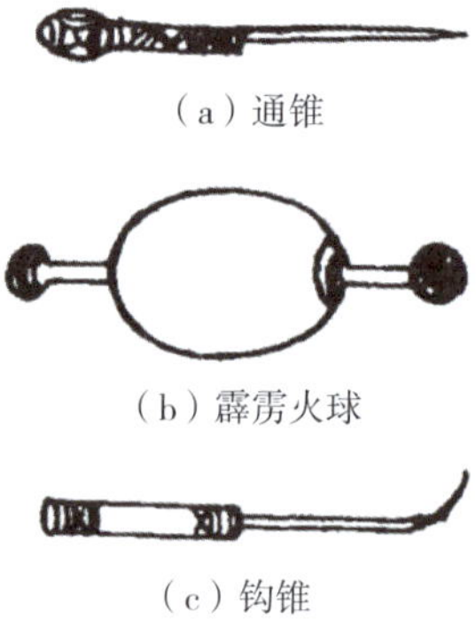

图 2-5　通锥、霹雳火球、钩锥

（二）火药箭

火药箭也是北宋时期创制的一种初级火器，当然，与现代火箭还有很大的差别。这类形式的火药箭，既可用弓也可用弩施放。由于此时的火药箭尚未使用火捻，所以施放时要先点着用易燃物料制成的火药包的外壳，然后放出，扎在敌人的粮草上，待火药包的包壳引燃包内火药后，即能引起猛烈的燃烧。管火药箭除了弓弩通用者外，箭身一般都比较粗长，通常有用三弓斗子弩施放的斗子箭、双弓床弩和大合蝉弩施放的铁羽大凿头箭、小合蝉弩施放的大凿头箭。它们也是在箭头的后部附着一个火药包而制成的。它们的施放方法和燃烧作用大致同弓射火药箭相似。

火球与火药箭类火器在使用时有一个共同的特点，即它们都要借助抛石机、弓、弩、弹射装置等冷兵器的机械力，把战斗部即火球火药包抛射或运载至敌方阵中烧裂，达到烧杀、障碍、毒杀、熏灼等作战目的。因此可以说，北宋初的兵器研制者已经巧妙地把轻重型射远冷兵器的射远作用同火器的燃烧作用结合在一起，创制出一种既能增强射远冷兵器的杀伤、焚毁威力，又能增加火器作战距离的新式兵器，运用在水陆各种样式的作战中，这也是冷兵器与火器并用时代的特点。火器的使用，标志着我们的祖先已经开始迈出了把火药用于军事的第一步，使传统的作战方式逐渐发生新的变化，为古代兵器划时代的发展做出了杰出的贡献。

四、南宋时期火枪与铁火炮的发明

在北宋所创火球与火药箭的基础上，南宋时期宋、金、蒙各方的火器又有较大的发展。

北宋灭亡后，康王赵构（1107 ~ 1187 年）在商丘（今河南省商丘市）建立南宋，并于南宋建炎三年（1129 年）二月以临安（今浙江省杭州市）为都。13 世纪初，北方的蒙古人逐渐强大起来，不但威胁着金政权的安全，而且在金灭亡后又南下攻宋。这一时期是战争频繁的时期，出现了南宋对金、金对蒙古、蒙古对南宋和对外的多次战争。这些战争前后相继、犬牙交错，参战的各方都力求利用最先进的技术，大量制造已经定型的火器和研制新型的火器，从而促进了这一时期火器的发展。

创制于北宋初期的火球与火药箭，虽然在北宋末年的坚守汴梁之战中发挥了一定的作用，但是当时的火球与火药箭等燃烧性火器仍然存在使用不便的局限，它们大多需要借助射远的弓弩和重型的抛石机等冷兵器才能发挥战斗作用。因此，南宋初期的火器研制家与统兵将领合作，一方面在改进火球、火药箭的性能上下功夫，增强其毁杀威力；另一方面又在研制新型火器上努力，使它们既能摆脱对弓弩和抛石机的依赖，又能扩大其使用范围。于是，长竹杆火枪、飞火枪、突火枪和铁火炮等应运而生。

（一）长竹杆火枪

长竹杆火枪系南宋军事技术家陈规所创。陈规，字元则，密州安丘（今属山东）人，熙宁五年（1072 年）生，青少年时喜读兵书，重视研究军事。陈规在绍兴二年（1132 年）六月驻守德安（今湖北安陆）。有乱军来袭时，陈规用“火炮药造下长竹杆枪二十余条”，组织了一支长竹杆火枪队，“六十人，持火枪自西门出，焚天桥，以火牛助之须臾皆尽，横拔砦去”[1]，取得了守城战的胜利。

长竹杆枪的形制构造如何，史书中未作介绍，但由书中对守城战记载可知，

[1] 《宋史》卷 377《陈规传》，见中华书局版本第三十三册第 11643 页。

长竹杆枪的枪身较粗长，需三人使用一支，一人持枪，一人点放，一人辅助；枪内装填的火炮药，已距北宋初所用的火炮药 150 多年，其性能有较大的改进，比《武经总要》所记载的火药燃速快，火力大；由于枪身粗长，装药多，所以能对准目标，持续进行较长时间的集中喷焰，能很快将大型天桥烧毁。由于长竹杆火枪比火球、火药箭有较大的改进，所以陈规便成为我国和世界上最早创制和使用管形火器的军事技术家。绍兴十二年（1142 年），陈规在庐州知府兼淮西安抚使任上病故。

（二）飞火枪

飞火枪是继长竹杆火枪后的又一种管形火器，适于单兵作战使用。飞火枪是一种注火药以火发之的手持管形火器。火药与铁滓、磁末混装于枪筒内，以喷射火焰为主要杀伤手段，发射后枪筒完好。火焰喷出约一二丈远，其名称似也因此而得。

绍定六年（1233 年，金天兴二年）正月，金哀宗完颜守绪（1198 ~ 1234 年）率忠孝军退至归德（今河南商丘南），蒙军亦尾追而来。金忠孝军首领路蒲察官奴秘密制备飞火枪和各种战具，准备袭击蒙军。五月初五，蒲察官奴率忠孝军 450 人，编成飞火枪队，每人各持飞火枪一支，并带铁火罐，内藏火源，夜袭蒙军兵营。蒙军从梦中惊醒，一时手足无措。450 支飞火枪火焰齐喷，营房四下火起，蒙军纷纷溃逃，“溺水死者凡三千五百余人”，金军“尽焚其栅而还”，取得了夜袭蒙军的胜利❶。

金军使用的飞火枪，枪小而轻，便于单兵携带，能独立作战，可以喷射火焰，烧灼 1 丈多远的敌军士兵。喷射完毕后，又可用锋利的枪头刺杀敌军，是中国火器发展史上第一次装备集群士兵作战的单兵火枪，也是最早使用的一种单兵两用兵器。它的创制和使用，标志着中国单兵火枪的正式诞生。

（三）突火枪

飞火枪只能喷射火焰，尚不具备直接击杀敌军的作用，突火枪则是能够直接击杀敌军的单兵火枪。

图 2-6 所示突火枪为开庆元年（1259 年）寿春府（今安徽寿县）火器研制者创制。据《宋史》记载，突火枪“以巨竹为筒，

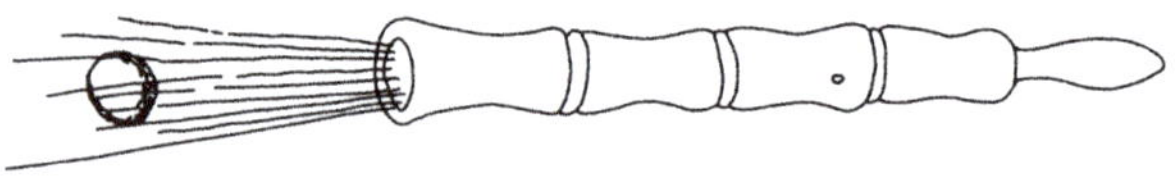

图 2-6　突火枪

❶《金史》卷 116《蒲察官奴传》，见中华书局版本第八册第 2548 ~ 2549 页。

内安子窠，如烧放焰绝，然后子窠发出，如炮声远闻百五十余步”❶。

突火枪的形制构造，虽因记载过简而不能确知，但它已经具备了管形射击火器的三个基本要素：身管、火药和弹丸（子窠）。由于突火枪以巨竹为筒，所以可在其中装填火药和子窠；由于筒中装填了火药，所以在火药筒中燃烧后产生的气体推力，能将子窠沿着枪的轴线方向射出，产生击杀作用；子窠的构造虽尚待研究，但从“子窠发出”一句中，可知其是具有一定几何形状的较大颗粒，而不是粉末灰沙。冯家昇先生在 20 世纪 50 年代判断其为最初的子弹，是有一定道理的。在《宋史·兵十一》所记载的突火枪之前，已有类似的突火筒出现。如建康府在两三个月内就制造了突火筒 333 个，维修了突火筒 502 个。突火枪是南宋火器研制者的一大创造，它不但在南宋末期的作战中发挥了良好的作战效果，而且已经成为元代创制金属管形射击火器——火铳的先导。突火枪的创制，受到后世各国火器史研究者的重视，公认它是世界上最早自发运用射击原理的管形射击火器，堪称世界枪炮的鼻祖。

（四）铁火炮

铁火炮由北宋初的纸壳火球，以及北宋后期的陶制与瓷制火蒺藜、火罐发展而来，这些火蒺藜与火罐到南宋时期得到了进一步的推广和使用。

据《续夷坚志》记载，山西阳曲（今太原市）北郑村中社，有一个名叫铁李的人，以“捕狐为业，（金世宗）大定（1161 ~ 1189 年）末，一日张网沟北古墓下，系一鸽为耳（饵），身在树上伺之……未二更，狐至……铁李腰县（悬）火罐，取卷爆（似为火捻）潜热之，掷树下，猛作大声，群狐乱走，为网所罩，瞑目待毙……以斧椎杀之”。上述记载说明铁李携带的是一个装填火药的小陶罐，使用时，点着火捻后，药燃罐炸，发出较大的响声，惊吓得狐狸四下乱走。这实际上是一个陶罐式火球。金人受此启发后，创制了用铁火罐装填火药，作为火器用于作战之中。不久，这种新型火器便被称为铁火炮，被金军用来攻掠南宋的领地。中华人民共和国成立前，有人曾发现了宋元时期类似的陶火药罐。

南宋嘉定十四年（1221 年），金军携铁火炮进攻蕲州。蕲州守将李诚之率部坚守。当时城中虽还存有弩火药箭 7000 支，弓火药箭 1 万支，蒺藜火炮共 3000 只，皮大炮 2 万只，但它们的威力不如铁火炮。赵与衮《辛巳泣蕲录》说，铁火炮“形如匏状而口小，用生铁铸成，厚有二寸”，爆炸时“震动城壁”。

金军兵临蕲州后，先于城外环列抛石机，向城内抛射铁火炮，“其声大如霹雳”，引起多处爆炸，打在城上，守军中炮即死，甚至“头目面霹碎，不见一半”；打在城楼上，城门楼亦被摧毁；打中居民住户，造成居民伤亡。经过 25 天的围

❶《宋史》卷 197《兵十一·器甲之制》，见中华书局版本第十四册第 493 页。

攻，金军占领了蕲州。李诚之全家及僚佐全部死难，赵与衮全家 15 人也亡于战祸，他本人仅以身免，事后作《辛巳泣蕲录》以记其事。

铁火炮在战争过程中屡经改进后，成为威力更大的震天雷。绍定四年（1231 年，金哀宗正大八年），金将板讹可在河中府（今山西省永济市）被蒙军击败后，率残部 3000 人夺船而走，在溃逃途中，用震天雷炸毁蒙军拦击的战船，逃奔潼关。这是史书关于使用震天雷的最早记载❶。

金人创制的铁火炮，后来发展为 4 种不同的样式，如图 2-7 所示。

铁火炮的创制和使用，表明爆炸性的火器已经从纸壳发展为铁壳，从而增大了杀伤和摧毁的威力，并成为后世所创铁壳爆炸弹的先导。

（a）合碗式　（b）罐式　（c）葫芦式　（d）圆球式

图 2-7　4 种铁火炮

五、元代的火铳

火铳初创于中国的元代，它是依据南宋火枪尤其是突火枪的发射原理制成的。虽然长期以来对火铳创制的年代无据可依，但是在中华人民共和国成立以后，由于搜集到的出土和传世的元代火铳日渐增多，从而为分析其创制的时期和有关的问题提供了珍贵的实物资料。资料分析表明，火铳应是中国最早的金属管形射击火器。

元代创制和使用的火铳，使中国管形射击火器出现了由竹火枪向金属火枪的一次飞跃性过渡。如果将现存的几件出土和传世的元火铳同南宋创制的突火枪相比较，会发现它们在构造上有许多相似之处，反映了火铳对突火枪的继承性，也可以认为元火铳是突火枪发展的产物。

（一）火铳对突火枪的继承性

其一，突火枪以天然巨竹为枪筒，元火铳以金属为铳筒，同属于管形射击火器。

其二，突火枪的枪筒可以大致分为尾端、装药部、安放子窠的枪膛部，元火铳在外形构造上可明显地区分为尾銎、药室和铳膛三个部分。

其三，两者的尾端都可安上适合的手柄，便于发射者操持。

其四，两者的点火和发射方式相同，都是用点火物点燃筒（铳）中通出的火捻引燃火药，利用火药燃烧后所产生的气体膨胀力，将弹丸射出，击杀敌人。

其五，突火枪是最早自发运用发射原理的管形射击火器，元火铳也是自发运

❶《金史》卷 111《完颜讹可传》，见中华书局版本第七册第 2446 页。

用发射原理的较为先进的管形射击火器。因此，元火铳与突火枪相比，又有许多改进之处，其优越性甚为明显。

（二）元火铳的优越性

元火铳与突火枪相比，具有明显的优越性。

其一，元火铳的使用寿命较长。突火枪的坚固程度由竹质而定，枪筒大多容易被烧蚀、焚毁或炸裂。如果使用火药的数量较多，性能较好，那么燃烧后产生的膛压必然增大，很可能在发射一两次之后，枪筒就损坏无用。而金属制元火铳铳壁的熔点高、耐烧蚀性好、抗压力强、不易炸裂，能够适应因火药性能的改良和装药量的增多而增加的膛压，所以一支元火铳能够使用多次而无需更换，使用寿命大为延长。

其二，元火铳的制造规格易于统一。由于突火枪受制造材料的限制，只能因竹取筒，尺寸大小不一，没有统一规格，因而各个枪筒的大小长短参差不齐，不能按统一规格进行批量制造。同时，由于枪筒的规格不同，会带来装药量的不定。装药量的不定会影响发射威力和安全：筒大药少会导致发射无力，不能达到预期的杀伤目的；筒小药多会引起枪筒炸裂，伤害发射者。而元火铳是按一定规格进行成批铸造的，同一批火铳的各部分尺寸事先都有设计，除了因制造工艺水平的限制所产生的误差外，其他误差甚小，这样便可严格控制火药室的尺寸，保证装药量达到标准，既能保证发射威力，又可提高发射的安全。

其三，元火铳的构造比较合理。突火枪从枪口至尾端基本上同样粗细，外形呈直筒形，枪膛、药室、尾部三者之间并无明显的区别，各部横截面呈不规则圆环，这些都是影响发射威力的因素。元火铳的构造却大有改进，在外形上已经明显区分出铳膛、药室和尾銎三个部分，各部分的横截面都呈圆环形，口径、铳长、铳膛长、药室长之间虽无准确的数量比值，但其外形结构已反映出适合发射需要的粗略的数量关系。如药室部呈灯笼罩式隆起，内外径大于铳腔的内外径，因而使药室具有较大的容积和横截面。这种构造能使火药在较大横截面的药室内迅速燃烧，增大了横向燃烧面，提高了燃烧的瞬时性，瞬间生成具有较大压强的大量高温气，并被挤压（压缩）入截面较小的铳膛中，使压强再次增大，从而提高了发射力和弹丸飞行速度及杀伤力。

其四，元火铳的射速较快。突火枪的内壁多曲凹，欠光滑，所以发射后残存于筒壁上的药渣需要花费较长的时间进行清除，如果枪筒损坏，则需要进行更换。这些都延缓了再装填和再发射的时间，影响了射速。元火铳的内壁较光滑，发射后残存于铳膛内的药渣清除较易，费时较少，因而提高了射速。

由于具有上述几方面的优越性，所以元火铳在创制成功后便装备军队，用于作战，不但元军使用，而且元末农民起义军也多有采用，尤其是朱元璋率领的起义军使用最多。元火铳如图 2-8 所示。

火铳在元代创制以后即被用于作战，到元末时期使用逐渐频繁。由于史书记载较少，所以元军使用火铳作战之例很少，与此相反，农民起义军使用火铳作战之例却很多，其中朱元璋军队尤为突出，而且已初绽新战术的萌芽。例如，用火铳进行攻城战，用火铳进行守城战。用火铳与冷兵器相结合进行水战的著名战例是鄱阳湖决战。元至正二十三年（1363 年）七月，朱元璋率舟师 20 万至鄱阳湖，同陈友谅号称 60 万的主力进行决战。战前，朱元璋察看了陈友谅以巨舟相连的水阵，认为其不利进退，遂将本部水军战船分成 20 队，把船上装备的“火器弓弩，以次鳞列”，并授将士攻敌之术：“近寇舟，先发火器，次弓弩，近其舟则短兵击之。”作战开始后，朱军即按部署攻击陈军水阵，将舰船上装备的火炮、火铳、火箭、火蒺藜、大小火枪、大小将军炮等火器一起发射、抛掷至陈军战船上，焚毁 20 余艘，陈军死伤无数。之后，双方又经过多次激战，陈友谅所部溃败，其也于八月初九日在九江口中箭身死。朱陈双方在鄱阳湖的决战，是我国战争史上第一次使用火铳（即最早的舰炮）进行的水战。此战兼三种方式：先在远距离炮击，以摧毁和焚烧敌船，减杀其战斗力和机动力；其次以弓弩射杀敌军，再次减杀敌船战斗力；最后接舷跳帮，短兵相搏，歼灭敌军，结束战斗。其所用火器已从燃烧敌船跃变为用火铳击杀敌船将士，摧毁和焚烧敌船船具的阶段，创造了火铳与冷兵器相结合的水战战术。朱元璋是首先指导部队采用这种战术的统帅。元末火铳在攻守城战和水战中的初步使用，已显示其特有的优越性，成为在此种作战模式中火铳与冷兵器相结合战术的基础，并为明初火铳的扩大制造和使用提供了重要的经验。

图 2-8　元火铳

六、欧洲初级火器发展

欧洲的火器自 14 世纪前期起步后，到 14 世纪后期便开始加速，出现了独立的火药制造工业，枪炮制造业也有明显的进步。早在 1340 ~ 1348 年，德意志的奥格斯堡、施潘达岛和莱格尼茨等地已经建立了小型的火药制造场，制造火药。当时的火药制造，从原料的精选到火药的制成，都是用手工业方式进行的。

欧洲在 14 世纪所采用的火药配方，大致同中国 11 世纪初（北宋）至 13 世纪末（元初）所用的火药配方相似，也反映了从燃烧性火药向发射性火药过渡的概况。欧洲的火药主要用于金属管形射击火器枪与炮，所使用火药也以发射火药为主，燃烧性火药为辅。

欧洲火器研制与使用的重点主要在枪炮方面，当时一些国家对火器的研制、管理和使用做出贡献的人员，采取奖励政策以促进火器的发展。如德意志当局采取的举措主要有两点：其一是颁发奖状和奖金；其二是提升职务和地位。14 世纪后期，欧洲一些国家建立了专门的火器制造工场。如巴伊埃伦地方于 1364 年建立了专门制造枪炮的“管理枪炮制造所”。在德意志的纽伦堡和奥格斯堡等地，当时也已建立了枪炮制造场（图 2–9）。

图 2–9 德意志火药制造图

14 世纪后期，欧洲制造的火器种类已较前为多。主要有：小型爆鸣枪、手持枪等轻型武器；50 磅[1]、70 磅、127 磅、270 磅中小型火炮及百磅石弹炮等重型火器；铅弹和铁弹；木制炮架、两轮炮车、四轮炮车等火炮辅助器械。当时的手射火器主要是指手持枪等单兵手射火器。欧洲的轻武器起始于 14 世纪 40 年代，常见的有 Gun（枪）、Cannon（加农炮）、Bombard（乒乓枪或爆鸣枪）等名称。到 14 世纪后期又有一定进步。坦奈堡手持枪如图 2–10 所示。

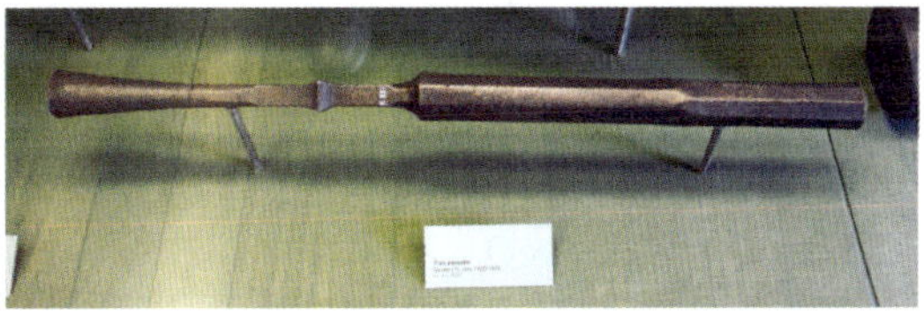

图 2–10 坦奈堡手持枪

14 世纪后期欧洲的手持枪同中国明朝洪武年间（1368 ~ 1398 年）制造的手铳相类似。其原料多为黄铜和青铜。其形制构造都为圆筒形，有几道加强箍以强固铳身，手持枪（手铳）枪管后部有火门，从枪口装填火药与弹丸。其发射方式都是

[1] 1 磅 =0.45 千克，下同。

射手用左手持枪，右手持点火之物点火发射。其发射的弹丸有石弹、铅弹和铁弹，装备步兵、骑兵和水兵，用于野战、攻城战、守城战、岸防战和水战。其源头都是由中国宋元时期的竹制火枪与火筒发展而成。

14 世纪后期欧洲的火炮制造较前大有进步。以下三种铜炮代表了当时最先进的火炮。

① 奥格斯堡铜炮。1378 年，德意志巴伐利亚州的奥格斯堡有一位造炮匠师制造了 3 门火炮，分别发射 120 磅、70 磅和 50 磅重的炮弹，射程达到 1000 步（约为 1555.7 米），这在当时已经是很远了。同年，奥格斯堡造炮工场的匠师们用铜和锡合冶的锡青铜制造了 13 门青铜炮。

② 日耳曼博物馆藏铜炮。炮身全长 1.44 米，木制炮架 33.5 磅，是 1379 年罗登堡记录中的火炮。

③ 纽伦堡市制造的重炮。德意志的纽伦堡市枪炮制造场在 1388 年制造了一门重炮。据该市 1388 年的一份文书中记载，为了搬运重火炮，厂里动用众多的运输工具与马匹；用 12 匹马运载克里姆希特大炮筒，用 12 匹马运载 3 门发射百磅重石弹的铁炮，用 16 匹马运载用于制作杠杆吊装架的大粗木，用 4 匹马运载卷扬机，用 15 辆车运载石弹，还有四轮炮车与两轮炮车随行。同年，在该市的一支炮兵小分队中，编有射手、装填手及年轻力壮的士兵。从炮兵小分队的编成人员的数量与分工可以看出，这支炮兵小分队已经相当于一个炮兵排了。

七、欧洲火绳枪的创制与发展

15 世纪初的欧洲军事手工业工场虽然能制造数量较多的手持枪，但都是用烧红的铁块点燃药室中的火药然后将枪弹射出的火枪。然而，在战场上要这样做就要附加许多配套的设备，这些设备在战场上使用极不方便。因为一个射手在发射时要同时完成三个动作：握稳枪杆，瞄准和点火。这种操作过程不利于作战，也影响射击精度，于是在 15 世纪初便有人开始研究用火绳发火的装置，这种装置到 15 世纪后期即得到广泛的运用。

火绳枪最早的发火装置即枪机是一个简单的金属弯钩，弯钩的一端固定在枪托上，并可使它绕轴转动，金属弯钩的夹缝内放一根缓燃火绳，火绳系由经过硝酸钾或其他化学物质处理过的麻线捻成，燃速大约为每小时 76.2 ~ 127 毫米。火绳的一端夹在金属弯钩中，发射时可用手指往里推引，使火绳落入装药室中点燃火药，进行发射。这样，射手就可以边瞄准边推火绳发火，从而提高了射速，如图 2-11 所示。

图 2-11　早期的火绳枪机

火绳枪问世 50 年后，人们才成功地研制成与其配套的扳机、击锤和底火发火机构。火绳枪的发火机构在后来又有许多改进，出现了多种制品，但在基本原理上并无多大变化。火绳枪机包括蛇形杆和扳机，蛇形杆前端夹有缓燃的火绳。发射时，射手扣动扳机，通过杠杆或弹簧作用，将蛇形杆推向下，使火绳接触枪管尾部的火药池，点燃火药，火焰通过火门传入枪膛内，引燃发射药。火绳枪的枪管较细长，通常前有准星，后有照门，用于瞄准，火绳枪由此而成为最早运用“三点一线”原理进行射击的火器。枪托多为弯形木托，既便于射手左手持枪托，右手扣动扳机，并以面部一侧贴近枪托，以一目进行瞄准射击，又可减少射击时的后坐力。弹丸为圆形铅弹，与枪膛口径同大，使火药点燃后所产生的气体不易外泄。因此，火绳枪比手持枪的射击动作更为简化，提高了射速和命中率，增大了射程，因而得到了广泛的应用。火绳枪还有通条、火药壶、铅弹模等配件。

火绳枪经过使用后，又有多处改进：在枪机上附加一个弹簧，使蛇形杆起落更加迅捷；在火药池外部附设一个可开可闭的火门盖，以保持药室内引火药的干燥洁净；将封闭的枪管底端改用一个大螺栓堵塞，以便于制造和保养；改进枪管与枪托的结合方式等（如图 2-12 所示）。15 世纪末还出现了凹槽式线膛火绳枪，以减少弹丸对膛壁的摩擦，有的还在装弹时于弹丸外包裹一层浸油的麻织物，使其不受或少受阻滞地进入枪膛，射击效果要优于滑膛枪。15 世纪时，欧洲各国军队装备风行一时的火绳枪。到 15 世纪末，火绳枪的质量已减至 10 千克，口径 22 毫米，弹重 50 克，射程 300 米，每分钟发射 1 弹，适于成建制地装备军队。

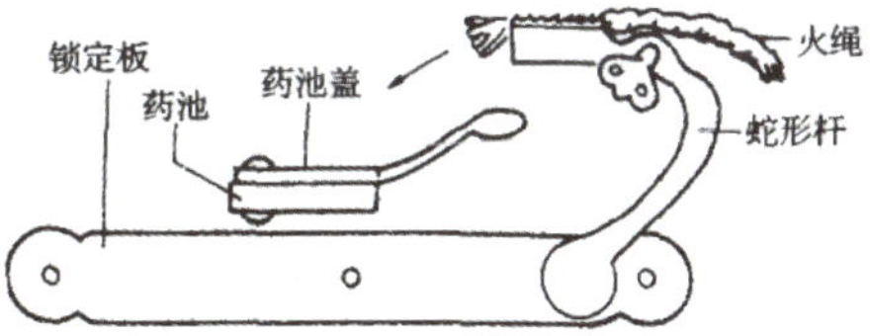

图 2-12　改进后的火绳枪示意

八、欧洲的早期火炮

欧洲的火炮制造技术在 15 世纪取得了三项重大突破性的进展：其一，在一些国家的通都大邑和防海要塞制成并装备了前所未有的巨型火炮；其二，一些国家对火炮纷繁杂乱的形制构造进行了相对规范和统一的改造，即进行炮制改革；其三，为适应海上争霸的需要，后装炮等舰载火炮横空出世。

（一）欧洲的早期巨炮

欧洲在 15 世纪出现巨型火炮制造热是有其时代原因的。由于当时各国之间战争纷繁，而攻占敌方的城郭要塞便成为战争的主要目标，攻城战和守城战是主要的作战样式，攻毁敌方的城堡、城墙、城楼是主要的作战手段，于是适应这种战争需求的巨型火炮便应运而生。当时，欧洲的早期巨炮主要有下列几种。

1. 法乌尔·迈特巨炮

此炮是 1411 年造于布伦斯维克（Braunshweig）的巨型青铜炮，人们称它为法乌尔·迈特炮（Die Faule Mette），如图 2–13 所示。此炮炮身长 2.9 米，口径 76 厘米，炮重 8228 千克，弹丸重 409 千克，装药量 30.8 千克。

2. 威恩炮

这门熟铁炮系由威恩兵工厂制于 15 世纪前后，发射石弹。炮身由两部分铸成，前部是用宽箍将多根粗铁条箍成炮筒，后部用熟铁铸成药室，结合部用几层箍箍紧，如图 2–14 所示。此炮同法乌尔·迈特巨炮不同，炮膛远大于药室，炮身重约 10 ~ 15 吨，发射的石弹重 360 千克。此后一段时间内所制的臼炮，基本以此炮为样本。

图 2–13　法乌尔·迈特巨炮

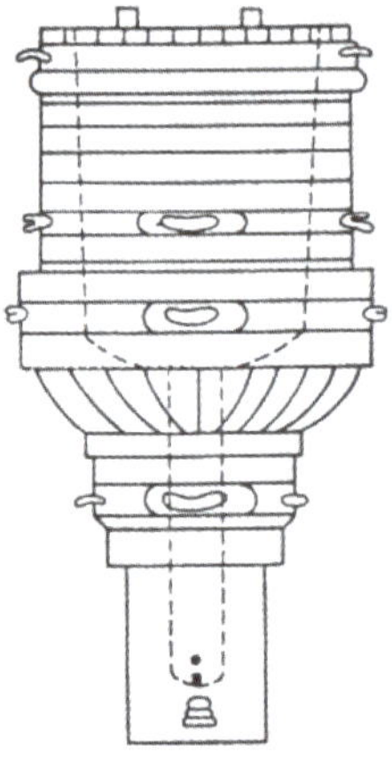

图 2–14　威恩炮

（二）德法两国火炮的改进

15 世纪，欧洲各国火炮的发展极不平衡，当德法两国开始改进早期火炮时，其他国家火炮制造与使用之事仍在徘徊不前。德法两国火炮改进的重点主要有二：一是将过于笨重的巨炮改为便于机动的火炮；二是简化火炮的种类和相对统一火炮的形制构造，目的是使火炮便于在战场上机动和使用。德意志皇帝马克西米利安一世及其继承者卡尔五世皇帝是这次火炮改进的先行者。

1. 德意志火炮的改进

德意志火炮在 1500 ~ 1510 年得到初步改进，大致可分为主炮、重炮、蛇炮和臼炮四种类型。

主炮发射铁制弹丸，炮筒安于木制炮架上，炮架置于地面，尾部后面用大木作桩，用以消减火炮在发射后产生的反冲力即后坐力。这同中国明朝前期消减较大火铳发射后产生反冲力的方法相似。

重炮是攻城的主炮，有大小 5 种规格，其形制构造基本相同，但名称各不相同。

蛇炮的口径小，炮身的长度为口径的 20 倍，因形似长蛇，故名蛇炮。

臼炮是口径短身管火炮，发射燃烧弹、石弹、中空铁弹，同中国明朝发射空心铁弹的铁棒雷、飞炮等炮相似。

改进后的德意志火炮都在炮筒重心所在的两侧配附了炮耳，以便安置在炮架或炮车上发射。这种新配附的炮耳，既能通过控制炮尾的升降，调整炮口上下仰俯的角度，从而修正火炮的射角，有利于炮车对射击目标的瞄准，又便于安置在炮车上进行机动作战，是一举两得的重大改进。与此同时，增加重炮及蛇炮药室壁的厚度，以加强这些火炮发射时的安全，因为收到了明显的效果而被各国火炮制造者仿效。

2. 法兰西火炮的改进

法兰西对火炮制作进行了如下改进。

① 提高造炮能力和改善火炮结构。为了对火炮进行改革，法兰西首先加强造炮工场的建设，使之与德意志的造炮工场并驾齐驱。在铸炮技术和工艺上，将炮筒与可移动炮尾的分铸式改进为整体铸造炮身的方法，使铸成的火炮最长达 8 米，同时也改善了火炮的闭气效果。

② 统一火炮的规格。查理八世时期，法兰西的火炮铸造场在铸造火炮时，按规定新铸的火炮一律发射铁铸实心弹，以提高火炮的杀伤和摧毁威力。为了便于装卸和战场机动，法兰西的铸炮工场都铸造配附炮耳的炮筒，以及与炮身大小、质量相匹配的车轮式炮架（炮车）。为了适应作战的不同需要，法兰西的火炮铸造场铸造了几类不同的火炮，有便于机动作战的轻型野战炮，有攻城炮，有发射石弹的臼炮。为了能熟练地配合发射，又给当时的每一门火炮编配一组相对固定的炮手，遇有战事，便可立即投入战斗。与此同时，军队还建立了炮兵勤务分队，以保证火炮

设施具有良好的备战状态。经过这些改进后，法军组兵的机动性提高了，其野战炮兵在作战时可以和其他兵种一起行军，甚至不会落在骑兵的后面。

在查理八世改进火炮的基础上，到路易十二世时，法兰西火炮的改进又前进了一步，用青铜铸造的火炮，从炮尾至炮口略呈锥柱形，断面为八角形，装饰简朴，性能甚佳。

3. 欧洲国家的早期后装炮

所谓后装炮，就是从炮管后部装填火药与弹丸。当时的后装炮与 19 世纪后期出现的后装线膛炮不同，仍是后装滑膛炮，主要有两种：一种是炮身分为两部分，前部为弹膛（亦称弹道），后部是药室，图 2-15 中的 1、3、5 即属于这一种；图 2-15 中的 6 则是另一种火炮，炮身后部有肩形框作装弹室，另有装填发射药的子炮，可事先装填好火药，发射时可轮流将子炮嵌入火炮的轻弹室内，属于嵌合发射式火炮。此炮大部分用作舰船上的舰炮，一直使用到 17 世纪。制造这种火炮的国家主要有西班牙、葡萄牙、英国、法国、意大利等。这种火炮是经由葡萄牙等国流入东方最多的火炮种之一。1517 年（中国明朝正德十二年）被明朝的广州官员所见，因当时明廷将葡萄牙人称作佛郎机，故也以佛郎机称呼这种火炮。后来相沿成习，被东方一些国家所通用。佛郎机炮对东方各国此后的火炮制造与使用产生了重要的影响。

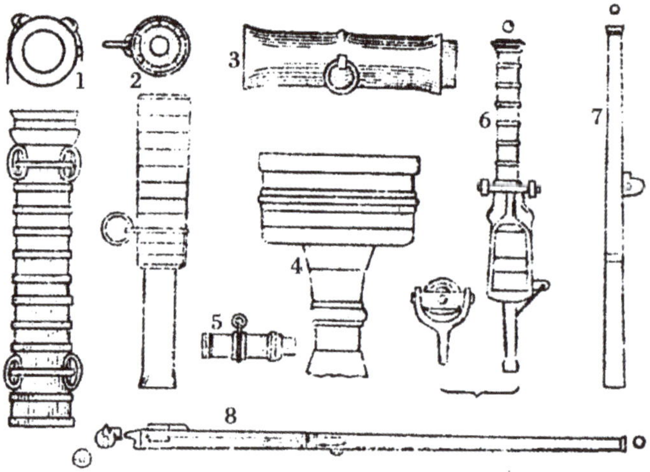

图 2-15　古炮解析图

1—1405 年蓬巴德（Bombarde）炮的前炮身，口径 16 厘米，长 110 厘米，重 1250 千克，发射 4.25 千克的石弹；2—长石弹炮，炮身长 1 米，口径 13 厘米，重 65 千克，发射重 26 千克的石弹；3—石弹炮的后炮身，长 72 厘米，口径 4~8 厘米，重 127.3 千克；4—大石弹炮，身长 1.34 米，口径 53~59 厘米，重 1190 千克，发射重 203 千克的石弹；5—铅弹炮的后炮身，长 30 厘米，重 9.8 千克，是一种小型炮；6—贝格勒船舶用炮，即中国明代所说的佛郎机炮的炮身，长 68 厘米，口径 6 厘米，重 32 千克，发射 460 克的炮弹；7—长铅弹炮，炮身长 1.117 米，口径 3 厘米，重 21 千克，发射重 111 克的铅弹；8—钩式火绳枪，枪身长 1.64 米，口径 2.7 厘米，重 1.38 千克，发射重 102 克的铅弹

第二节　大航海时代武器

千帆纵横搏骇浪，万炮轰鸣战风雷！

15~18 世纪是人类的大航海时代，亦称地理大发现时代。以 1492 年哥伦布第一次从西班牙出发经大西洋远航到美洲作为大航海时代正式开始，这之前的整个 15 世纪，可说是大航海时代的序幕阶段。到了 16 世纪，火炮开始在挂满大风帆的战船上应用，揭开了热兵器在海战中大显神威的历史，船与船之间的战斗也因为火炮的使用而拉开了战斗的距离。此后 300 多年的海战中，作战形式都是以风为动力的大帆船远远地摆开阵式，舷侧对舷侧地用火炮打个你死我活。

欧洲资本主义萌芽的迅速成长，引起了西欧各国对海外航路的探寻和殖民扩张。15 世纪末，欧洲的商人、好战的贵族和航海家开始冒险渡洋航行，企图从中获取他们梦寐以求的战利品。此时，多桅帆船的出现、脱离武装商船专用于海上作战的大型风帆战列舰的建造、火炮在战舰上的成功装备和使用，则为这种冒险航行平添了双翼。

一、风帆战舰

（一）“亨利·格雷斯·戴尤”号风帆战舰

英王亨利八世是世界上第一个真正的海军规划者，他第一个设计出有着特定建造目标且装备精良的战舰。亨利八世建造了“玛丽·罗斯”号、“彼得·波米格莱尼特”号以及“亨利·格雷斯·戴尤”号，后者又名“亨利大帝”号（图 2-16），排水量约为 1016 吨，是当时最强大的海上战舰。它于 1514 年建成下水，用于替代 1512 年英法战争中损失的“摄政王”号。“亨利·格雷斯·戴尤”号风帆战舰配备 21 门青铜重炮、

图 2-16　“亨利·格雷斯·戴尤”号风帆战舰

130门铸铁火炮，航速大约为4节❶，编制人员大约350人。

（二）“皇家方舟”号风帆战舰

14世纪80年代，伊丽莎白女王获悉西班牙无敌舰队的入侵计划之后，立即下令对海军力量进行扩充。1586年，英国新建成11艘战舰，紧接着，在1587年又建成2艘。这些战舰包括“前卫”号、“彩虹”号和“皇家方舟”号（图2–17），每艘排水量均超过406吨。后来在抗击西班牙无敌舰队的战役中，“皇家方舟”号担任霍华德勋爵率领的英国舰队的旗舰。它最初曾担任过沃尔特·罗利爵士的旗舰。“皇家方舟”号风帆战舰配备54门铸铁火炮，排水量813吨，舰长88.7米，舰宽13.1米，航速大约7节，编制人员大约300人。

（三）“胜利”号风帆战舰

英国皇家海军“胜利”号风帆战舰（图2–18）。此时已到大航海时代结束时期，但“胜利号”风帆战舰仍属于大航海时代战舰，且是其中的优秀代表。在1805年的特拉法尔加战役中，海军上将纳尔逊勋爵英勇战死在该艘战舰上，并因此赢得了永远的荣光。在他死后，英国举国上下为他哀悼。“胜利”号风帆战舰配备100门火炮，排水量3556吨，舰长69米，舰宽15.5米，航速10节，编制人员873人。

图2–17 “皇家方舟”号风帆战舰

图2–18 “胜利”号风帆战舰

（四）“圣·马丁”号风帆战舰

强大的西班牙“圣·马丁”号风帆战舰（图2–19）在1588年西班牙国王腓力二世派遣无敌舰队入侵英国的行动中，担任旗舰冲锋在前。在无敌舰队的130余艘舰船中，最后只有67艘安全返回西班牙。“圣·马丁”号风帆战舰配备18门大口径火炮，20门小口径火炮，排水量1016吨，舰长37.3米，舰宽9.3米，航速6节，编制人员大约150人。

❶ 1节=1.852千米/小时，下同。

（五）“圣特立尼达”号风帆战舰

在特拉法尔加战役中，法西联合舰队中有法国战舰 18 艘，西班牙战舰 15 艘。极具威力的“圣特立尼达”号担任西班牙舰队旗舰，该舰共装备 130 门火炮。英国纳尔逊勋爵麾下只有 27 艘战舰，包括 3 艘 100 门火炮战舰、4 艘 98 门火炮战舰、1 艘 80 门和 3 艘 64 门火炮战舰，其余均为 74 门火炮战舰。法西联合舰队后被英国舰队彻底击溃，伤痕累累的法国旗舰“布森陶尔”号随后投降，包括舰队司令维尔纳夫在内的法国舰员全部做了俘虏。“圣特立尼达”号等另外 18 艘战舰也纷纷降旗投降。“圣特立尼达”号风帆战舰（图 2–20）排水量 4572 吨，舰长 61.2 米，舰宽 19.2 米，航速 7 节，编制人员大约 1000 人。

图 2–19　“圣 · 马丁”号风帆战舰

图 2–20　“圣特立尼达”号风帆战舰

（六）“海上君主”号风帆战舰

1637 年，查理一世下令建造“海上君主”号风帆战舰（图 2–21）。当时它是英国有史以来所建造的最大战舰。其 3 层甲板上共安装了 100 多门火炮，这使它成为世界上第一艘 3 层甲板战舰。它的舰体装饰了精美的雕刻和华丽的图案，看起来极其富丽堂皇、奢华气派。“海上君主”号的战斗甲板后来减少为 2 层。1600 年英国斯图亚特王朝复辟以后，它被更名为“皇家君主”号。“海上君主”号风帆战舰的排水量为 1663 吨，舰长 38.7 米，舰宽 14.2 米，航速大约 7 节，编制人员大约 250 人。

图 2–21　“海上君主”号风帆战舰

18 世纪以后，随着木质风帆战舰操纵性能的改善、战舰排水量的增大和大口径火炮在战舰上的普遍配置，海军作战的舷炮战战术发展成为比较稳定的战列线战术，即交战双方的舰队在海战中各自排成单列纵队的战列线，进行同向异舷或异向同舷的舷侧方向火炮对射。于是，在这种战列线战术中使用的拥有 80 门以上火炮的大型军舰得名为战列舰。到 19 世纪中期，最大的风帆战列舰排水量可达 4000 吨，配置的火炮多达 130 门，通常建有三根高大的桅杆，航行在海面上非常威武壮观。19 世纪中期以后，随着第一次工业革命的到来，蒸汽战列舰逐渐替代了风帆战列舰。

二、舰炮

总的来说，船上的兵器一开始都是由陆地上搬过来的。舰炮是历史上最悠久、最基本的一种海上武器，其发展源于火炮。从第一门火炮装到船上算起，舰炮已经走过了 600 多年的不平凡历程。

火炮装载到舰船上，即形成了舰炮。现存最早的舰炮是明太祖洪武五年（1372 年）制造的大碗口铳（图 2-22）。其结构和陆炮大致相同，都是用青铜和铁铸成的滑膛炮。炮管放置在带轮的框架上，用绳把框架固定在船舷上，以限制发射时的后坐力，用楔形木块来调整射角。弹丸为石弹或铸铁弹，也是从炮口装填，用黑火药发射。舰炮靠目力估计或用照门准星直接瞄准目标射击。将火炮等火器大规模使用于水战，最早的当属陈友谅、朱元璋的鄱阳湖水战。1363 年，陈友谅率领号称 60 万的水军进攻朱元璋率领的 20 万水军。朱元璋把小船分为 20 队，每队都有大小火炮、火箭等，用抛石机或人力抛掷。7 月双方主力开始在鄱阳湖交锋，据记载：“喊声、炮声撼天动地，波涛冲天，飞光照耀百里，湖水尽红，战死者数万人。”经过一个多月的激战，8 月 26 日，陈友谅中箭身亡，陈军战败。

图 2-22　明洪武五年（1372 年）舰用大碗口铳

欧洲首次使用火炮的大型海战，当属 1521 年的勒潘托海战。当时的奥斯曼帝国称霸地中海，不断向外扩张。西班牙、罗马教皇和威尼斯组成联盟，集中大小舰船 316 艘，多数战船上装有 5 门火炮、100 名划桨手。奥斯曼帝国进攻的舰队共有 247 艘战船，多数战船上装有 3 门火炮。经过激战，奥斯曼帝国损失了 38000 余人，战船 200 余艘，以失败告终。当时的舰炮是用青铜或铁铸成的滑膛舰炮（图 2-23），从炮口装填，用黑火药发射。有的炮装在舰艏艉平台；有的炮配置在多层甲板的两舷，成为舷炮。有的大型风帆战舰装备的舷炮多达 100 余门，舷炮成为海战的主要手段，从而使舷战和撞击降为次要地位。风帆战舰的舰炮配置见图 2-24。1588 年，西班牙无敌舰队和英国舰队在大西洋上进行了格拉芙林海战。西班牙人还是把火炮看作第二位的武器，认为战争的胜败主要取决于船上的士兵跳船帮与敌人间的近身搏斗。而英国舰队与西班牙无敌舰队保持着一定的距离，利用船的机动性避开与西班牙人近战，主要展开火炮轰击。这次海战西班牙投入了 128 艘战船，但仅有 63 艘返回本国，损失惨重，从而使英国夺得了大西洋上的制海权。这是单凭舰炮取胜的第一次海战。

图 2-23　滑膛舰炮

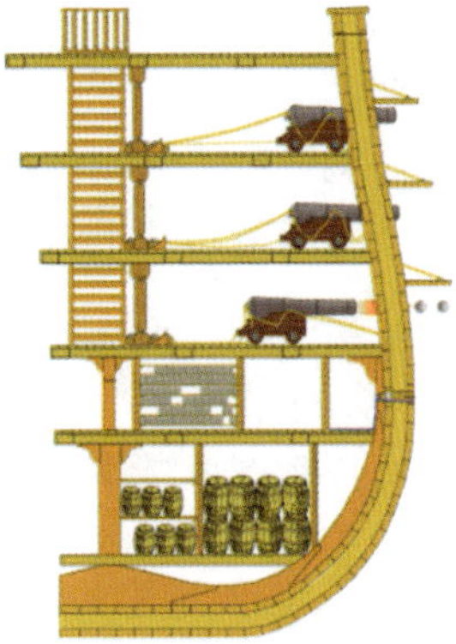

图 2-24　风帆战舰的舰炮配置

嘉靖年间（1522 ~ 1566 年）佛郎机炮传入中国。佛郎机炮最早被安于船舶的炮架上，炮架可以左右上下自由转动和俯仰，控制和转动炮身的尾部，即可调整佛郎机炮的左右射界和俯仰射角，是当时一种较先进的舰炮。图 2-25 所示为科尔特斯征服墨西哥时所用的佛郎机炮。1519 年入侵墨西哥的海军舰队中已装备了 14 门佛郎机炮。

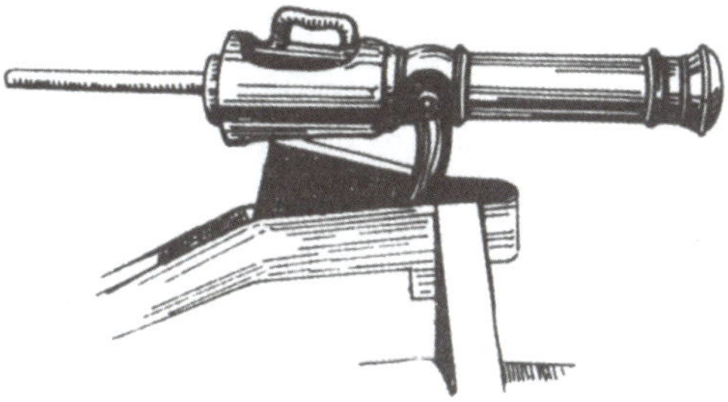

图 2-25　科尔特斯舰船上的佛郎机炮

在 16 世纪初，佛郎机炮被葡萄牙、西班牙等国用作舰炮，作为劫掠亚洲的印度、中国、日本、朝鲜以及非洲、拉丁美洲一些国家的武器，使这些国家和人民蒙受了巨大的损失。这些大型战舰装备的舰炮多为长管后装炮，既可将炮管伸出舷外，又便于在舰内装填弹药。图 2-26 为“玛丽玫瑰”号战舰装备的舰炮。

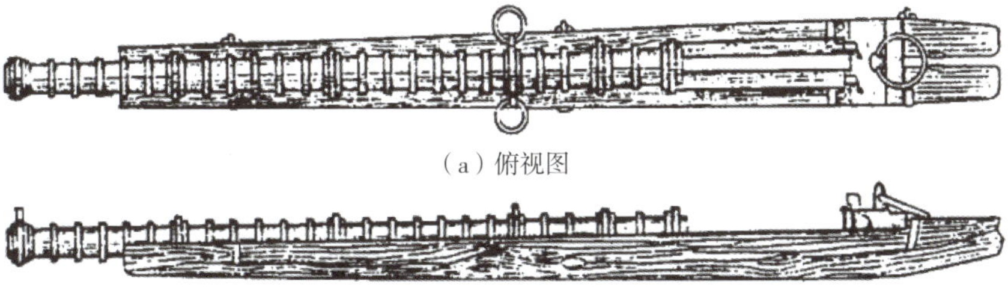

（a）俯视图

（b）正视图

图 2-26　“玛丽玫瑰”号战舰装备的舰炮

三、大航海时代燧发枪的创制与改进

图 2-27　精美的燧发枪

随着战争的发展，已往用燃着的木炭点发射的手持枪或用火绳点发射的火绳枪，使人们感到越来越不方便，越来越不符合实战的需要。因此，枪械工程师们便开始研制一种转轮磨击燧石点火发射的枪，即用燧石枪机点火发射的枪，人们称这种枪为燧石枪或燧发枪（图 2-27）。也有人因为它是用转枪磨击燧石点火发射的枪，所以又称它为转轮发火枪或轮发枪（wheellock）。

（一）燧发枪的发火原理

燧石又称火石，与铁器撞击或磨击会溅出火星，于是有人在 16 世纪初便将燧石用于枪支的点火。最早构思轮式发火枪机的是意大利文艺复兴时期的画家达·芬奇（Leonardo da Vinci，1452—1519），他绘制了轮转枪机结构的示意图。1517 年，一个名叫约翰·基弗斯的枪械工程师在纽伦堡创制成一种轮发枪，也有人说他是在奥地利的维也纳创制成功的。

1521 ~ 1526 年间，德意志也有人制成一支转轮式燧发枪。枪机安有一击锤，击锤的卡口内夹有燧石，击锤下有一小钢轮，钢轮周沿有钩齿，轮上缘设置火药池。扣动扳机后，在发条的作用下，小钢轮快速旋转，并磨打燧石发出火星，引发弹药 [图 2-28（a）]。转轮燧发枪虽是一种精巧的设计，但因结构复杂，造价昂贵，又易出故障，所以没有推广应用。

1547 年，瑞典发明的弹簧式燧发枪（snaphance）与转轮燧发枪的结构完全不同，它使用钢火镰打火。当射手扣动扳机时，击锤在弹簧的弹力下撞击钢火镰，火星随之落入下面的火药池中。火药池上安

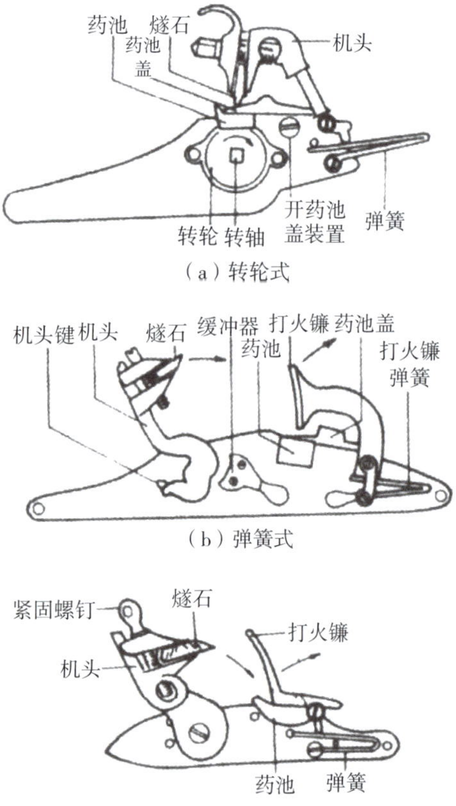

（a）转轮式

（b）弹簧式

（c）撞击式

图 2-28　燧发枪原理示意

有一个保护盖，用来防止雨水进入和火药洒出，发射时通过扳机将盖子打开，装上火药后再用手盖上 [图 2-28（b）]。这种枪机比转轮式枪机简单而且可取，因此受到欧洲各国火枪研制者的重视。

1620 年左右，法国的火枪研制者对弹簧式枪机进行了一项改进，将钢火镰和药池盖连成一体。扣动扳机后，击锤撞击钢火镰，打出火花，同时将钢火镰撞离火药池，火花引燃暴露出来的火药 [图 2-28（c）]，此枪机被称为撞击式燧发枪机（flintlock）。此项改进虽小，意义却大，使燧发枪的结构更加简单而可靠，且造价低廉，维修方便，因此被世界各国大量仿制，最终取代了火绳枪机和转轮式燧发枪。

（二）燧发枪的制造

自 17 世纪起，欧洲的枪械制造业出现了兴盛发达的局面，一些枪械工厂能制造多种枪械，如奥格斯堡枪械制造工厂就担负着多种枪械及配件的制造任务。制枪车间中安放机械转动式的造枪机器设备，有车、刨、铣、削等各种工具和车床。在尚未完全采用机械生产的过程中，还有一些工序由人工进行精细操作。出版于 1689 年的《火器时代》中的画面生动地反映了当时枪械制造的场景（图 2-29）。

（三）燧发枪的改进

燧发枪的发火装置虽然克服了火绳枪在风雨天中因怕风吹雨打而不能射击的缺陷，但是由于装弹复杂而费时长，士兵在发射一发枪弹后再装填下一发枪弹的间歇过长，在敌军乘机冲杀过来时猝不及防。为了让士兵在同敌军近距离作战时免受伤害，枪械研制者便于 17 世纪设计了一种安于枪床前端的小型刺刀，人们称其为枪刺。有了枪刺后，士兵在射完子弹后，可用枪刺同敌人进行白刃格斗。最初的枪刺安有一个插入枪膛的木柄。不久，法国的枪械工程师伏邦设计了一个枪刺管，可以借此将枪刺固定在枪管上，解决了近战格斗的问题，于是燧发枪得到广泛使用。图 2-30 所示为拿破仑军队使用装有刺刀的燧发枪作战。

图 2-29　奥格斯堡枪厂造枪图

图 2-30　拿破仑军队使用装有刺刀的燧发枪作战

第三节 第一次工业革命时代武器

海上千烽火，沙中百战场！

从 18 世纪中期到第一次世界大战（以下简称一战）之前，欧洲进入自由资本主义时期。在这一时期，各主要资本主义国家相继进行了工业革命，在促进生产力飞速发展的同时，军事技术也发生了革命性变革，武器装备不断改进，黑火药被黄火药和梯恩梯（TNT）取代而退出历史舞台，燧发枪逐步改进为击针后装线膛枪并不断发展，前装滑膛炮改进为后装线膛炮，性能优异的手枪和机枪问世，风帆战列舰逐渐让位给蒸汽战列舰。

一、无烟火药与炸药

自中国发明有烟火药（即黑火药）后，直到 19 世纪前期，火药研制者只能提炼硝石与硫黄的纯度，以及选择上好的草木类植物焙制炭粉，经过反复的混合拌和，以提高火药性能，增强枪炮等火器的杀伤与摧毁威力。随着新型火器的不断创制，有烟火药已经不能满足新型火器的需要。于是，研制新型火药已迫在眉睫。

为了提高枪炮等火器的杀伤威力，军事技术家们便着手开始研制无烟火药。所谓无烟火药，就是枪炮在发射弹药后不产生烟雾和残渣的火药。它是将植物纤维素浸泡在硝酸溶液中，经过化学反应后生成的化合火药，不同于用硝、硫、炭三种原料拌和的混合火药。19 世纪后期发明的无烟火药有硝化棉和硝化甘油两种，又称单基火药与双基火药。

（一）硝化棉无烟火药

硝化棉（图 2-31）即以硝化纤维素（又称纤维素硝酸酯）为唯一能量组分的火药。纤维素硝酸酯又称硝化纤维素，是纤维素与硝酸进行酯化反应后的产物。当以棉花为纤维素原料时，该产物便称为硝化棉。其药形一般为单孔或多孔粒状和单孔管状、片状、带状、环状等形式，广泛用作枪炮弹的发射药。

图 2-31 硝化棉

1832 年，法国化学家 H. 布拉克诺（H. Blacnor）用浓硝酸作用于亚麻、淀粉、木屑等物质，结果生成一种易燃物，即低氮量的硝化棉，当时还不了解其爆发性，故中断了研究。

1846 年，德国化学家 C. H. 雄拜因（C. H. Schönbein）开始用硝硫混酸处理棉花和试制硝化棉的研究，经过多次试验，终于制成了硝化棉，并仔细研究了它的性质，发现它的爆发威力比普通的有烟火药大 2 ~ 3 倍。但经试验发现其爆速过快，会炸裂炮管，不能作为发射药，只能用于制造地雷或矿山爆炸。

1863 年，意大利人 F. 阿贝尔（Abel）经过多次研究和试验，第一次真正发明了令人满意的制造和提纯硝化棉的方法。之后，又创造了硝化棉的处理方法，使它能用作枪炮弹的发射火药。其法是在硝化棉中加入一种合适的溶剂，以破坏其纤维性，然后蒸发溶剂，成为无孔而密实的硝化棉，使之在点火后能够向内逐层燃烧至中心。在处理溶剂过程中，将溶液蒸发而成为具有弹性的胶状物，再压成薄片、粗线或其他适用的形状，并在烘干时保持原有的外形。

1884 年，法国工程师 P. 维列（P.Vielle）首先制成了挥发性溶剂火药。其制作过程是：先将硝化棉用醇醚溶剂处理，再将混合好的药料在滚压机上按压，制成片状火药。这种火药是以硝酸纤维素为唯一能源组分的火药，所以又称单基火药或硝化棉无烟火药。这种火药在燃烧时有一定的规律，燃速可以调整，比等量有烟火药的威力大 2 ~ 3 倍，而且在燃烧时无烟，发射后也无残渣遗存于炮膛中。此成果于 1886 年直接被法国用作勒贝尔 M1886 步枪的发射火药。

1891 年，俄国化学家门捷列夫（1834—1907，图 2-32）经过多次试验和对火药理论的研究后，制成一种含氮量较高而又完全均匀溶于醇醚溶液中的火胶棉火药，很快被美国人采用。

图 2-32　俄国化学家门捷列夫

硝化棉在燃烧后全部生成气体和水蒸气，气体量大，是等量黑色火药燃烧后所生成气体的 3 倍，而且没有残渣存留在枪炮膛中，减少了清除枪炮膛的时间，因而提高了射速。

（二）硝化甘油无烟火药

硝化甘油火药又称双基火药，即含有硝酸纤维素和多元醇硝酸酯两种主要组分的双基发射药。这种无烟火药首先是由意大利都灵人 A. 梭勃莱罗（Sobrero，1812—1888）在 1847 年发现硝化甘油（即三硝酸甘油脂）后开始研究的。1862 ~ 1864 年间，瑞典工程师阿尔弗雷德·贝恩哈德·诺贝尔（Alfred Bernhard Nobel，1833—1896，图 2-33）在斯德哥尔摩和汉堡开办了制造硝化甘油的工厂。1867 年，诺贝尔制成了一种“甘油炸药”，又称“代那密”（Denami）或“代那密特”（Dynamite），这种炸药是用硅藻土的毛细孔吸收硝化甘油后制成的。后来又在硝化甘油中溶解 8％的硝化棉，制成了一种威力较大的胶状炸药，也称爆炸胶。1886 年，诺贝尔又将等量的硝化甘油和硝化棉放在一起，然后用滚筒拌和或在两个热筒之间滚压的方法，将原料混合，制成角状或所需形状的大小颗粒，用作枪炮的发射火药。1888 年，诺贝尔用硝化甘油胶化了二号可溶性硝化棉，制成了巴力斯特（Balliste）型硝化甘油火药，不久被一些国家采用。日本在 1897 年开始设厂制造无烟火药。

图 2-33　阿尔弗雷德·贝恩哈德·诺贝尔

1890 年，英国人 F. 阿贝尔和 J. 迪尤尔用硝化甘油和丙酮一起塑化高含氮量的硝化棉，制成像通心面粉与面条一样的条状火药，称之为柯达（Cordite）型硝化甘油无烟火药，又称柯达双基火药。该火药适用于大口径火炮及迫击炮的发射火药，很快被军方采用。

（三）三基火药

1937 年，德国火药研制者首先在双基火药的组分中加入一定量的硝基胍，制成三基火药。这种火药是由硝酸纤维素、硝化甘油和硝基胍三种能量组分组成，三者的含量分别为 20％ ~ 28％、19％ ~ 22.5％、47％ ~ 55％。通常也称为硝基胍火药，主要用于大口径火炮炮弹的发射火药。

1942 年，美国的火药研制者利用有机黏合剂（沥青）与无机氧化剂（$KClO_4$）配制成复合推进剂。此后，随着高分子黏合剂技术的发展，又出现了聚硫橡胶火药、聚氨酯火药等，被用作固体火箭推剂。

（四）炸药

炸药不同于火药。火药与炸药在能量释放的形式上有一定的区别：火药释放能量的典型形式是爆燃，其燃速小于 340 米 / 秒，在亚音速范围内；炸药释放能量的典型形式是爆轰，其爆速超过 340 米 / 秒，进入超音速范围。因此，人们将主要产生爆燃的混合物或化合物称作火药，将主要产生爆轰的化合物或混合物称作炸药。但两者的区别不是绝对的，在一定条件下，火药的爆燃会转化为爆轰，炸药也可以只燃烧，而不爆轰。某些炸药还可用作制造火药的原料。因此，火药与炸药可在共有的爆炸性质下统一起来而合称为火炸药。

炸药种类甚多，主要有以下几种。

① TNT 炸药（图 2-34）。1863 年，德国化学家 J. 维尔布兰德（J. Wilbrand）率先试制成 TNT 炸药，属单体炸药，通常采用硝酸和硫酸的混合酸硝化甲苯，再用亚硫酸钠精制硝化产物产生。1891 年，德国按照 C. 豪泽曼（C. Hausser Mann）的方法进行工业生产。1902 年，德国首先以 TNT 代替苦味酸装填炮弹。此后，TNT 炸药便成为主要的军用炸药，在一战中得到广泛使用，直到第二次世界大战（以下简称二战）时仍是使用最普遍的火炸药之一。

② 苦味酸炸药（图 2-35）。又称黄色炸药，系由苯酚经硫化和硝化而成。1771 年，英国人 P. 沃尔夫首先试制成苦味酸，用于制作黄色染料。1873 年，德国化学家 H. 斯普伦格尔发现苦味酸可用于雷管起爆。1885 年，法国人 E. 特平用苦味酸装填炮弹，在一战期间得到广泛使用。因它是一种酸性化合物，对枪炮壁有腐蚀作用，故在一战后逐渐被 TNT 所取代。

图 2-34　TNT 炸药

图 2-35　苦味酸炸药

③ 硝铵炸药（图 2-36）。是以硝酸铵为主要成分与可燃物或单体炸药组成的能量较低的混合炸药。1867 年，瑞典人 C. J. 奥尔森和 J. H. 诺宾首先试制成硝铵炸药，可用作炸药装药的代用品，后被用于装填迫击炮弹和手榴弹。

④ 黑索今（图 2-37）。是威力和感度都大于 TNT 的单体炸药。1899 年，G. F. 亨宁在合成医药时制成黑索今。1922 年，G. C. 赫尔茨首先认为它是一种有价值的炸药。因其爆炸性能好、原料丰富，自二战起，许多国家都对其进行研制，成为 TNT 之后又一种主要炸药之一。

图 2-36　硝铵炸药

图 2-37　黑索今

⑤ 奥克托金（图 2-38）。它是一种大威力的单体炸药。1941 年，G. F. 赖特和 W. E. 巴克曼在用醋酐法生产黑索今时，发现了其中存在的奥克托金，其性能优于黑索今。二战后，炸药研制者对其进行进一步研究，并得到迅速发展。

图 2-38　奥克托金

19 世纪，枪弹技术发生了革命性的改进。最初的子弹弹头是铅铸的小球形弹丸，而且与发射药分开。1800 年，人们发现了雷汞，紧接着又发明了含雷汞击发药的火帽。把火帽套在带火孔的击砧上，打击火帽即可引燃膛内火药，这就是击发式枪机弹药。随后，1812 年在法国出现了定装式枪弹。它是将弹头、发射药和子弹壳连成一体的枪弹。于是，人们开始从枪管尾部装填枪弹。

二、击针后装线膛枪和不断发展改进的步枪

（一）膛线

早期的枪械都是前装滑膛枪，包括火绳枪，枪管内表面是光滑的，叫作滑膛枪。这种枪在发射时，由于枪弹和枪管内表面之间有缝隙，不能很好地密封火药气体，所以射出去的子弹距离近，准确性也较差，甚至有时子弹会在空中翻跟

头。1520 年，德国纽伦堡的一名铁匠戈特为了简化前装手续，减少气体泄出，使弹丸在枪膛内起紧塞作用，并提高装填速度，发明了直线式线膛枪，采用圆形铅球弹丸。由于“膛线”一词的英文译音是“来复”，所以线膛枪也被称为来复枪。至今，印有戈特姓名和 1616 年生产日期的步枪还保存在博物馆内。这种带有膛线的来复枪射击精度大大超过了滑膛枪。

16 世纪以后，膛线由直线形改为螺旋形（图 2-39），发射时能使长形铅丸做旋转运动，出膛后飞行稳定，提高了射击精度，增加了射程。较为有名的是法国的米宁前装式来复枪。此枪重约 4.8 千克，有 4 条螺旋形膛线，最大射程 914 米。弹丸长形，头部蛋形，底部中空，略小于口径，比较容易从枪口装填。发射时，火药气体使弹底部膨胀而嵌入膛线以发生旋转。但由于这种线膛枪前装很费时间，因而直到后装枪真正得到发展以后，螺旋形膛线才被广泛采用。图 2-40 所示为膛线构造图。

图 2-39　螺旋形膛线

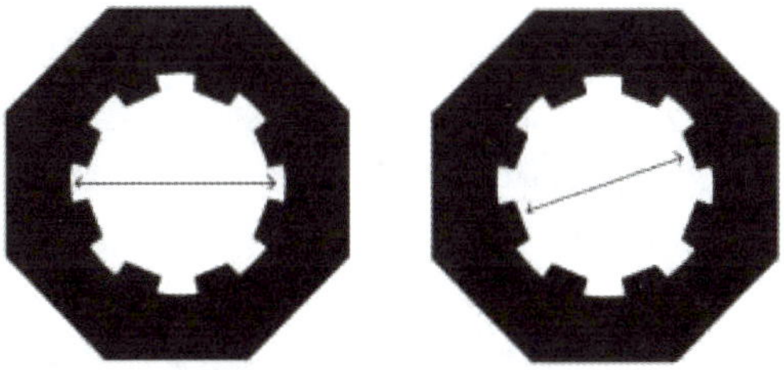

（a）阴线间直径　　（b）阳径

图 2-40　膛线构造图

最有名的是英国帕特里克·弗格森于 1776 年发明的一种新式来复步枪。这种枪射程达 180 米，最远可达 270 米，平均每分钟可射 4 ~ 6 次。这比起当时每分钟只能发射一次、射程仅 90 米的一般步枪来说，确实是巨大进步。弗格森在枪膛内刻上螺旋形的纹路，即来复线，使发射的弹头旋转前进，增加了子弹飞行的稳定性、射程和穿透力；又在枪上安装了调整距离和瞄准的标尺，提高了射击命中率。

19 世纪，人们对枪的性能提出了更高的要求。1825 年，法国军官德尔文设计了一种枪管尾部带药室的步枪，采用球形弹丸，弹丸装入枪管后，利用探条冲打，弹丸变形而嵌入膛线。这种枪的射程和精度都有明显提高。德尔文因此被称为“现代步枪之父”。

（二）击发枪与后装枪

击发枪是在燧发枪的基础上研制的新型枪，其原理是射手扣动扳机后，击锤推击撞针，撞针触及枪弹中的引爆火药，将枪弹射出。1818 年，英国技师约瑟夫·艾格（J oseph Egg）发明了雷管，并应用于枪弹引爆，于是击发枪得到了广泛的使用。英国的博克枪❶是最早使用了击发装置的枪。1836 年，英国用布仑斯威克枪❷代替了博克枪，其枪机就是改进后的福西 - 艾格式枪机。由于击发枪既克服了燧发枪的缺点，又简化了发射手续，提高了射速，所以开始逐渐代替燧发枪。

最初的击发枪虽然使枪械作战性能有了较大的改进，但是仍然采用从枪口装填枪弹的方式，妨碍射击速度的进一步提高，于是欧洲枪械研制者们又做了改进装弹方式的研究，把以往从枪口装弹的方式改为从活动的枪尾装弹的方式，因而简化了枪械的装弹手续，提高了射速。这一研究首先是由普鲁士的非军人德莱赛（Dreyse）在 1840 年研制成功的，人们称这种枪为后装击针线膛枪（图 2-41）。其构造特点是在枪筒的尾部装上滑动的枪机（即通常所说的枪栓），枪机内装有一根击针。射击时，击针穿透装药即可发射。当时，其口径 15 毫米，枪管长 87 厘米，重 10.5 磅。由于简化了装弹手续，所以射速从每分钟 2 发提高到每分钟 5 发。此枪最初使用纸壳枪弹，头部为圆形，弹筒为纸壳，弹筒底部装有引爆药，击针撞击引爆药后即行发射。

图 2-41 德莱赛后装击针线膛枪

（三）不断改进创新的步枪

德莱赛后装击针线膛枪创制后不久，步枪的枪机也在 19 世纪 70 年代改进为滑动式枪机，使步枪的形制构造和性能开始发生突破性的改进。

滑动式枪机即通常所说的枪栓（图 2-42），又称闭锁式枪机，同以往火绳枪、燧发枪、击发枪的固定扳机不同，它可开可闭。开闭时，枪机沿枪膛的轴线方向往返移动。这种枪机由闭锁枪尾、击发装置和抽出空弹壳的装置组成，装入机槽内，使枪弹由弹仓进入药室，以撞针击发，而机头与弹壳尾部密接，不让

❶ 博克（Bakrer）枪：口径 15.3 毫米，枪长 116.6 厘米，枪重 4.3 千克，弹重 35 克，最大射程 230 米。

❷ 布仑斯威克（Brunswick）枪：口径 17.3 毫米，枪长 142 厘米，枪重 4.1 千克，弹重 53 克，最大射程 330 米。

气体泄出，并把空弹壳退出。枪机中的闭锁机尾呈圆筒形，是枪机的主体，由机柄、撞针室、驻退榫构成。机柄便于射手开闭枪机。

图 2-42 毛瑟步枪枪栓

保罗·毛瑟（Paul Mauser，1838—1914，图 2-43）创制的 1871 年式毛瑟枪是世界上最早成功发射金属壳定装式枪弹的步枪。该枪口径 11 毫米，枪长 1340 毫米，重 4.68 千克，无弹仓，发射有烟火药枪弹，弹头初速每秒 435 米，采用凸轮自动待击撞针式击发枪机。1880 年，毛瑟又在枪管下方增设可装 8 发枪弹的管式弹仓，于 1884 年定型为 1871/1884 式，装备普鲁士军队。后又加改进，口径减小至7.92毫米，发射无烟火药枪弹，有单排垂直盒式弹仓，装弹5发，定型为 1888 年式，成为近代一种真正的步枪。创制于 1898 年的毛瑟步枪，枪管口径 7.9 毫米，长 740 毫米，枪长带刺刀 1772 毫米、不带刺刀 1298 毫米，枪重带刺刀4.56千克、不带刺刀4.1千克，弹仓在中部，装尖头枪弹5发，弹重10克，携弹 150 发，初速每秒 860 米，最大射程 2000 米（图 2-44）。

图 2-43 保罗·毛瑟

图 2-44 1898 式毛瑟步枪

毛瑟步枪创制后，因其性能优良，被各国造枪界所仿制与改制，除一些国家的少数枪种外，有 20 多个国家都用仿制与改制的毛瑟枪装备军队。

德莱赛击针后装枪广泛使用后，简化了装弹手续，提高了射速，使步枪在其发展过程中出现了新的突破。但是这种枪仍然只能逐发装填和发射。于是，不满足于现有成就的步枪研制者便在进一步改进这种装弹方式、缩短装弹的间隔时间上狠下功夫。不久，这种设想与试验便结出了硕果。

1860 年 3 月，美国的步枪研制者斯宾塞（Spencer）成功地设计了一种机械式连发枪。斯宾塞连发枪的创制是以定装式金属壳枪弹的使用为前提的。此枪的枪托内装有一个簧力供弹管，由外击锤击发，利用枪机护圈控制杆进行操作，用半圆形轮机旋转供弹和下降开锁。此枪的一个重要部件是供弹仓。弹仓由护弓、托弹板、抵弹簧、退弹簧四部分组成，又因为其在枪托中的位置而分为前托弹仓、后托弹仓和机巢弹仓（图 2-45）三种。其中，前两种装弹仓需将枪弹逐发装入仓内，装弹较缓慢费时，机巢弹仓采用弹匣作装弹工具，可一次将枪弹装入仓内，方便迅速。

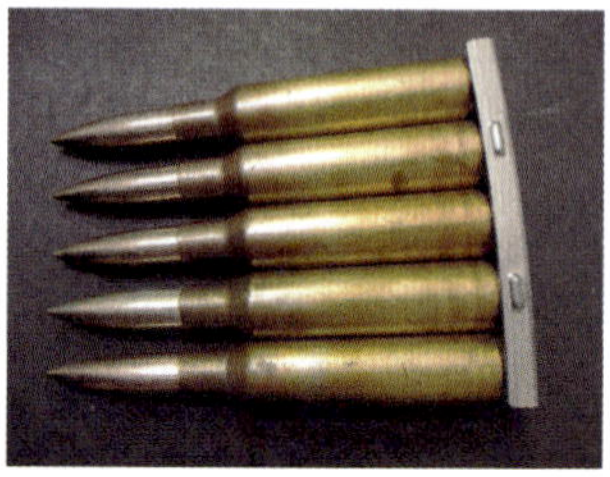

图 2-45　机巢弹仓弹匣

弹仓创制后，步枪的性能大有改善，杀伤威力也随之大为增强。各国步枪研制者纷纷以斯宾塞连发枪的弹仓为先导，将本国的步枪改为弹仓供弹式连发枪。

1884 年，德国将毛瑟步枪改为五连发枪。日本最初于 1889 年（明治二十二年）采用村田式连发枪，又于 1897 年采用明治三十年式连发枪，后来又有明治三十八年制造的五连发枪，俗称“三八式”步枪。1890 年，中国制成五连发快利枪。

上述各连发枪的构造和性能数据大致是：口径 6.5 ~ 8.0 毫米；枪全长，除刺刀 1096 ~ 1381 毫米，连刺刀 1486 ~ 1825 毫米；枪全重，除刺刀 3.643 ~ 4.274 千克，连刺刀 4.074 ~ 4.692 千克；弹仓有固定式、分离式；装弹 5 ~ 11 发；膛线 4 ~ 5 根；管长与口径之比为（30 ~ 33）∶1；枪弹长 73.9 ~ 83.6 毫米；枪弹重 22 ~ 28.5 克；弹头形状分尖头与圆头两种；弹头重 9 ~ 13 克；弹头长 27.4 ~ 41.3 毫米；装药量 1.95 ~ 3.25 克；装药种类有管状药和硝化棉无烟火药，初速 605 ~ 870 米 / 秒；膛压 2440 ~ 3800 千克 / 平方厘米；最大射程 2000 ~ 2500 米。

上述步枪和连发枪都是用人力完成供弹、闭锁、击发、开锁、退壳等基本发射动作，这种枪被人们称为非自动步枪。

三、后装线膛炮

人们通常依据用途、弹道特性、运动方式和炮膛构造来划分火炮的种类。

按照用途，火炮可分为压制火炮、高射炮、反坦克火炮、坦克炮、航空机关炮、舰炮和海岸炮。有些国家把火箭炮也算为压制火炮。反坦克火炮包括反坦克炮和无坐力炮。

按照弹道特性，火炮可分为加农炮、榴弹炮、加农榴弹炮和迫击炮。

按火炮的运动方式，火炮可分为车辆牵引火炮、自行火炮、骡马挽曳火炮、骡马驮载火炮、机载火炮、舰载火炮和便携式火炮。

按火炮的炮膛构造，火炮可分为线膛炮和滑膛炮。

从火炮产生到 19 世纪中叶以前，一般为滑膛炮，发射球形弹，射速慢，射程近，因为只靠炮管赋予炮弹飞行的方向，所以早期这种滑膛炮射击精度差。

19 世纪初，人们受到来复枪的启示逐步认识到线膛的作用。不过，开始时由于受到冶金技术的限制，还只能在炮膛里刻出直线，起到使前装弹丸比较方便的作用。1846 年，意大利少校军官乔瓦尼 · 卡瓦利（Giovanni Cavalli）提出了用线膛炮发射卵形弹（图 2-46）的设想。他的卵形弹是用铸铁制成的，弹丸侧面有两个斜形凸起。装填时，将这两个凸起嵌入火炮的膛线。膛线为螺旋形，发射时，弹丸在向前运动的同时，还会沿膛线产生高速旋转。但由于当时制造炮弹的技术水平很低，卡瓦列的炮弹在射击时因弹丸定心不准而堵在膛内发生爆炸，使火炮被毁。尽管如此，线膛炮还是开始受到重视。

由于线膛炮（图 2-47）的问世，出现了锥头柱体长形爆炸弹。螺旋的膛线使弹丸旋转飞行，大大提高了弹丸飞行的稳定性和射击精度，增加了火炮的射程。同时，炮弹实现了后装，发射速度明显提高。1854 年，火炮专家阿姆斯特朗研制成阿式后装炮。同时，克虏伯制成克虏伯式后装炮，成为当时世界著名的火炮。

（a）

（b）

图 2-46　乔瓦尼 · 卡瓦利设想的用于线膛炮发射的卵形弹

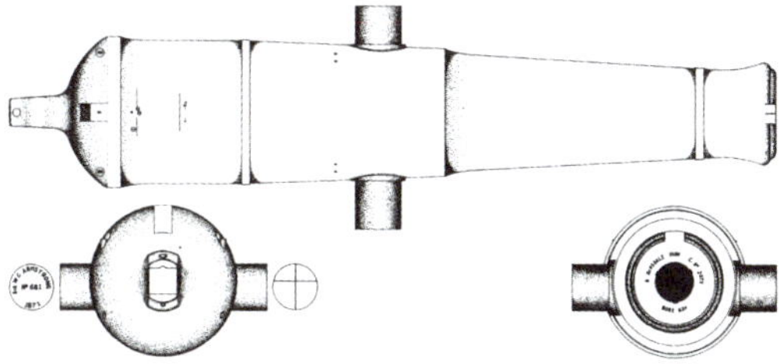

图 2-47　乔瓦尼 · 卡瓦利设计的线膛炮结构

线膛炮是火炮发展史上的一项了不起的发明。与当时同口径的滑膛炮相比，线膛炮的射程增加了 1 ~ 2 倍，弹丸质量增大了 1.5 倍，射击精度提高了 4 倍。同时，由于不再从炮口装药装弹，而是改为后装，所以线膛炮的发射速度快多了。

19 世纪末又出现了反后坐装置（图 2-48），采用了弹性炮架，使火炮结构更趋完善。火炮性能的重大进步使其逐步成为战场上的支配性武器。

图 2-48　架退式后装线膛炮

四、手枪

手枪是近战和自卫用的单手发射的短枪。手枪按构造又可分为转轮手枪和自动手枪。1836 年，美国人柯尔特（Colt）改进的转轮手枪（图 2-49）获得了美国专利。这支枪被认为是第一支真正成功并获得广泛应用的转轮手枪。转轮手枪的转轮上通常有 5 ~ 6 个既作弹仓又作弹膛的弹巢，枪弹装于巢中，旋转转轮，枪弹可逐发对正枪管，处于待击发状态。常见的转轮手枪，装弹时转轮从左侧摆出，故又称为左轮手枪。

图 2-49　柯尔特左轮手枪

左轮手枪的发射机构有两种类型：一种是单动机构，先用手向后压倒击锤待击，同时带动转轮旋转到位，然后扣压扳机完成单动击发；另一种是 1855 年出现的双动机构，可以一次扣压扳机自动联动完成待击和击发两步动作，也可以进行单动击发。战斗用左轮手枪用于杀伤 100 米以内的活动目标。其口径为 7.62 ~ 11.5 毫米，重 0.75 ~ 1.3 千克，转轮的弹膛通常为 5 ~ 7 个，优等型号手枪的射速每 15 ~ 20 秒钟不超过 6 ~ 7 发。左轮手枪对瞎火弹的处理非常方便，如一发子弹瞎火，再扣动扳机，可迅速将另一发子弹移动对准枪管待击。这一点极有实战价值。所以自动手抢出现后，左轮手枪依然装备许多国家的警察。

自动手枪出现于 19 世纪末期。1892 年，奥地利首先研制出 8 毫米舍恩伯格手枪。1893 年，德国制造的 7.62 毫米博查特手枪（图 2-50）问世。

图 2-50　博查特手枪

自动手枪的自动方式大多为枪机后坐式或枪管短后坐式。采用弹匣供弹，弹匣通常装在握把内，容弹量多为 6 ~ 12 发，有的可达 20 发。一般均有空仓挂机装置，采用单动或双动击发机构。多数自动手枪为可自动装填的单发手枪，战斗射速约 24 ~ 40 发 / 分。它比转轮手枪初速大、装弹快、容弹量多、射速高，因此各国大都采用自动手枪。世界上最著名的手枪之一是由德国人费德勒兄弟三人研制的毛瑟手枪（图 2-51）。1896 年，该枪以毛瑟的名义获得专利，首批由德国毛瑟兵工厂生产，型号定为 1896 年式，是世界上最早出现的自动手枪之一。该枪采用枪管短后坐式自动原理，卡铁起落式闭锁机构，口径 7.63 毫米，全枪重 1.16 千克，全枪长 288 毫米，10 发弹匣供弹，采用单发、连发射击方式。毛瑟手枪威力大，性能可靠，使用方便，许多国家的军队都仿制和装备过毛瑟手枪，因而产生了许多不同型号的变型枪。俄国在 1918 ~ 1920 年的内战期间就广泛使用了 1908 年式 7.63 毫米毛瑟自动手枪（图 2-52）。

勃朗宁手枪也是世界最为著名的手枪之一，由美国枪械设计师 J. M. 勃朗宁设计。勃朗宁 1889 年开始致力于世界上首批自动填装手枪的研制工作。1895 年 7 月 3 日的样枪是一种导气式武器。1897 年 4 月 20 日，勃朗宁同时取得了 4 种手枪设计方案的美国专利。

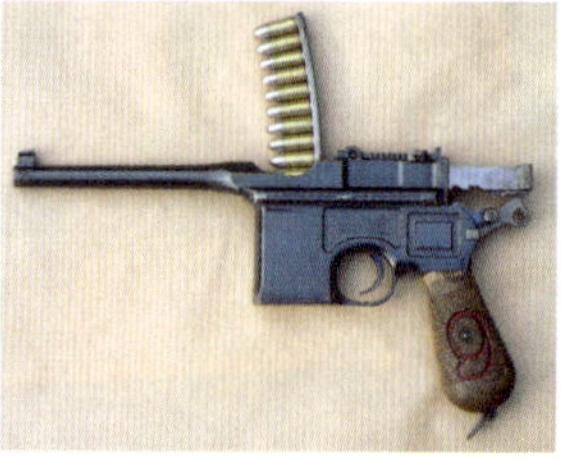

图 2-51　1896 年式毛瑟手枪

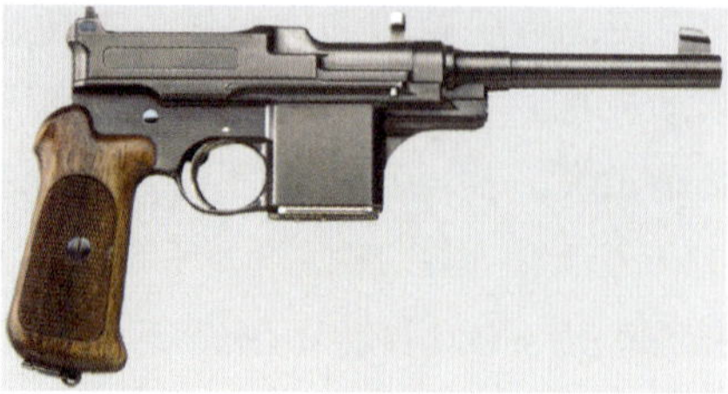

图 2-52　1908 年式毛瑟手枪

世界上制造勃朗宁手枪最大的公司有两家：美国的柯尔特火器制造公司，以及比利时的赫斯塔尔制造有限公司。美国柯尔特公司的 M1911 手枪（图 2-53），口径 11.43 毫米，拥有无可比拟的杀伤力，可靠耐用，在美军中的服役时间长达 75 年（1911 ~ 1985 年），在 1985 年更换新枪时仍遭到士兵的强烈反对。

图 2-53　M1911 手枪

五、机枪

自从步枪成为军队的主要武器之后，步枪的装弹方式大为改善，从而提高了射击速度。但是枪械的射击速度仍然不能满足战争的需要。为了提高枪械的发射速度，19 世纪 80 年代前，许多国家都研制过连发枪械。英国人 J. 帕克尔发明的单管手摇机枪于 1718 年在英国取得专利。由于枪身太重，装弹困难，未能引起普遍重视。一些国家尝试着将许多支枪管平行或环形排列，进行齐射或连射。

1862 年，美国人 R. J. 加特林发明的手摇式机枪（图 2-54）将 6 支口径为 14.7 毫米的枪管安放在枪架上，射手转动曲柄，6 支枪管依次发射，因而解决了射速问题。在紧张操作时，每分钟可发射枪弹 300 ~ 350 发。该枪于 1862 年取得专利，曾在美国 1861 ~ 1865 年的南北战争中起到很大的作用。

世界上第一支以火药燃气为能源的机枪是由 H. S. 马克沁发明的。1883 年，他试验成功了枪管短后坐自动原理，1884 年，应用这种原理的机枪取得了专利，这是枪械发展史上一项重大的技术突破。这种机枪的理论射速约为 600 发 / 分，全枪重 27.2 千克，后人称之为马克沁重机枪（图 2–55）。

图 2–54　加特林手摇式机枪

图 2–55　马克沁重机枪

六、鱼雷

鱼雷（图 2–56）是一种由搭载平台发射入水，能自航、自控、自导或复合制导，以摧毁敌军目标的水战兵器，初创于 19 世纪 60 年代。

图 2–56　正在攻击潜艇的鱼雷

鱼雷的前身是一种称为“撑杆雷”的水下爆炸物。撑杆雷用一根装有炸药包的长杆固定在小艇艏，海战时小艇冲向敌舰，用“撑杆雷”搏击敌舰，使其爆炸。1864 年，奥匈帝国海军的卢庇乌斯舰长把发动机装在炸药包上，利用高压容器中的压缩空气推动发动机活塞工作，带动螺旋桨，使雷体在水中航行，攻击敌舰。但由于速度低、航程短、控制不灵，卢庇乌斯的发明未能投入使用。曾参与上述研制工作的英国工程师罗伯特·怀特海德于 1866 年成功研制出第一条鱼雷。该鱼雷借鉴了卢庇乌斯的发明，用压缩空气发动机带动单螺旋桨推进，通过液压阀操纵鱼雷尾部的水平舵板，控制鱼雷的航行深度，但无控制鱼雷航向的装置。因其外形似鱼，而称之为鱼雷，并根据怀持海德的名字（意译为“白色”）而命名为“白头鱼雷”。该鱼雷直径356毫米，长4.26米，重135.4千克，装药8.2千克，航速6 ~ 7节，航程640米，利用25 ~ 48个大气压的压缩空气驱动活塞发动机，带动螺旋桨旋转，推动鱼雷航进。1870年，怀特海德将鱼雷专利权售予英国海军，成为法、德、奥、意等国发展鱼雷的基础。怀特海德因此被人称为“鱼雷之父”。

俄军在1877 ~ 1878年的俄土战争中第一次使用白头鱼雷击沉了土耳其海军“英且巴哈”号等6艘军舰。俄土战争后，鱼雷不断得到改进。1892年，出现了由发射舰艇利用导线输电作动力源的拖线鱼雷。之后，鱼雷又装上运用水压原理的定深器，以控制预定的航行深度。1897年，奥地利人奥布里发明了控制鱼雷航向的陀螺仪，使鱼雷能按既定的方向比较准确地驶向目标。1904年，美国布里斯公司的工程师W.莱维特发明了燃烧室，以热动力发动机代替冷动力发动机，制成热动力蒸汽瓦斯鱼雷，航速增至35节，航程达2740米。至此，鱼雷的发展经历了由无动力到有动力、无控制到有控制、冷机到热机的三次突变，作战能力大为提高。到一战开始时，鱼雷已被公认为是仅次于火炮的舰艇主要武器。

七、蒸汽铁甲战列舰

战列舰也称为战斗舰，是一种以大口径舰炮为主要武器，具有很强的装甲防护能力和较强的突击威力，承担远洋作战任务的大型水面作战舰艇。

1765年，英国的詹姆斯·瓦特发明了蒸汽机，为舰船采用蒸汽动力创造了条件。19世纪初，军舰开始采用蒸汽机，这标志着舰船动力的第一次重大革命。

1829年，奥地利人约瑟夫·莱塞尔发明了可用于船舶的螺旋桨，随后，瑞典工程师约翰·埃里克森又对其进行改进，使之能与蒸汽机相连，这就使蒸汽机可以安装在舰船的吃水线以下的舱室里。螺旋桨发明并装舰使用后，把航速从几节提高到十几节，使军舰第一次具备高速和良好的机动能力，可不受风向、风速、潮流的影响而进行远洋作战。

1849年，法国建造了第一艘以蒸汽机为主动力装置的战列舰——“拿破仑”号（图2-57），是蒸汽战列舰的先驱。“拿破仑”号装有舰炮100门，火炮采用来复线膛炮，炮弹采用杀伤力更大的爆破弹，炮弹的发射距离已达到7650米左右，设计精度也大为提高，这也迫使战舰的设计更多地要考虑采用装甲来保护自己，因此也加速了钢铁战舰的出现和发展。1853 ~ 1856年的克里木战争推动了蒸汽战列舰的发展。之后，蒸汽战列舰装备了有螺旋膛线的舰炮和能旋转360度的装甲炮塔，装甲厚度大，突击威力和防护能力得到不断提高。

1859年，英国海军开始建造铁甲蒸汽动力战舰“勇士”号（图2-58），

1860 年建成下水。最高航速可达 14.5 节，如果机帆并用，可以使战船航行的速度达到 17 节，是当时世界上最快的战舰。“勇士”号战舰上总共安装了各式火炮 40 门，其中有当时最先进的后装线膛炮和前装滑膛炮，能分别发射 49.5 千克炮弹和 30.6 千克炮弹。

图 2-57　“拿破仑”号蒸汽战列舰

图 2-58　“勇士”号蒸汽战列舰

1894 年 7 月，日本海军与中国清政府的北洋水师在黄海的丰岛海域附近遭遇，日舰“吉野”号（图 2-59）首先向北洋水师舰队突然开炮，挑起了中日甲午海战。

战前，清政府的海军在北洋大臣李鸿章的主持下，于 1885 年向德国订购了世界上较先进的 7335 吨级钢铁装甲舰“定远”号、“镇远”号和排水量 2300 吨的“济远”号，这在远东是威力最大的战列舰。1887 ~ 1888 年，清政府向英、德订购的 4 艘性能更为先进的战列舰“致远”号（图 2-60）、“靖远”号、“经远”号和“来远”号抵华并编入现役，至此，北洋水师舰队拥有主力战舰 20 余艘。日本对中国的新型钢铁装甲战列舰十分恐惧，为在未来海战中与中国抗衡，日本投入巨资赶建了一批铁甲战列舰。

图 2-59　“吉野”号蒸汽战列舰

图 2-60　“致远”号蒸汽战列舰

甲午海战的丰岛海战开始时，日方共有装甲巡洋舰 2 艘，轻巡洋舰 1 艘，中方有“济远”号装甲巡洋舰和中国自制的钢甲炮舰“广乙”号。由于日舰航速快，火力猛，又是有备来犯，经过激烈交战，中方“广乙”号被重创退出战斗，“济远”号也受伤被迫撤出，退往威海。日舰在追击途中还击沉中方一艘运兵船，俘走一艘木制炮艇。中国海军首战失利。

1894 年 9 月 17 日，中日海军在黄海大东沟海域附近再次交战，北洋水师的 10 艘战舰与日本联合舰队的 12 艘战舰投入战斗。北洋水师尽管在吨位与航速上与对方相差不大，但在火炮的口径和射速上却远逊于日方，加之战场指挥混乱失误，经过 5 个小时的激烈战斗，北洋水师被击沉 5 艘战舰，其他军舰也大都受伤，而日舰虽有 5 艘遭重创，但无一沉没。北洋水师在海战中几乎丧失了主动权。由于清政府和北洋水师的软弱无能，1895 年 2 月，北洋水师的 30 余艘战舰在威海港内被日本联合舰队全部击沉或俘虏，至此，清政府苦心经营的北洋舰队全军覆没。

甲午海战是世界装甲战舰在舰队规模上的第一次大海战，它表明了大口径火炮和厚重装甲战舰的作战优势，也显示了速射炮和集中炮火进行攻击的优越性。因此，各国海军纷纷借鉴经验，开始建造大型铁甲战舰，拉开了大舰与巨炮称雄海上的序幕。

1892 年，英国人建造出世界上第一艘钢质战列舰“君主”号（图 2-61），该舰是前“无畏”号时代各国战列舰设计的样板。此后，战列舰普遍采用钢质舰体，满载排水量可达 12000 吨，采用螺旋膛线的主炮口径达到 300 ～ 350 毫米，舰体防护装甲的厚度达到 230 ～ 450 毫米，航速为 16 ～ 18 节。

1906 年 2 月，英国建造的“无畏”号蒸汽战列舰（图 2-62）下水。“无畏”号战列舰是英国皇家海军的一艘划时代的战列舰，是近代海军史上第一艘采用统一型号主炮的战列舰，也是第一艘采用蒸汽轮机驱动的主力舰，这是一艘使同时代的战列舰在一夜间成为旧式化军舰的划时代军舰。

图 2-61 “君主”号蒸汽钢质战列舰

图 2-62 “无畏”号蒸汽战列舰

这艘新型战列舰于 1905 年开始建造，在极端保密的情况下经过短短 4 个月便建造成功，创造了战列舰建造史上的纪录。“无畏”号长 162 米，排水量为 15000 吨，采用最先进的合金技术建造而成。在武器装备方面，它拥有 10 门 12

英寸[1]口径大炮，装在5个与甲板同高的回旋炮塔上，火力是其他战列舰的2.5倍。在“速度就是装甲”理念的影响下，它装备了最新研制的涡轮机，航速极快，最高达21节。经过8个月的航行，3000名官兵将这艘战列舰变成了一个真正的“海上堡垒”。

这艘令人称奇的战舰使英国又一次令所有敌手黯然失色。“无畏”号在武备、动力、防护等方面都进行了革新，尤其是在火力和动力装置上都成为革命性的设计，被各海军强国密切关注。他们纷纷按照“无畏”号的理念建造新型战列舰，从而引发了新一轮以战列舰为主的海军军备竞赛。德国人率先打造出了他们自己的“无畏”号，其排水量更大、装甲更厚、舰炮口径更大。与此同时，日本、美国及其他一些海军强国也紧随其后，纷纷建造新舰。这期间新建的装甲舰都增加了火炮数量，提高了防护能力，火炮数量由4门增加到10 ~ 12门，蒸汽往复机也被蒸汽涡轮机取代，排水量增大到2万吨左右。这既是一场战舰的伟大变革，又是一场更加危险的死亡游戏。不久，一战爆发，参战各国将他们的巨舰驶入了炮火纷飞的海洋。

[1] 1英寸=25.4毫米，下同。

第三章　近代武器

从 19 世纪后期到 1945 年二战结束，是火器制造与使用技术突飞猛进和国际战争此起彼伏的年代。在此期间，先进的技术手段日新月异，大工业体系迅速发展，军备竞赛达到白热化的状态，大型兵工厂的建立、精密机械加工的进步、电气动力的采用推动了各种武器的大发展。以坦克和飞机为代表的新型武器纷纷问世，使武器出现了空前的快节奏与短周期更新换代的局面。这一切都是国际战争规模不断升级的前因和后果。

第一节　一战武器

冷眼向洋看世界，热风吹雨洒江天！

从 19 世纪后期到一战前，不但老牌的资本主义国家建立了庞大的军事工业，后起的德国和美国也迎头赶上，日本也在 19 世纪末建立起军事工业。19 世纪末 20 世纪初，新兴国家的崛起打破了旧有的国际秩序，世界失去了平衡。各大国之间盘根错节的矛盾使一战的种子早已埋进历史的土壤里。那些“制造死亡的商人”竭力鼓噪着“大炮比面包重要”，军国主义变成了一个“时尚”的口号，它最终证明，和平只不过是一种幻想。

19 世纪末，整个世界已被几个老牌帝国主义国家瓜分完毕，后起的帝国主义国家则试图以战争手段重新瓜分殖民地。国际矛盾日益加深，战争规模越来越大，最终发展成为 1914 ~ 1918 年的一战。随着战争规模的扩大和科学技术的突破，战场上出现了多种新式技术兵器，特别是坦克和飞机问世，在一战中，冲锋枪、重机枪、大口径的加农炮、榴弹炮、臼炮使战场变成了“绞肉机”，火力强大的各式武器似一个个恶魔张开巨口，疯狂吞噬着血肉之躯。

一、一战坦克

（一）“陆战之王”横空出世

一战进入相持阶段后，交战双方都没有好的办法去突破对方阵地。同时，法国东部和北部战场更被认为是“不可逾越的鸿沟”。双方用机枪作为据守阵地的主要武器，由于防守方的火力太猛，进攻方往往不得不取消相应的战役企图。在进攻中，缺乏防护的官兵经常遭受重大伤亡，也没有任何车辆能穿越双方对峙区内的无人地带。至于那些逃脱机枪和火炮攻击而幸存下来的车辆，会被视为“奇迹”。一战的地面战斗就以这样一种方式在延续……

当一战在 1914 年 8 月爆发时，交战双方均无任何机械化的运输工具，后方梯队绞尽脑汁来支援前线作战部队。于是，大量的马匹就成了部队运输的主要机动力量。与此同时，在执行后勤补给的队伍里也出现了一些拖拉机。它们以内燃机和蒸汽机为动力，主要用于牵引一些诸如大型火炮之类的重型装备。此外，一些早期型号的拖拉机还用履带来替代轮胎。尽管这些拖拉机在战时经常行进不了多远的距离，但还是出现在负责后勤保障的后方梯队里。所有这些问题都引起了一些有识之士的深思。

一位当时在英军服役的军官——恩斯特·斯温顿中校提出，如果在拖拉机上装上火炮或机枪使之成为装甲车辆，这个新的机器就能够变得所向披靡（在当时），轻松突破堑壕、铁丝网等障碍。斯温顿的建议呈递给了当时的海军大臣温斯顿·丘吉尔，在丘吉尔的支持下，英国政府采纳了恩斯特·斯温顿的建议，利用汽车、拖拉机、枪炮制造和冶金技术，试制了装甲样车。经过一连串的测试和改进之后，1916 年，世界上第一辆具有实战能力的坦克诞生了，其外轮廓呈菱形，刚性悬挂，车体两侧履带架上有突出的炮座，两条履带从顶上绕过车体，车后伸出一对转向轮，英国人取其代号为“小游民”（图 3-1）。

图 3-1 “小游民”坦克

为应对实战的需要，“小游民”被改进并加装火炮和机枪后制成了第二辆坦克样车“大游民”（图 3-2），定型投产后称为“马克”Ⅰ型坦克。1916 年，60 辆“马克”Ⅰ型坦克被秘密运往索姆河前线，准备参加索姆河战役。当时为了保密，英国谎称这种新式武器是为前线送水的“水箱”（英文名称即 Tank）。结果这一名称被沿用至今，“坦克”就是这个单词的音译。

图 3-2 “大游民”坦克

最初，斯温顿中校提议建造装甲车辆是为了将其作为“机枪破坏者”使用。但在装甲车辆初具雏形的时候，他又开始考虑“机枪破坏者”自身的防御问题：4 挺“霍奇基斯”型机枪是否足以击溃利用战壕和机枪进行狙击的敌方步兵？敌军能否利用现有火力轻易地狙击并破坏进攻中的坦克？斯温顿中校认为，当时制造出的坦克在火力方面略显不足，射手在首先操纵机枪的情况下，很少有机会去操纵 2 门 6 磅火炮。因此，1916 年 4 月，斯温顿中校正式提出需求报告，要求在 50% 的坦克上换装维克斯公司出品的弹链供弹和水冷式 7.7 毫米口径 C 型机枪，其中，C 型机枪将安装在改进后的炮塔上以替代 6 磅火炮。用机枪替代火炮的这种坦克被称为“雌性”坦克，而装载火炮和机枪的坦克被称为“雄性”坦克。“雌性”坦克主要用来伴随并保障“雄性”坦克对战壕中的敌军士兵进行攻击。就这样，在一战期间，英国出产的坦克根据所装备武器的不同分成两类——“雄性”坦克和“雌性”坦克（图 3-3）。

之后，在“马克”Ⅰ型坦克的基础上发展了“马克”Ⅱ型坦克，加大了车顶部的舱盖直径，并改进坦克的动力牵引系统，之后又发展了“马克”Ⅲ型和“马克”Ⅳ型坦克，将装甲厚度进一步增加。在坦克发展的初期，其设计者还没有一体化的设计理念，乘

（a）马克Ⅰ型“雄性”坦克

（b）马克Ⅰ型“雌性”坦克

图 3-3 马克Ⅰ型“雄性”坦克和“雌性”坦克

员所处的内部工作环境是相当恶劣的。以“马克”Ⅰ型坦克为例，其内部空间非常狭小。而在这么小的空间里，必须容纳 8 名乘员及其配发的保护性服装。坦克内部装备有发动机、变速箱等，同时为满足作战和机动的需要，还携带了 227 升坦克油料。坦克中还储备了大批武器弹药，按型号分为：“雄性”坦克主要携载 336 发 6 磅炮弹、6272 发 8 毫米口径枪弹，“雌性”坦克主要携载 33000 发 8 毫米和 7.7 毫米口径枪弹。每辆坦克还携载相当数量的机械润滑油和 90 升饮用水、1 箱信号照明弹和信号旗、1 部野战电话和数百米长的电话线以及坦克火炮和发动机的配件。以上每件物品都是必需的，因此留给坦克乘员的工作空间只剩下很小一部分。所以，当时坦克内部的机械布置也是杂乱无章的。乘员在工作中经常被突出的坦克部件撞破脑袋或身体，导致他们在战时出现非战斗伤亡或减员。此外，早期坦克中也没有抽烟装置，因此坦克火炮和机枪在发射时产生的废气存留在坦克内部，使坦克乘员的工作环境进一步恶化。

（二）索姆河亮相

1916 年 9 月，随着第一辆英国坦克冲向德国人据守的战壕，世界战争史揭开了崭新的一页。当时，几乎没人能够预料到这种“笨拙的机器”将对 20 世纪的战争模式产生何等深远的影响。比起之后的许多坦克大战，一战中的坦克战只能说是“小打小闹”，然而它却开创了战争史上坦克和坦克交战的记录，从此改变了陆战的战争模式。

有了坦克战，陆地战场就变得更加惊心动魄了。

1916 年 9 月 15 日，在温斯顿·丘吉尔的热情支持下，英国首次将坦克投入战斗，参加索姆河战役（图 3-4）。

图 3-4　索姆河战役中首次亮相的“马克”Ⅰ型“雄性”坦克

当时，英国派到法国的有 2 个坦克连共 60 辆坦克。坦克建制被打乱，分散配置在 9 个师 5 千米宽的战线上。60 辆坦克中，有 49 辆开出了车场，36 辆到达了进攻出发阵地，在步兵前面或和步兵一起发起冲击。这些“钢铁猛兽”不怕枪林弹雨，肆无忌惮，横冲直撞，碾倒铁丝网，压过堑壕，引起德军极大的心理震撼。德军士兵惊恐万状，英军大受鼓舞。英军一举突破德军 5 千米的陆地，付出的伤亡代价仅为过去的 5%。但只有 9 辆坦克开了回来，其余的因为机械故障或翻在沟里动弹不得，被德军炮火击毁。

在索姆河进攻战中，一支由 7 辆坦克组成的小规模坦克部队脱离了整个进攻队形。虽然有 4 辆坦克被德军的炮火击毁，但另外 3 辆坦克绕到了德军前沿防御阵地的后方（距前沿阵地大约 2 千米），从而达成了战斗的突然性。这支坦克分队的作战行动充分显示出坦克这一新式武器在攻击中的有效性，也取得了自坦克问世以来第一次重要战役的胜利，因此在战争史上占据了一席之地。索姆河进攻战使得英军阵地向前推进了 2 千米，并且控制了超过 9 千米宽的一整片阵地，同时攻占了 3 个具有重要战略意义的村庄，基本实现了该战役目的。

（三）一战初露锋芒

1. 法国雷诺 FT-17 坦克

继英国之后，法、德、美等国相继组建了坦克营、连。1918 年，法国开始组建坦克团、坦克旅。一战期间，英国、法国、德国共制造了近万辆坦克，主要有英国的“马克”Ⅳ型、A 型坦克，法国的“圣夏蒙”、雷诺 FT-17 坦克，德国的 A7V 坦克等。

法国是继英国之后第二个生产坦克的国家。尽管英国是世界上第一辆坦克的诞生地，但法国坦克是独立发展起来的。法国和英国几乎同时发展了世界上第一批坦克，两者的时间相距不到半年。几乎与英国同步，德国起初也在研发装甲战斗车辆这一新型武器。但到 1914 年，出于多方面的考虑，军方废止了相关的发展计划。因此，在战争初期，除英国外还在发展装甲战斗车辆的国家仅剩下法国。“圣夏蒙”（图 3-5）和“施纳德”突击坦克是法国研制的第一批坦克，用法国人的话说：“突击坦克是创造性的产物，是新技术的出现和人的聪明才智相结合的产物。”

图 3-5 “圣夏蒙”坦克

图 3-6 雷诺 FT-17 坦克

“圣夏蒙”坦克装备有 36 倍口径的 M1897 型 75 毫米火炮，而此时的英国坦克只有 57 毫米 6 磅炮而已，在火力上，法国坦克已经站在了世界的前沿。该坦克采用电力推动，性能在当时十分先进。在一战中，法国“圣夏蒙”坦克遭受德军火炮攻击，损失惨重。为适应战争需要，法国主张坦克体积小型化，而规模大型化，随之“圣夏蒙”坦克逐渐被 FT-17 型坦克所取代。

FT-17 坦克是雷诺公司在 1917 年生产的一款轻型坦克（图 3-6）。在一战中，法国的雷诺型坦克生产了 3000 多辆，因其作战可靠性较好，一战后为其他国家所效仿。

FT-17 坦克的主要性能指标为车重不到 7 吨，乘员 2 名，装备 1 挺机枪和 1 门 37 毫米口径的短身管火炮，车身上部有 1 座 360 度旋转炮塔，车长为 5 米，车宽为 1.74 米，车高为 2.29 米，装甲厚度为 6 ~ 16 毫米，最大速度为 7.7 千米 / 小时，最大行程为 55 千米。FT-17 坦克的履带系统也做了改进，加装 1 个惰轮以增加坦克的爬坡能力。

FT-17 坦克在 1917 年 2 月制造出原型车，3 月开始量产第一批 150 辆。早期量产的 FT-17 存在散热风扇皮带容易断裂导致的冷却系统问题，虽然 1917 年只有 84 辆完成，但是适合量产的设计让 FT-17 总数迅速增加，有 2697 辆在 1918 年战争结束前出厂。考虑到量产便利性，原型车使用的铸造圆锥形炮塔在量产初期改为铆钉接合的八角形炮塔，随后又改为铸造炮塔。1918 年 3 月后的一战末期，FT-17 被广泛使用于法国军队和美国军队，停产时，法国陆军接收了 3144 辆 FT-17，美国陆军接收了 514 辆，意大利接收了 3 辆与设计图，法国最终总共生产 3661 辆。FT-17 坦克也参加了二战，虽然该型坦克在二战时已经完全过时，但波兰、芬兰、法国和南斯拉夫等国的军队仍然在使用。1940 年，法国军队仍有 8 个营装备了 63 辆 FT-17 坦克。

2. 德国 A7V 坦克

德国在研制坦克的建设上起步较晚，一战开始后，德国在西线一直占据着步兵、炮兵数量和质量上的优势，所以对坦克这种性能不稳、威力有限的武器颇不以为然，根本没有研制坦克的计划和打算。然而，在铁的事实面前，德国最高当局开始逐渐改变自己的看法。在坦克首次驰骋在一战战场一个半月后，德国也开始着手研制坦克了。接受这项任务的是德国军事部门的第七交通处。在德文中，第七交通处的缩写词是 A7V，因此在制订设计方案时将要设计制造的坦克命名为 A7V 坦克。这个名字确实有点别扭，不过当时也想不到其他合适的名称，临时应个急吧，A7V 由此载入了史册。

1918 年 4 月，德国以缴获的英国“马克”型坦克为样本，研制出了第一辆 A7V 型坦克（图 3-7）。

A7V 型坦克乘员为 18 人，创造了坦克乘员人数之最，车长（不含炮管伸出车体部分）7.47 米，车宽 3.1 米，车高 3.35 米，装甲厚度 10 ~ 30 毫米，发动机为 2 台 100 马力汽油机，最大行程为 40 千米，最大速度为 8 千米 / 小时，车上安置 1 门 57 毫米火炮和 6 挺 7.92 毫米机枪，携带 180 发炮弹和 18000 发机枪弹，其中威力最大的是40发穿甲弹，当初速为487米/秒时，可在2000米距离上击穿15毫米厚钢装甲，在1000米距离上击穿20毫米厚钢装甲。这就意味着，A7V能够击穿当时英法两国所有的坦克装甲。A7V型坦克履带有装甲防护，这是其优点之一。

图3-7 外形丑陋的A7V型坦克

1918年4月24日，第一次坦克之间的对决在A7V型坦克和“马克”Ⅳ型坦克之间展开。1辆A7V型坦克在击毁2辆英军“雌性”坦克后，被1辆英军“雄性”坦克击中，丧失了作战能力。这辆英军“雄性”坦克随后同另2辆德军A7V型坦克交火，击毁一辆，并将另一辆A7V型坦克打得落荒而逃。

A7V型坦克在战斗中的欠佳表现使德军痛下决心对其进行改进，并希望将其改造成一种优秀的战斗车辆。德军坦克设计组针对A7V型坦克在战斗中暴露出来的缺点，计划借鉴英军坦克设计方面的成功经验，研制一型与英军坦克大同小异的装甲战斗车辆——A7V/U型坦克。该型坦克的整车长8.5米，战斗全重40吨。在同英军坦克进行比较之后，德军方人士认为，与A7V型坦克一样，A7V/U型坦克的装甲强于同时期英军坦克上的装甲，且装甲厚度达到了10～30毫米，如此厚度的装甲在一战期间是让人感到非常满意的。

1917年10月，德军在有了A7V后组建了坦克分队。一个坦克分队编有5辆坦克、6名军官和170名士兵。到1918年春，德军已组建了9个坦克分队，其中3个坦克分队装备了A7V，另6个分队装备的是缴获的英国“马克”Ⅳ型坦克。

3. 一战末期坦克初露锋芒

战争的对峙状态对德国越来越不利。美国宣布参战，数十万美军越过大西洋成为协约国的新生力量。潘兴将军的先遣部队在1917年6月25日到达法国后即为后续部队登陆做紧张的准备工作。德国兴登堡元帅和鲁登道夫将军决定赶在美军登陆前进行一场决战，击垮英法的主力部队。这个作战计划就是“米夏埃尔行动”。1918年3月21日，德军发动了强大攻势，在圣康坦战区，德军坦克第一次冲上战场接受实战检验。尽管A7V型坦克在战斗中表现得不太理想，4辆A7V型坦克中有2辆出现了技术故障，坦克分队的指挥经常中断，弥漫的烟雾给驾驶员判定方向带来了困难，坦克与伴随的步兵联系不上，坦克走走停停，影响了进攻进度，但坦克发挥的震撼作用、突破作用还是令德军指挥官们兴奋不已。

图 3-8　亚眠战役战场

1918年8月的亚眠战役（图3-8），英法联军动用的坦克达到600辆左右，是一战中使用坦克最多的一次战役。

1918年8月3 ~ 13日，在一战最后战局中，英法军队对德军发起了亚眠战役，目的是要肃清亚眠突出部的德军，消除其对亚眠和巴黎—亚眠铁路的威胁。在布拉什、莫朗库尔32千米宽的突破地段上，集中了英军第4集团军和法军第1集团军、第3集团军（共18个步兵师、3个骑兵师、2684门火炮、511辆坦克和约1000架飞机）。英法面对的是德军第2集团军（7个受创的步兵师、840门火炮和106架飞机），防御阵地的工事十分薄弱。8月8日，英法军队未实施炮火准备，即在炮火掩护下由坦克引导，出其不意地向德军阵地发起冲击。至日落前，已向德军防御纵深推进11千米。一天之内，德军伤亡达2.8万人，损失火炮400多门。8月9日，法军第1集团军全部投入交战。8月10日，法军第3集团军一部也投入交战。但是由于坦克损失严重，进展缓慢，逐渐变为局部性战斗。至8月13日日落前，英法军队在75千米的正面上向前推进10 ~ 18千米，完成了既定任务，使德军遭到重创（损失约4.8万人，其中3万人被俘）。

亚眠战役之所以获胜，与大量集中使用坦克不无关系。德军总参谋长鲁登道夫把8月8日称为“德军最不幸的日子”。3个月后的11月11日，德国不得不在停战条约上无条件签字投降，一战就此结束。

由上可以看出，在一战中，尽管坦克参战的作用异常突出，但当时它的机械性能还不足以支持长久的战斗，也缺乏必要的速度和行程进行非常深远的突破。当时的坦克只用于引导步兵完成战术突破，不能向纵深扩张战果。但坦克的问世改变了战争的规模和作战方式，开启了陆军机械化的新时期，对军队作战行动产生了深远的影响，意味着机械化战争时代到来了。

二、一战飞机

在一战时期，飞机在军事上首先用于目视侦察、炮兵校射，以后又用于空中相互射击（空战）和轰炸。在军用飞机发展初期，往往是一架飞机同时承担各种任务，没有为专用于某一军事用途而设计的飞机。后来，随着军事应用范围的扩大，出现了突出速度、机动性和射击火力的歼击机和强调载弹量、航程和防御火力的轰炸机。军机的战场效能到今天已发展到可主宰一场战争的胜负。

（一）飞机的问世与军事应用

1903 年 12 月 17 日，美国人莱特兄弟在人类历史上首次驾驶自己设计、制造的动力飞机在空中持续飞行成功，这意味着"比空气重的飞行器"的研制工作获得了重大进展。作为一种有潜力的军事利器，飞机的作用受到了意大利军官朱里奥・杜黑少校的高度评价，他写道："现在，我们充分认识了海洋的重要性，但在不久的将来，制空权将高于一切。"在杜黑发表其预言的同一年，在飞机上应用火器的可能性得到了验证，1910 年 8 月，雅格・厄尔・菲克尔在飞机上用 7.62 毫米口径来复枪击中了纽约西珀斯黑得湾上的一个地面目标。

1911 年 10 月 23 日，意大利飞行员皮亚扎上尉驾驶的"布莱里奥"飞机（图 3-9）奉命执行军事任务，由利比亚的黎波里市飞往阿齐齐亚。飞行途中，皮亚扎上尉对土耳其地面部队实施了空中侦察，获得了重要军事情报。这是在战争中第一次利用飞机实施空中侦察。1911 年 11 月 1 日，加沃蒂少尉驾驶"布莱里奥"飞机向土耳其军队阵地投掷了榴弹，这是历史上首次空中轰炸。

图 3-9 "布莱里奥"飞机

1911 年，在墨西哥革命战争中，革命军雇佣了一名美国民间飞行员埃文兰博，驾驶一架"寇蒂斯"式飞机与政府军的一架侦察机在空中用手枪互相射击，两名飞行员都没有中枪，这成为人类历史上的首次空战。

（二）战斗机的诞生

1912 年 6 月 2 日，美国的查理斯・德・福斯特・钱德勒上尉参加了装备机枪的飞机的第一次试飞。参加试飞的那架飞机是通信部队的“怀特”式双翼飞机，由托马斯德·威特·米令中尉驾驶，钱德勒上尉则负责操纵“路易斯”式机枪，试验场所设在马里兰州的学院公园。1912 年 11 月 3 日，美国海军科里兰·戴维斯海军中校设计了无后坐力机枪，并在印第安海德的海军试验场进行了初始试验，这种武器计划用来发射大口径子弹。与此同时，英法两国的设计者们对“战斗机”概念也产生了极大兴趣。除了实施侦察外，一些公司还认识到了飞机的作战潜力，英国维克斯有限公司就是其中一员。1913 年，在伦敦奥林匹亚航展上，维克斯有限公司展出了“破坏者”式 18 型飞机，它是一款双座双翼飞机，装备水冷型“沃尔斯利”推进式发动机和固定在机头位置的自由设计型“马克沁”式机枪。该款飞机后来被重新设计成 EFB.1 型双翼战斗机，也就是 FB.5 型“枪车”式前身。1915 年，该机曾装备几支部署在法国的英国皇家飞行中队。

对当时的飞机而言，机枪是“战斗机”最有效的武器，但要使机枪在飞机上切实可用，仍需要克服几个问题：机枪只能安装在比较坚固的现役飞机上；对于低功率飞机，重量障碍是不可接受的；还有一个难题，由于飞行员和观察员被很大的翼展面积和支臂张线所包围，当他们坐在脆弱的木制螺旋桨的前面和后面时，不管使用什么样的枪射击，都不易进行瞄准。

1914 年 11 月，发生了世界上第一场真正意义上的空战。11 月 4 日，法国第 24 飞行小队的约瑟夫·弗朗茨中尉驾驶 1 架装备“霍奇基斯”式机枪的“沃伊斯恩”式推进式双翼飞机，由昆纳尔特下士担任观察员，在兰斯附近击落了 1 架“阿维亚蒂克”式飞机，致使该机飞行员威廉·施利汀和弗里茨·冯·赞根中尉丧生。在战斗中，昆纳尔特下士共向“阿维亚蒂克”式飞机发射了 47 发子弹，该飞机是历史上第一架被另一架飞机击落的飞机。

1915 年，随着机枪射击技术（透过螺旋桨叶片向前射击）的发展，世界空战战术发生了重大的革命。在此之前，给飞机安装前射机枪的主要办法是将其安装到上层机翼之上，使子弹从螺旋叶片的上方射过，但这种配置使得机枪瞄准和重新装弹非常困难。当时，法国的莫拉那－索尼尔埃公司的雷蒙多·索尼尔埃采用了一种给螺旋桨桨片装配钢制楔形致偏器（也叫偏导板）的方案，这是一种比较经济的但是存在危险的措施，因为子弹打在螺旋桨上的冲击很可能使发动机熄火，甚至

图 3-10　第一位王牌飞行员——罗郎·加洛斯

可能因为子弹后弹而伤到飞行员。虽然存在这些隐患，法国 MS.23 飞行小队的著名飞行员罗郎·加洛斯（图 3-10）还是驾驶这种飞机进行了实战测试。

在不到 3 周的时间里，罗郎·加洛斯驾驶莫拉那—索尼尔埃公司出品的单翼飞机击落了 5 架敌机，并因此荣获了世界上第一个“空中王牌”❶的称号。但不幸的是，1915 年 4 月 19 日，加洛斯驾驶的飞机被地面炮火击中，被迫降落到敌控区，由于他没来得及烧毁飞机，德国技术人员对这架飞机进行了检验，并汲取了有关设计经验。德国建造飞机的荷兰设计师安东尼·福克在研究该飞机的基础上，设计出了一种简单却很有效的凸轮和推杆发动机传动系统（即射击同步协调器），当飞行员扣动扳机时，随着螺旋桨的旋转，该系统就会使“帕拉布朗”式机枪的机械装置运转，实际上是螺旋桨在开枪。这种机械装置在“福克”式 M5K 型单翼飞机（图 3-11）上得到了成功展示，其军事序列编号为 E-1（E 表示单翼飞机）型飞机。该型飞机成为德国第一代专门用于追击和摧毁敌机的飞机。该机每小时可飞 130 千米，最高时速可达 300 千米，并装有射击同步协调器，在 1915 年空战中制造了“福克”式灾难，由此真正的战斗机诞生了，并拉开了世界空战时代的序幕。

图 3-11　首装射击同步协调器的“福克”式单翼飞机

（三）一战王牌飞行员

“福克”式灾难始于1915年7月1日。这一天，德国飞行员温特根斯驾驶“福克”式 M5K 型飞机击落 1 架法国“莫拉那”式单翼飞机。接着，后来的王牌飞行员马克斯·殷麦曼（图 3-12）和奥斯瓦尔德·波尔克（图 3-13）也先后驾驶“福克”式 E1 战斗机在空战中取得了胜利，由此开始成为传奇人物。马克斯·殷麦曼兴奋地说：“这才是真正的战斗机！”

“福克”式飞机是第 1 架专门用于实战的专业战斗机。该型飞机使协约国的飞机在德国境内的侦察活动无异于飞蛾扑火。据统计，协约国被德国击落的8400 架飞机中，80% 是被“福克”式系列战斗机击落的。1915 年开始，马克斯·殷麦曼和奥斯瓦尔德·波尔克驾驶“福克”式战斗机，分别击落了 17 架和 40 架敌机。1916 年春，“福克灾难”达到顶峰，英国飞行员贝尔曾写道：“在‘福克’飞机面前，我们的飞机简直没有任何机会。”

❶ 王牌飞行员这个称号最早出现在一战，一般是指击落敌机超过 5 架（包括 5 架）的飞行员。

图 3-12 “里尔之鹰”
马克斯·殷麦曼

图 3-13 “空战之父”
奥斯瓦尔德·波尔克

为了削弱德军的空中优势，英法两国努力研制新飞机并改进战术。1915 年底到 1916 年年初，先后研制出 F.B.5“枪车”式战斗机、D.H.2 战斗机、纽波特 11 型和 12 型战斗机等，特别是 1916 年 5 月，装有射击协调器的索普威斯新型战斗机投入使用，“福克灾难”最终被遏制。

1.“里尔之鹰”——马克斯·殷麦曼

1915 年 1 月底，马克斯·殷麦曼的战绩记录增加到了 5 架。尽管大多数同事把空战看作一种体育运动，但殷麦曼从科学的角度对待空战，随着经验的增长，他不断演变新战术，并提高作战效率。最后，殷麦曼中尉发明了一种新的空战战术动作——“殷麦曼翻转”，该战术动作在世界空战教科书中作了许多年的标准。这个战术动作的要领是向敌人加速俯冲，然后使飞机急剧爬升，从下面对敌人出其不意地开火，随后继续爬高直到飞机接近垂直的状态，然后运用满舱、失速旋转从相反的方向再次向敌人俯冲。由于“福克”式飞机优越的性能，这种战术才得以很好地运用。“福克”式单翼飞机的最后定型为 E- Ⅲ型（图 3-14），装备“斯潘多”式双管机枪。

1916 年 6 月，正当索姆河战役激烈进行之时，德国空军掀起了一股改组的浪潮，原来的野战飞行小队被撤销，取而代之的是集中了精英飞行员的战斗机中队。7 月 13 日，马克斯·殷麦曼与他原来所在部队的战友道别——他们中的许多人奔赴东线作战。殷麦曼与奥斯瓦尔德·波尔克以及另外几名著名的飞行员留在后方组成了第一支新型中队——第 2 战斗机中队（第 1 战斗机中队只是以书面形式存在）。

图 3-14 “福克”E- Ⅲ型战斗机

6 月 18 日，德军第 2 战斗机中队与几架 FE-2b 型飞机（图 3-15）在卢斯到杜埃之间进行了一场近距离激战。殷麦曼驾驶 1 架陈旧的“福克”式 E- Ⅱ型飞机，尽管自己的飞机已经严重过时，但他还是成功地迫降了敌方的 1 架飞机，尔后再次爬升去搜寻另外一个对手。这时，人们看到殷麦曼的飞机在半空中剧烈摇摆。最后，该机机体裂为两半，前半部分包括机舱和飞行员像石头一样坠到地面，殷麦曼当即死亡。后来，英国人宣称殷麦曼是被第 25 中队的驾驶 FE 型飞机的 G. S. 马库宾少尉和 J. H. 沃勒下士击落的。但德国技术人员在检查过残骸之后，把这位王牌飞行员的死因归咎于射击协调装置的原因——由于螺旋桨遭到破坏致使机体断裂。无论出于什么原因，这位被称作“里尔之鹰”的殷麦曼的枪口之下再也不会有新的鬼魂了，他最后的纪录是击落 17 架敌机。

图 3-15 FE-2b 型战斗机

2.“空战之父”——奥斯瓦尔德 · 波尔克

奥斯瓦尔德·波尔克与马克斯·殷麦曼一样，是德国王牌飞行员，被称为“空战之父”。波尔克与殷麦曼合伙创造了飞行史上第一对双机飞行编队，两人配合默契，制订了一套在空中互相联系的信号，互相为其视界盲区提供掩护，取得了赫赫战绩。后来，其他国家的空军也纷纷采用双机编制。

1916 年 11 月 28 日，奥斯瓦尔德·波尔克牺牲了，但并非死于敌手，而是死于与另一架飞机的相撞事故之中。他一共击落了 40 架敌机，但更重要的是他创建了空中格斗战术基础。他首先提出了“双机编队”这个概念，这种基本的空战模式直到今天仍在应用。他传授给手下飞行员们的经验经过了深刻无情的锤炼——只做一个好的飞行员是不够的，他们必须对自己飞机的各种性能了如指掌：作战半径、不同高度的最大和巡航速度、做激烈动作时飞机要承受什么样的应力等；他让他们拆卸发动机后再组装在一起，使他们因发动机故障而迫降时可以做紧急维修；他还教授他们射击术，强调最好靠近敌人瞄准对方座舱进行点射；他教他们怎样保养机枪，怎样在忙于操纵飞机时排除故障；教他们配合作战的好处，要时刻保持警惕；他指出，单枪匹马的时代已经过去了，他给飞行员分配编队位置，这样，他们将习惯与自己并肩作战的僚机；他还把自己的飞机涂上颜料，这样便于自己的飞机在近距离混战中被己方识别；如果战斗机中队的编队在战斗中被打乱，飞行员要飞向波尔克选定的集合点会合；如果没有其他的飞行员可以寻求帮助，单枪匹马的飞行员要能够返回基地；可能的话，借助云层掩护，降低被敌人从上方攻击的危险性。这些都是奥斯瓦尔德·波尔克留下的经验财富。

3.“红色男爵”——曼弗雷德·冯·里希特霍芬

曼弗雷德·冯·里希特霍芬（图 3-16）被称为“王牌中的王牌”。他也是德国战斗机联队指挥官和一战期间击落最多敌机的战斗机王牌飞行员，共击落 80 架敌机。

1917 年是英国皇家空军不幸的一年。1 月 4 日，曼弗雷德的战绩上升至 16 架，这在当时还存活的德军尖子中列首位。1 月 12 日，曼弗雷德·冯·里希特霍芬获得德皇威廉二世亲自颁授的“功勋勋章”（俗称“蓝色马克斯”），这是当时德国各邦中的最高勋章。在成为第 11 狩猎中队的指挥官后，曼弗雷德将自己战机的一部分涂成了血红色，他认为这样可便于被地面上的友军识别，以防止被误击。到了 1917 年 4 月，整个 4 月的天空都被德军飞机占领，曼弗雷德在 29 日一天之内击落 4 架敌机，这是他个人单日的最佳战绩。英国人称之为“血腥四月”，英国空军在这个月损失了 912 名飞行员和侦察员！其间有 21 架战绩算在了曼弗雷德的账上，从此，“红男爵”名震天下。

1918 年 4 月，曼弗雷德驾驶着编号 425/17 的“福克”Dr Ⅰ三翼机（图 3-17）取得了击落 2 架敌机的战绩。很多描写“红男爵”的作品都将这架三翼机作为他的象征。虽然曼弗雷德在他的飞行生涯中大部分驾驶的是飞双翼机，但是它们只是部分地被涂红，而这架伴随他走完生命旅程的三翼机却是从头到尾全部是血红色，也许这更符合人们心目中“红男爵”的形象吧。

4 月 21 日，曼弗雷德追逐着威尔弗莱德·梅驾驶的索普维斯“骆驼”战斗机

（图 3-18）深入英军控制区。这时距离战争结束只有寥寥几个月的时间，德军不得不面对着越来越多的协约国飞机和不断增长的己方损失，“红男爵”也感觉到原先那种猎杀敌机的兴奋荡然无存，剩下的只有不安、焦躁和伤痛的困扰。“协约国飞机越来越难对付”，曼弗雷德亲笔写道，“除非跟踪追击到敌军阵地，否则很难打下它们”。这一次，他又追赶着自己的猎物进入危险区域，梅的飞行技术很差——他一直飞不高而且晃晃悠悠，但这反而使得曼弗雷德难以捕捉到他。梅在战后承认：“这救了我的命。”在英军阵地上空，曼弗雷德紧紧盯住这架路线奇怪的敌机，就在这时，一颗子弹从他的后方打来，斜穿过他的心脏，从胸部飞出。“红男爵”再也无法操控他的爱机，他坠落在科比－布雷公路旁边的田野上。事后，有很多协约国士兵赶来捡取他飞机的红色破片留作纪念。而双方飞行员听到这一消息时不约而同地表示不敢相信“红男爵”已经阵亡，因为对他们来说“红男爵”已经成了一个神话。

图 3-16　“红色男爵”——曼弗雷德·冯·里希特霍芬

图 3-17　“福克”Dr Ⅰ三翼机

消息传到德军，引起了更加强烈的震动，他们难以相信里希特霍芬竟然会被击落，甚至有人疯狂地计划用 20 个师的兵力、5000 门大炮去抢回他的尸体。德国人后来为里希特霍芬建造了一个博物馆，建筑原料全部由战利品拼凑而成。1935 年德国空军重建时，将第一支组建的战斗机联队 JG132 命名为“里希特霍芬联队”，德国空军一战、二战时的不少著名飞行员都曾经在队里接受训练。战后重建的新德国空军中，他的名字被用于命名第一个喷气式战斗机联队——第 71 联队，二战中德军头号王牌埃里希·哈特曼任首任队长。该联队至今仍保留在统一德国空军的序列中。

图 3-18　索普维斯“骆驼”战斗机

1918 年 11 月 11 日，德国在停战条约上签字投降，一战就此结束。在这四年中，战争大力促进了飞机的发展，飞机的技术性能在实战的检验中不断增强。1918 年的飞机同 1914 年的飞机相比，发动机功率由 60 ~ 80 马力提高到 300 ~ 900 马力，时速由 80 ~ 100 千米提高到时速 130 ~ 220 千米，上升限度由 3 千米提高到 4 ~ 7 千米，续航时间由 2 ~ 3 小时提高到 2 ~ 7 小时。战争是新型武器的“催生婆”和“助长剂”，到 1918 年，各国的军用飞机已有 1 万多架，大大提高了空中攻防能力。人们总结发现，要取得有效的作战效果，首先要解决飞机上的武器发射问题，于是战斗机诞生了。由于这种飞机一开始的主要作战任务是用来赶走对方的飞机，所以最初称为驱逐机。空中作战任务不久又扩大到轰炸，于是出现了轰炸机（图 3-19）。一战末期，强击机（图 3-20）出现了。在海上还开始制造航空母舰和舰载飞机，战争从此由平面扩大到立体。飞机的出现和应用于战争，对未来军事的发展产生了不可估量的影响。

图 3-19　一战轰炸机

图 3-20　一战最早的德军“容克”强击机

三、一战舰船

（一）战列巡洋舰

20 世纪初，英国的战舰还能大摇大摆地出现在五大洲的海岸线附近。在他们眼里，大英帝国海军的实力让他们傲视一切。在后来的一段时间里，英国人发现，他们引以为豪的火炮和装甲虽然能给自己带来无比的优越感和自信心，但在日趋复杂的海上作战中战列舰的航速成为一个不可忽视的制胜因素。大的排水量和航速之间的矛盾是无法解决的，必须在某个方面做出牺牲。为了提高战列舰的速度，不得不在战列舰的装甲上做文章，他们只能拆掉一些部位的装甲，或设计时减少某个部位的装甲厚度。因为当时一艘战列舰的装甲重量占去了整体排水量的 40%，动力装置的功率在当时无法在短期内实现大幅度提升。战列舰在装甲防护削弱的情况下自然不能和原始概念的战列舰相提并论，它们因此被称为战列巡洋舰。战列巡洋舰拥有巡洋舰的高速和战列舰的高火力，用以压制对方巡洋舰或袭击受损落单的战列舰，可以看作一种减少装甲以换取机动性的战列舰。战列舰和战列巡洋舰统称为主力舰。

世界上最早的战列巡洋舰是英国的“不屈”号、“无敌”号（图 3-21）、“坚定”号战列巡洋舰（即“无敌”级战列巡洋舰）。三艘船都是在 1907 年下水。它们的船体和炮塔装甲厚度为 150 毫米或 180 毫米，而相应的战列舰的装甲为 280 毫米或 300 毫米。它们的航速可达 26 节（48 千米 / 小时），而当时相应的战列舰的航速为 20 ~ 21 节（37 ~ 39 千米 / 小时）。它们的火炮口径为 12 英寸（约 305 毫米），这与同期的战列舰相当。后来，英国战列巡洋舰的特点是重视火力的航速，而相对轻视装甲。继英国之后，德国很快也建造了自己的战列巡洋舰。1911 年，“冯 · 德 · 坦恩”号战列巡洋舰（图 3-22）下水。德国战列巡洋舰的火炮口径比英国的略小，为 283 毫米，但它的装甲比当时英国战列巡洋舰的装甲好一些，这成为后来德国战列巡洋舰的特点：重视装甲和航速，相对轻视火力。

图 3-21 “无敌”号战列巡洋舰

图 3-22 “冯 · 德 · 坦恩”号战列巡洋舰

在一战的福克兰群岛海战中，战列巡洋舰证明了它们应有的价值——猎杀巡洋舰。在这次战役中，英国的“坚定”号和“无敌”号战列巡洋舰轻松地消灭了一支德国在南大西洋的巡洋舰舰队（斯佩舰队）。而这正是战列巡洋舰的设计目的，然而这一战也是战列巡洋舰唯一一次发挥自己应有的作用。

在实战中，战列巡洋舰很少能够像它们设计时所想象的那样单独行动。在大多数情况下，一支舰队的司令总是希望他的舰队的火力越大越好。而将战列巡洋舰的火炮加入自己的舰队的想法是非常诱人的。因此，战列巡洋舰总是被派去参加战列舰决战，还当尖兵使用（因为跑得快）。但事实上，战列巡洋舰只是一种“功能型战舰”，只是设计用来猎杀巡洋舰的。在战列舰决战中，它们的速度优势一点儿也不够（其实只比战列舰快几节），它们的装甲根本扛不住战列舰的大炮——它们自己暴露到很大的危险中，这一点在日德兰海战中很明显地体现出来。

1916 年，在日德兰海战中，一支英国的战列巡洋舰舰队试图在英国主舰队到达之前与德国的战列巡洋舰和战列舰作战，其结果是一次大败。英舰“玛丽女王”号（图 3-23）、“不倦”号（图 3-24）和“无敌”号爆炸沉没，除少数人外，几乎全部舰员丧生；“狮”号（图 3-25）被迫淹没自己的弹药库来避免同样的结局。德国战列巡洋舰的装甲虽然强一些，但它们的结局并不好多少，因为他们也遇上了英国的战列舰，而且是航速较快的“伊丽莎白女王”级战列舰（图 3-26）。“吕佐夫”号战列巡洋舰（图 3-27）被击沉（这是德军最先进的），“塞德利茨”号战列巡洋舰（图 3-28）被重创（回港后就坐沉了）。幸亏希佩尔及时逃跑，才避免重蹈福克兰群岛海战那样的覆辙。在这次海战中，除一艘德国老式战列舰外，英、德的战列舰没有一艘被击沉。这一仗证明了战列舰才是海上真正的王者，而战列巡洋舰显然难担大任。

图 3-23 “玛丽女王”号战列巡洋舰

图 3-24 “不倦”号战列巡洋舰

图 3-25 “狮”号战列巡洋舰

图 3-26 “伊丽莎白女王”级战列舰

图 3-27 “吕佐夫”号战列巡洋舰

图 3-28 “塞德利茨”号战列巡洋舰

（二）日德兰大海战

1914 年，一战的战火因一个刺杀行动而被点燃。在此期间，英国一直以“海上霸主”自居，德国海军力量屈居世界第二。为了突破英国海军的严密封锁，保证海上行动自由，从而最终扭转被动局面，德军一直在海上寻找时机和英国决战。1916 年，一战期间规模最大的一次海战——日德兰海战爆发（图 3-29）。

图 3-29 日德兰大海战场面

1916 年 5 月，德国公海舰队司令谢尔上将命令希珀指挥战列巡洋舰分舰队在斯卡格拉克海峡佯动，企图诱使英国海军编队出海，然后以公海舰队主力进行截击。英国舰队司令杰利科得悉德国舰队即将出海的消息后，率舰队前往迎击，企图将其一举歼灭，以夺取波罗的海制海权，冲破德国对俄国的海上封锁。5 月 31 日 2 时许，德国前卫舰队由希珀指挥从亚德湾出航北上，主力舰队随后跟进。14 时，双方前卫舰队在斯卡格拉克海峡附近海域遭遇。英前卫舰队向东南方向疾进，企图切断德舰退路；德前卫舰队转向回驶，想要将英舰引向德舰队主力。15 时 48 分，双方为同向异舷机动态势开始交战。英战列巡洋舰“不倦”号和“玛丽女王”号被击沉，旗舰“狮”号受伤；而德舰却损失轻微。1 小时后，德方谢尔上将率公海舰队主力赶到，英前卫舰队见势不妙，迅速向北撤离，以便与舰队主力会合。

立功心切的谢尔上将在不知英舰队主力出海的情况下，率德舰队追击英前卫舰队。18 时许，英前卫舰队摆脱德舰追击，与舰队主力会合。杰利科在判断德舰准确位置后，命令舰队主力以单纵队向东南方向航行，在队形变换尚未完成时，便同德舰开始交火。当谢尔知道英舰队主力投入战斗后，感到继续打下去必吃大亏，决定撤出战斗。18 时 36 分，德舰队同时转向西南方向撤退。杰利科因担心受到潜艇和鱼雷攻击，没有下令追击，而是改向南驶，打算切断德舰退路。狡猾的谢尔已察觉到这一威胁，于是，他命令德舰队再次“同时转向”，企图从英舰队尾向东突围，却冲进了英主力舰队中央，遭到对方火力猛烈攻击，以致数艘舰只受创。谢尔发现情况不妙，于 19 时 13 分令德舰队第三次“同时转向”，向西尔后向南撤退，并以驱逐舰向英舰实施鱼雷攻击。英舰队为免遭德舰鱼雷攻击，由南改向东南航行，失去了歼灭德舰的良机。由于夜幕降临，双方在进行一阵炮击后，便停止了战斗。由于英舰队不习惯夜战，又对德舰队方位和航向不是很明确，于是命令各分舰队分散行动，堵住德军退路，等第二日天亮重新交战。谢尔知道英军实力较强，等天亮再战于德军更为不利。午夜时分，德主力开始突围，双方发生多次战斗，在照明弹、探照灯和着火船的光照下，混战在一起，双方的损失比白天还要惨重。6 月 1 日清晨，德舰队驶出英舰队射程，脱身而去。英舰队司令杰利科在夜间一直没有判明德舰的位置和航向，直到 5 时 40 分才获悉德舰已逃脱，因担心遭潜艇袭击和触雷，最终放弃了追击德舰的计划。至此，日德兰海战结束。

日德兰海战是一战中最大规模的海战，也是这场战争中交战双方唯一一次全面出动的舰队主力决战。最终，谢尔上将率领的德国公海舰队以相对较少吨位的舰只损失击沉了更多的英国舰只，从而取得了战术上的胜利；杰利科海军上将指挥的皇家海军本土舰队成功地将德国海军封锁在德国港口，使后者在战争后期几乎毫无作为，从而取得了战略上的最终胜利。日德兰海战没能结束一战，只是动摇了英德双方争夺海上霸主的信心。此次大海战充分显示了“无畏”级战列舰的辉煌，使战列舰的海上威力几乎达到了顶峰。

（三）潜艇问世与一战崭露峥嵘

潜艇是既能在水面航行，又能潜入水下在一定深度范围内活动和作战的舰艇，亦称潜水艇。它具有良好的隐蔽性、较大的自持力（又叫自给力）和续航力、较强的突击威力，因而在水中活动不易被发现，给人以神出鬼没之感，并能远离基地独立作战。潜艇主要用于攻击大、中型水面舰船和潜艇，袭击海岸设施和陆上重要目标，以及布雷、侦察、输送侦察小分队登陆等。潜艇被人们冠以“海底幽灵”的称谓，它在寂静的海水之中游弋，常常在敌人毫无准备的情况下突然给予致命一击。

早在 1620 年，荷兰物理学家科尼利斯·德布雷根据英国人威廉·伯恩的潜艇理论，建成了能潜入水中并能在水下推进的潜水船。这艘潜水船由一个木枢及在木枢外蒙的涂油牛皮组成。船体内有羊皮囊，羊皮囊内注入水时船可下潜，挤出羊皮囊中的水，船就上浮。船上最多可乘 12 名水手，用桨推进，可潜到水下 4 米深。这艘潜水船可算是世界上最早的人力推进潜艇。

继德布雷之后，许多人都对潜艇及潜艇的作战运用进行了勇敢的实践。美国独立战争期间，从耶鲁大学毕业不久的戴维特·布会内尔在华盛顿的支持下，经过努力，研制成高约 2 米、外壳用棕木制成、可容纳 1 名水兵的作战潜艇“海龟”号（图 3-30、图 3-31）。“海龟”号的水下爆破虽未成功，但它却创造了潜艇史上潜艇携带水雷作战的第一个战例。

图 3-30 “海龟”号潜艇

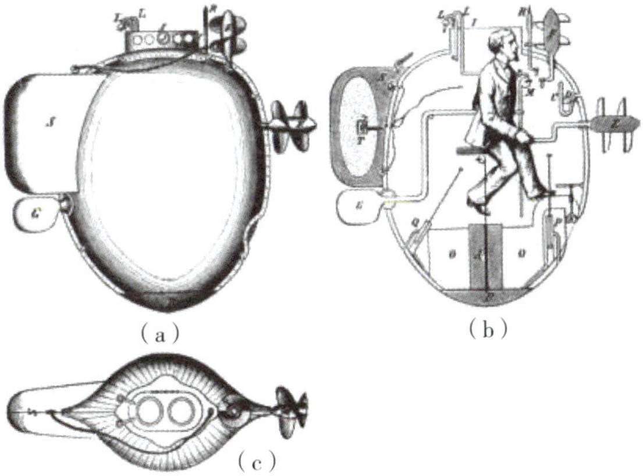

图 3-31 “海龟”号潜艇构造剖面图

美国人约翰·霍兰（图 3-32）被誉为“现代潜艇之父”。他一直热衷于潜艇的设计，时刻不忘对潜艇设计的完善。1875 年，他向美国海军部提出建造新型潜艇计划，但遭到拒绝。霍兰不屈不挠，争取到“芬尼亚社”的大力资助，经过 3 年努力，终于建成了长 5 米、装有内燃机、能以 3.5 海里❶/小时的速度航行的单

❶ 1 海里 =1852 米，下同。

人潜艇“霍兰”-Ⅰ号。但该艇未能解决内燃机在水下工作的空气供应问题，所以下潜后就不得不停航。但霍兰在操纵该艇过程中积累了经验。1893 年，霍兰得到了美海军的 15 万美元资金后，开始了第五艘潜艇的设计。第五艘潜艇命名为“潜水者”号，在设计建造过程中，霍兰数易方案，终于建成了长 26 米、具有双推进系统的潜艇。该艇在水面航行时用蒸汽机作为动力装置推进，在水下潜航时用电动机推进。不难看出，这与现代常规动力潜艇的柴电联合动力装置十分相近，所以人们称“潜水者”号为潜艇双推进系统的鼻祖。

在“潜水者”号的基础上，霍兰又设计建造了“霍兰”-Ⅱ号潜艇，人们习惯将霍兰一生中建造的最后一艘潜艇称为“霍兰”号（图 3-33）。“霍兰”号艇长 15 米，装有 33 千瓦的汽油发动机和以蓄电池为动力的电动机。在水上以 7 海里 / 小时的速度可航行 1000 海里，在水下以 5 海里 / 小时的速度可航行 50 海里。该艇有艇员 5 人，能在水下发射鱼雷攻击敌舰。“霍兰”号水上航行平稳，下潜迅速，机动灵活，其优异的性能使其成为潜艇发展史上的一个里程碑，也奠定了霍兰作为“现代潜艇之父”的基础。

图 3-32 “现代潜艇之父”约翰·霍兰

图 3-33 “霍兰”号潜艇

一战爆发时，潜艇从水面舰艇脱胎不久，仍以水面航行为主，水下航行主要是为了隐蔽。因此，火炮在潜艇上非常有用，可以出其不意地攻击敌商船和水面舰艇。这时的潜艇有这样一个特点：以柴油机为水上动力、蓄电池为水下动力、潜望镜为水下观察器具、火炮和鱼雷为攻击武器。

一战一开始，潜艇就被投入大规模海战中，德国出动了 10 艘潜艇到赫尔果兰湾一带海区作战，英国的潜艇及水面舰船也加入了战斗，从而揭开了海战史上新的一页。

1914 年 9 月 22 日，德国 U9 号潜艇（图 3-34）隐蔽在荷兰西海岸，只有潜望镜露出水面，出其不意地在 1 小时 13 分钟内将英国的“阿布基尔”号、“克雷西”号和“霍格”号 3 艘 1.2 万吨的巡洋舰击沉。当时，空中没有飞机，周围海面也没有敌舰，英国海军部简直不明白是怎么回事，直到后来，才弄清了原委，这一切原来竟是潜艇做的！

图 3-34　陈列的 U9 号潜艇

U9 号潜艇被人称誉为“巨舰死亡大使”。其实，潜艇在一战中发挥的更大作用并不是袭击敌舰船，而是袭击敌运输商船。据一份并不完全的统计，1917 年 1 月，德国潜艇击沉协约国船只的吨位超过 30 万吨，2 月上升到 46.9 万吨，3 月又上升到 50 万吨，4 月竟高达 85 万吨。

在德国参战的 U 型潜艇中，战绩最大的当推 U21 号潜艇（图 3-35），艇长名叫奥托·赫辛，是一名德国海军少校。1914 年 9 月 5 日，U21 号潜艇在英国福斯河口外用一枚鱼雷击中了英国巡洋舰“开路者”号的前舱，很快便撕开了一个大破口，海水涌进舰体，250 多名官兵随舰沉没。同年 11 月，U21 号又在法国海岸附近击沉了“孔雀石”号运输船和 1 艘运煤船。

图 3-35　U21 号潜艇

成功的袭击使 U21 号潜艇艇长赫辛信心倍增，1915 年，他带着全体船员展开了海上袭击战，并再度取得辉煌的战绩。1915 年 1 月，U21 号潜艇在爱尔兰海几乎毫不费劲就击沉了 3 艘敌船。同年 4 月 25 日，赫辛再次带着他的艇员出征，从德国威廉港出发，绕过英伦三岛、西班牙海岸，秘密穿过直布罗陀海峡，进入地中海去支援土耳其。这次远程奔袭中,U21 号潜艇同样不太费劲地击沉了英国战列舰“凯旋”号和“雄伟”号。U21 号潜艇在一战中出尽了风头，共击沉近 10 万吨的协约国船只。一战结束后，法国人甚至悬赏 2 万马克，希望以这笔巨款换回赫辛艇长的首级。

潜艇在一战期间发挥了巨大的作用，仅德国海军的潜艇就击沉了近千艘船只，计 1320 万吨，还击沉水面军舰 170 多艘。血腥震惊了人们，英国人全力开始了潜艇的研制工作，很快就在一战后期建成了两种新型潜艇：M 级重炮潜艇和 R 级反潜潜艇。M 级重炮潜艇上的 30.5 毫米口径火炮比任何鱼雷射程都要远，R 级反潜潜艇具有艇身小、水下航速高的特点，其艇艏的 6 个鱼雷发射管可有效地对付敌潜艇。

可以这样说，没有一战，就没有潜艇的空前大繁荣。潜艇独特的作战优势刺激人们加快了研制生产潜艇的步伐。资料表明，一战结束时，各国的潜艇数已比战前翻了好几番，英国拥有 69 艘，法国拥有 72 艘，意大利拥有 115 艘，日本拥有 63 艘，美国拥有 112 艘，德国拥有 57 艘。而且这些潜艇无论在吨位上、速度上、下潜深度上还是在武器装备和器材的性能上，都比战前有了较大的改善和提高。

应该说，潜艇在一战期间实际上并没有人们想象中那般强大，但使得各海军国家的作战方式由于恐惧心理的作用而发生了根本性的变化。英国潜艇在 1914 年 9 月 13 日击沉了一艘德国的轻巡洋舰，竟吓得德国海军水面舰艇远离北海而逃到波罗的海。而德国潜艇在北海附近地区一出现，同样将英国水面舰艇赶离北海区而逃向苏格兰和冰岛之间的海区。小小的潜艇使得庞大的舰队群惶惶不可终日，引起海战方式的改变。

四、一战冲锋枪

冲锋枪是一种介于手枪和机枪之间的武器，比步枪短小轻便，便于突然开火，射速高，火力猛，适用于近战和冲锋，在 200 米内有良好的杀伤效力。冲锋枪结构简单，自动方式多采用枪机后坐式，采用容弹量较大的弹匣供弹，战斗射速单发时为 40 发 / 分，长点射时为 10 ~ 120 发 / 分，多具有小握把，枪托一般可伸缩或折叠。

1915 年，为适应阵地争夺战、近战、巷战的需要，意大利人阿比尔·贝特尔·列维里设计了发射 9 毫米手枪弹的维拉·派洛沙双管自动枪（图 3-36）。9 毫米的维拉·派洛沙冲锋枪是世界冲锋枪的鼻祖。阿

图 3-36　维拉·派洛沙双管自动枪

比尔·贝特尔·列维里取得美国和意大利专利后，该枪由维拉·派洛沙兵工厂生产，命名为M1915VP冲锋枪。该枪口径为9毫米，发射9毫米里森蒂手枪弹。全枪重6.5千克（空枪），长533毫米，只能连发射击，射程50～400米。该枪有两个枪身，由两个25发弧形弹匣上方供弹，枪身以脚架支撑，无枪托，以双手握枪持枪尾射击。由于全枪较重，不适于单兵使用，一般装在车船或飞机上射击。这种枪的射速达3000发/分，精度很差。

1918年，德国人设计的9毫米MP18冲锋枪问世了。该枪由德国著名枪械设计师雨果·施麦赛尔设计，是世界上第一支真正适用并大量装备的冲锋枪。1918年初的样枪称为MP18，后经过改进，命名为MP18 Ⅰ式（图3-37），于同年夏季装备前线部队。MP18 Ⅰ式冲锋枪的口径为9毫米，发射9毫米帕拉贝鲁姆手枪弹。全枪重4.19千克（空枪），长812毫米。理论射速为400发/分，有效射程为200米。它是第一支开膛待击的自由枪机式武器，结构简单，固定枪托，只能连发，没有专门保险，1920年以前曾经使用过左侧“蜗牛”式弹鼓供弹，笨重而不便于加工，后改用直弹匣（图3-38）。

图3-37　MP18 Ⅰ式冲锋枪（采用“蜗牛”式弹鼓）

图3-38　MP28 Ⅱ式冲锋枪（采用直弹匣）

MP18冲锋枪以极强的火力和可靠的性能在一战中威名远扬。它虽然射程近，精度不高，但很适合单兵作战使用，近程内具有异常猛烈的火力。由此，一战后的《凡尔赛条约》中规定，禁止战败的德国10万陆军装备这种冲锋枪。1936～1939年西班牙内战时期，交战双方都大量使用了这种火力迅猛的冲锋枪。

第二节　二战武器

兵临城下烽烟急，血染山河家国立！

一战的结束不仅没有解决帝国主义之间的原有矛盾，反而又产生了新的矛盾。1939年9月二战爆发，二战是人类历史上爆发的最大规模的战争，也是伤亡最惨重、破坏性最强的全球性战争。在二战时期，各种规模的战役层出不穷，而在这些战役的背后，当时各参战国最先进的武器装备发挥了重要的作用，如英国的“喷火”战斗机、德国的“虎”式重型坦克和美国的B-29“超级堡垒”轰炸机等。

平心而论，在二战期间真正带领科学技术走向顶端的国家，非德国莫属。二战后期，德国的各种划时代的武器浮出水面，如X-7“小红帽”反坦克导弹、“火百合”地对空导弹和X-4空对空导弹等。虽然这些武器没能帮助德国赢得战斗，但运用在武器上的各种技术却让战后世界强国飞速发展，尤其是在航空方面，这不得不归功于德国的V2火箭等“超时代”的技术。

二战期间，德国拥有非常“前卫”的武器，但是这些武器的设计并不完善，贴切地说是“不实用”，而且这些武器被研发出来时德国已经是强弩之末了，所以其没能利用这些武器取得胜利。美国在二战中使用的“高尖端”炸弹——原子弹，开启了核武器时代。

除了“高尖端”武器之外，二战中性能优越的枪械、坦克、自行火炮和军舰等各国的主力武器也发展迅猛。

一、二战经典枪械

（一）手枪

1. 德国瓦尔特PP/PPK手枪

一战结束后，作为战败国，德国受到了很多限制，其中一条就是枪械的口径不得超过8毫米，枪管长不得超过100毫米。鉴于此，瓦尔特公司于1929年开发了一种具有划时代意义的自动手枪——瓦尔特PP手枪（图3-39）。1930年，为了满足高级军官、特工、刑事侦探人员的需求，瓦尔特公司又在PP手枪的基础上推出了PPK手枪（图3-40）。瓦尔特PPK是瓦尔特PP的派生型，尺寸略小。虽然两者都已经诞生80多个年头了，但仍是小型手枪的经典之作，至今仍在瓦尔特公司和其他武器制造厂生产。

图3-39 瓦尔特PP手枪

图3-40 瓦尔特PPK手枪

瓦尔特 PP 手枪的口径为 9 毫米，全枪长为 170 毫米，枪管长为 98 毫米，枪重为 665 克，枪口初速为 256 米 / 秒，弹容量为 8 发。瓦尔特 PP/PPK 采用自由枪机式工作原理，枪管固定、结构简单、动作可靠；采用外露式击锤，配有机械瞄准具；套筒左右都有保险机柄，套筒座两侧加有塑料制握把护板；弹匣下部有一塑料延伸体，能让射手握得更牢固；两者都使用 7.65 毫米柯尔特自动手枪弹。此外，作为自动手枪，PP 系列首次使用了双动发射机构，对后来自动手枪的发展有深远影响。

2. 日本南部 14 式手枪

日本南部 14 式手枪（图 3-41）是从原南部式手枪改进而来，由日本名古屋兵工厂制造，从 1925 年开始列为日本陆军制式武器，在二战期间主要装备于将校级军官。该枪俗称“王八盒子”。

图 3-41　南部 14 式手枪

南部 14 式手枪口径为 8 毫米，全枪长为 230 毫米，枪管长为 117 毫米，枪重 910 克，枪口初速为 325 米 / 秒，弹容量为 8 发。该枪充分考虑了手枪射击时的指向性这一重要人机工学问题。手枪的握把和枪管轴线之间的夹角设计为 120 度，在紧迫局面进行仓促的出枪射击时，可有效缩短手枪的战斗反应时间和提高射击精度。南部 14 式手枪采用枪管短后坐自动方式，闭锁卡铁后端下落开锁，闭锁十分安全有效，其特征如德国毛瑟 M1896 半自动手枪以及瓦尔特 P38 半自动手枪的闭锁结构。

其保险机构类似勃朗宁手枪的那种空枪保险机构。当卸下弹匣之后，即使弹膛内仍顶着一发枪弹，并且在没有装定手动保险的情况下也不会发生“走火”事故。据说在当时的日军中，手枪发生“走火”事故的主要原因是由于误以为取出弹匣枪就安全了的错觉。南部 14 式手枪的空枪保险机构就是针对日本军人多有上述错觉，常常误操作“走火”而设置的。空枪保险机构的特点是，当弹匣向下抽出一点后，扣动扳机也无法击发。

（二）步枪

1. 美国 M1“加兰德”步枪

1920 年，加兰德在斯普林菲尔德兵工厂开始设计半自动步枪。1929 年，样枪送交阿伯丁试验场参加美国军方新式步枪选型试验。1932 年，加兰德设计的自动装填步枪被选中。其间，美国军械委员会指令更改样枪的口径为 7 毫米，中选后又因大量 7.62 毫米枪弹库存而遭到军方否决，仍然被要求采用 7.62 毫米口径。经过进一步改进，1936 年正式定型命名为 7.62 毫米 M1 步枪（图 3-42）。M1“加兰德”步枪是二战时期装备的最好的步枪之一。

图 3-42　M1“加兰德”步枪

M1“加兰德”步枪口径为 7.62 毫米，全枪长 1100 毫米，枪管长 610 毫米，枪重 4.37 千克，枪口初速为 865 米 / 秒，弹容量为 8 发。相对于同时代的非自动步枪，M1“加兰德”步枪的射击速度有了质的提高。在战场上，其火力优势可以有效压制非自动步枪。

M1“加兰德”步枪投产之后，最初生产和装备军队的速度都十分缓慢，随着美国于 1941 年参加二战，M1“加兰德”步枪产量猛增。除了斯普林菲尔德兵工厂外，1940 年，美国政府增加了温彻斯特公司作为 M1“加兰德”步枪的生产承包商。1945 年 8 月 M1 步枪停产时，两家公司共生产了超过 400 万支 M1“加兰德”步枪。

2. 美国 M1 卡宾枪

M1 卡宾枪原本是美国陆军要为二线部队提供的一种用于替代制式手枪的自卫武器，该要求最早于 1938 年提出，其设想的是研制一种类似于卡宾枪的肩射武器，它将使用中等威力的弹药，并拥有比手枪更远的有效射程，且比 M1“加兰德”步枪更方便携带和使用。该枪在 1941 年 10 月正式定型，被命名为“M1 0.30 英寸卡宾枪”（图 3-43），此枪是美军在二战中使用最为广泛的武器之一。

图 3-43　M1 卡宾枪

M1 卡宾枪口径为 7.62 毫米，枪长 904 毫米，枪管长 458 毫米，枪重 2.36 千克，枪口初速为 823 ~ 853 米 / 秒，弹容量为 15/30 发。早期 M1 卡宾枪上的保险是横推式的开关，但在持续射击时保险按钮很快会变得过热，影响更换弹匣，因此后来改为回转式的杠杆开关。早期 M1 卡宾枪采用翻转式 L 形表尺，照门的大觇孔射程设定在 137 米，小觇孔为 274 米。之后，表尺改为滑动式，距离从 100 ~ 300 米内可调，并可以调整风偏。早期 M1 卡宾枪上并不能配刺刀，后来根据部队提出的要求，在 1943 年 10 月开始试验 M1 卡宾枪的刺刀，最后在 1944 年 5 月选定了 T8 试制型刺刀，并正式命名为 M4 刺刀，同时在枪管下方增加了方形的刺刀座。

3. 德国 StG44 突击步枪

图 3-44　StG44 突击步枪

StG44 突击步枪（图 3-44）是德国在二战期间研制的突击步枪，也是第一种使用中间型威力枪弹并大规模装备的自动步枪。20 世纪 30 代末，许多国家展开了对突击武器的研究，他们希望能够生产出一种结合步枪和冲锋枪特点的，能够代替现有步枪、冲锋枪甚至轻机枪的一种武器。之后，黑内尔公司按照德国军方要求，推出了 StG44 突击步枪。

StG44 突击步枪口径为 7.92 毫米，枪长为 940 毫米，枪管长为 419 毫米，枪重为 5.22 千克，枪口初速为 685 米 / 秒，弹容量为 30 发。StG44 突击步枪同 MP40 冲锋枪及 MG42 通用机枪一样，是一款划时代的经典之作。其使用的中间型威力枪弹和突击步枪的概念对轻武器的发展有非常重要的影响。自该枪诞生之后，许多自动步枪都开始使用短药筒弹药，并逐渐取代老式步枪。StG44 突击步枪在二战中没有发挥多大作用，到二战结束之后，StG44 突击步枪由于自身性能的局限，很快就退出了历史舞台。

4. 美国雷明顿 M1903A4 狙击步枪

M1903A4 狙击步枪（图 3-45）是在 M1903A3 春田步枪（图 3-46）的基础上改进而来的狙击步枪。1942 年，美国陆军总司令部指令兵工厂研制新型狙击步枪，并推荐配用韦弗 330C 等小型猎枪用瞄准镜。同年底，雷明顿公司与陆军签订了将 M1903A3 步枪改为狙击步枪的合同。1943 年 1 月 21 日，美国将新枪命名为 M1903A4 狙击步枪，同年 6 月开始生产。从 1943 年 6 月到 1944 年 2 月停止生产为止，雷明顿公司共生产了约 28000 支 M1903A4 狙击步枪。当 M1“加兰德”半自动步枪被改造为狙击步枪并成为新制式武器之后，M1903A4 仍继续使用到二战结束为止，后来又在 20 世纪 50 年代的局部战争中使用。

图 3-45　M1903A4 狙击步枪

M1903A4 狙击步枪的口径为 7.62 毫米，全长为 1098 毫米，枪管长为 610 毫米，重量为 3.95 千克，弹容量为 5 发，枪口初速为 853 米 / 秒，有效射程为 550 米。M1903A4 配用的两种瞄准镜体积小、质量轻，作战中不容易被碰撞或挂住，可靠性良好。不过，在南太平洋诸岛的丛林游击战中，防水性不足的 M73B1 瞄准镜不能适应高温潮湿的丛林环境，导致水汽侵入镜中后无法瞄准。为进一步改善 M73B1 的密封性，开发了防水性良好的瞄准镜。该瞄准镜于 1945 年初被选作制式，命名为 M84 瞄准镜，以替换 M73B1，但到二战结束为止，只有部分 M1903A4 改装了 M84。

图 3-46　M1903A3 春田步枪

（三）冲锋枪

1. 美国“汤普森”冲锋枪

“汤普森”冲锋枪（图 3-47）是美国在二战中最著名的冲锋枪，尽管它的质量及后坐力相对较大，瞄准也较难，但仍然是当时威力最大、最可靠的冲锋枪之一。1916 年，汤普森和汤姆斯 · F. 莱恩合伙创办了一家自动军械公司，“汤普森”冲锋枪是该公司研发的最著名的武器之一。该枪刚面世时性能并不完善，随后，汤普森对其进行了一系列的改良，最终于 1918 年推出了最终版“汤普森”冲锋枪。

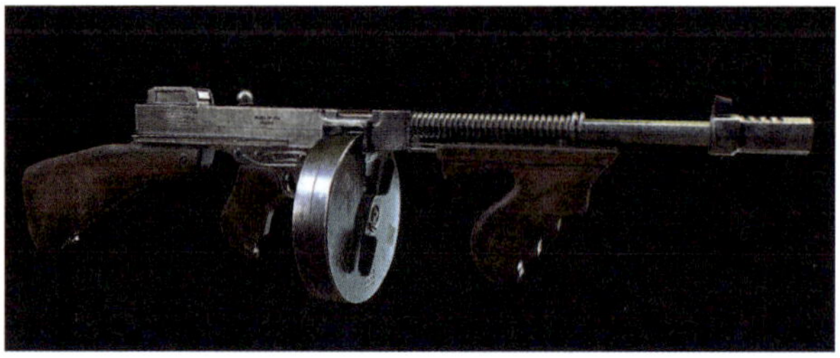

图 3-47　“汤普森”冲锋枪

正准备将其运到欧洲战场时，战争已结束。因此，“汤普森”冲锋枪并没有在真正意义上得到运用，虽然可以销往民间，但其昂贵的价格使购买者为数不多。1944 年，诺曼底登陆将“汤普森”冲锋枪带进了欧洲战场，自此，“汤普森”冲锋枪和 PPSh-41 冲锋枪在战欧洲战场上并肩作战。

“汤普森”冲锋枪的口径为 11.43 毫米，枪长 852 毫米，枪管长 270 毫米，枪重 4.9 千克，射速为 600 ~ 1200 发 / 分，弹容量有 20 发、30 发、50 发和

100 发四种。“汤普森”冲锋枪使用开放式枪机，即枪机和相关工作部件都被卡在后方。当扣动扳机后，枪机被放开前进，将子弹由弹匣推上膛并将子弹发射出去，再将枪机后推，弹出空弹壳，循环操作准备射击下一颗子弹。该枪采用鼓式弹夹，虽然这种弹夹能够提供持续射击的能力，但它过于笨重，不便于携带。该枪射速最高可达 1200 发 / 分，此外，接触雨水、灰尘或泥后的表现比同时代其他冲锋枪优秀。

2. 英国“斯登”冲锋枪

“斯登”（STEN）冲锋枪（图 3-48）是英国在二战时期大量制造及装备的 9 毫米口径冲锋枪，英军一直采用至 20 世纪 60 年代。该枪是一种低成本、易于生产的武器，仅 40 年代就制造了 400 万支以上。

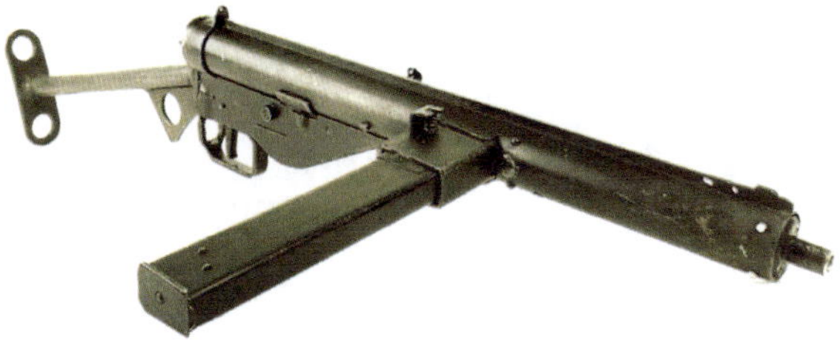

图 3-48 “斯登”冲锋枪

二战初期，英国还没有制式冲锋枪，只能装备从美国援助进口的“汤普森”冲锋枪。昂贵的代价使英国计划设计一把能使用 9 毫米口径子弹（包括从德国军队手中缴获的弹药）、轻巧又便宜的冲锋枪，“斯登”冲锋枪因此诞生。

“斯登”冲锋枪发射 9×19 毫米手枪子弹，采用简单的内部设计，横置式弹匣、开放式枪机、后坐作用原理，弹匣装上后可充当前握把。由于外形紧致、质量较小，“斯登”冲锋枪在室内与壕沟战可以发挥持久火力，且灵活性强。另外，“斯登”冲锋枪的后坐力较小，在战场中移动攻击时非常有利。“斯登”冲锋枪在近战中是一种优秀的武器，它是战争中许多突击队员的选择。另外，该枪在法国抵抗组织及其他地下部队中也十分流行。“斯登”冲锋枪的消声型版本是英国皇家特种空勤团（SAS）在二战期间用来渗透敌方时所装备的特种武器。

（四）机枪

1. 美国勃朗宁 M2 重机枪

勃朗宁 M2（图 3-49）是约翰·勃朗宁在一战后设计的重机枪，从 1921 年服役至今。勃朗宁 M2 其实是勃朗宁 M1917 的口径放大重制

图 3-49 M2 重机枪

版本，美军把当时的 M2 命名为 M1921，并用于 20 世纪 20 年代的防空及反装甲用途。1932 年，改进版本正式被美军命名为 M2，当时部分 M2 装有水冷散热装置，其他因枪管容易过热而改用重枪管并命名为 M2HB，后来推出了可快速更换枪管的 M2QCB（quick change barrel）及轻量化版本，这些版本一直沿用至今。

M2 重机枪采用的大口径 0.50 英寸 BMG（12.7×99 毫米）弹药有高火力、弹道平稳、极远射程的优点，每分钟 450 ~ 500 发（二战时空用版本每分钟 600 ~ 1200 发）的射速及后坐作用系统令其在全自动发射时十分稳定，命中率也较高，但低射速令其支援火力降低。

2. 德国 MG42 通用机枪

MG42（图 3-50）是德国于 20 世纪 30 年代研制的通用机枪，是二战中最著名的机枪之一。MG34 通用机枪（图 3-51）装备德军后，在实战中表现出较好的可靠性和射击性能，很快得到了德国军方的肯定，从此成为德国步兵的火力支柱。然而，MG34 有一个比较严重的缺点，即结构复杂。复杂的结构直接导致制造工艺的复杂——耗费更多的工时和材料，但战争中需要的是可以大量制造和装备部队的机枪。按照 MG34 的生产需求，即使德国所有工厂全部开足马力也无法满足前线的需要。鉴于此，德国金属冲压专家格鲁诺夫博士对 MG34 进行了多项重要的改进，发展出了 MG42 通用机枪。

图 3-50　MG42 通用机枪

图 3-51　MG34 通用机枪

MG42 通用机枪口径为 7.92 毫米，枪长 1220 毫米，枪重 11.57 千克，射速为 1200 ~ 1500 发 / 分。其枪管更换装置结构特殊且更换迅速，该装置由盖环和卡笋组成，它们位于枪管套筒后侧，打开卡笋和盖环，盖环便迅速地将枪管托出。该枪采用机械瞄准工具，瞄准工具由弧形表尺和准星组成，准星与照门均可折叠。

3. 苏联 / 俄罗斯 RPD 轻机枪

RPD 轻机枪（图 3-52）是二战末期由苏联人捷格加廖夫研发设计的，由于性能优越，至今仍在包括俄罗斯在内的许多国家军队中服役。

图 3-52　RPD 轻机枪

RPD 轻机枪的口径为 7.62 毫米，全长为 1037 毫米，枪管长 521 毫米，枪重 7.5 千克，射速为 650 发 / 分。RPD 轻机枪采用导气式工作原理，闭锁机构基本由 DP 轻机枪改进而成，属中间零件型闭锁卡铁撑开式，借助枪机框击铁的闭锁斜面撞开闭锁片实现闭锁。该枪采用弹链供弹，供弹机构由大、小杠杆，拨弹滑板，拨弹机，阻弹板和受弹器座等组成，弹链装在弹链盒内，弹链盒挂在机枪的下方。该枪击发机构属平移击锤式，机框复进到位时由击铁撞击击针。

该枪的瞄准装置由圆柱形准星和弧形表尺组成。准星可上下左右调整，两侧有护翼。表尺有 U 形缺口照门，表尺板上刻有 10 个分划，每个分划代表 100 米距离。另外，该枪还设有横表尺用以修正方向，转动移动螺杆可使照门左右移动。

二、二战经典坦克与装甲车

（一）美国 M4“谢尔曼”中型坦克

M4（图 3-53）是二战时美国开发、制造的中型坦克，通常称为“谢尔曼”或“雪曼”(Sherman)，名字为英军所取，来源于美国南北战争中北军的将军威廉·特库赛·谢尔曼 (William Tecumseh Sherman)。在二战中，美国研制坦克的厂家主要有通用、福特、克莱斯勒等汽车厂，采用的是亨利•福特倡导的生产线原理，因此能够大批量生产，并且大幅度降低了成本。

M4“谢尔曼”中型坦克是二战时性能最可靠的坦克之一，拥有几项世界领先技术。首先，其炮塔转动装置是二战中最快的，转动一周的时间不到 10 秒。其次，M4 是二战中唯一装备了火炮垂直稳定仪的坦克，能够在行进中瞄准目标开炮。M4 的 500 马力汽油发动机也是二战中最优秀的坦克引擎之一，使其具有 47 千米的最高公路时速。这些优点都有助于机动作战。

图 3-53　M4“谢尔曼”中型坦克

1942 年春天，M4 坦克首次出现在北非战场。当时，隆美尔非洲兵团装备的坦克依然是过时的 3 型、4 型和 38t 型，于是，M4 坦克拥有无可置疑的战场统治权。英军在阿拉曼战役中大量使用。该战役以后，隆美尔写道：“敌方的新式 M4 坦克，比我们所有的型号都要先进。”

由于它在战场上的出色表现，很快赢得坦克手们的青睐。根据《租借法案》，英国等美国的盟国也要求租借这种坦克。为此，美国庞大的汽车工业纷纷转而生产坦克。仅 1943 年一年，美国就生产各型坦克近 3 万辆，其中 M4 坦克占相当大比重。

二战中后期，M4 坦克在反法西斯战场上发挥了重要作用。在欧洲战场上，虽然 M4 坦克在与德军重型坦克的较量中还有些力不从心，但它的数量多，可以以量补质。巴顿将军指挥下的美军装甲师主要装备的就是 M4 坦克，它们在诺曼底登陆以后的历次战斗中发挥了重大的作用。1945 年春，美军有 16 个装备有 M4 中型坦克的装甲师参加了对柏林的总攻。在太平洋岛屿争夺战中，美军的 M4 坦克出尽了风头，日军的 97 坦克根本不是它的对手。

（二）苏联 T–34 中型坦克

T–34 坦克（图 3–54）是苏联于 1940 ~ 1958 年生产的中型坦克，在坦克发展史上具有重要地位。这种坦克一共生产了 8 万多辆，其设计思路对后世的坦克发展有深远的影响。

图 3–54　T–34 中型坦克

T–34 坦克的研发者是曾设计出 T–29 车轮、履带两用战车的柯西金。1936 年，柯西金被调往卡尔可夫的柯明顿厂担任总设计师，此时柯明顿厂的设计局正负责 BT 车轮履带两用式战车的改造。1937 年，他被指派研发一新型的中型战车，设计代号为 A–20，并于该年 11 月设计完成。

A–20 可以说是集 BT–1 至 BT–7 之大成，并可视为 T–34 坦克的前身，重 18 吨，装备有 45 毫米炮，炮塔由厚 25 毫米的倾斜装甲构成，因而有“防弹战车”的称号。车身底盘类似 BT 系列，在动力系统方面有部分改良。后期型则改配有一门 76.2 毫米炮，代号为 A–30。

由于军队本身很少将 BT 战车用于轮型模式，同时这种设计会增加生产的复杂度和本身重量，所以柯西金建议应发展纯履带式的车型，设计编号为 A–32（即后来的 T–32）。1939 年年初，A–20 和 A–32 在苏联的卡尔可夫制造完成。此后，T–32 又加强了火力和装甲防护，并进一步简化了生产工序，最终放大成为 T–34 中型坦克。

T–34 坦克的底盘悬吊系统来自美国工程师克利斯蒂发明的创新全轮独立悬吊，可以让坦克每个车轮都可独立随地形起伏，产生极佳的越野能力和速度。然而，美军却因规格问题谈不拢而未采用，苏联看到消息后很快将此技术专利买下，使用在 T–34 坦克上，让 T–34 坦克拥有明显优于纳粹坦克的越野机动性，宽履带的设计将接地压力减至最低程度。T–34 整体设计简单，因此利于大量生产制造，战场维修也相对容易。而生产 T–34 特别是柴油机所需的稀土金属量十分高，要想仿制 T–34 对资源缺乏的德国来说也不那么容易。

T–34 坦克作为苏联在二战中的主战坦克，在实战中起到了一定的作用，还有一个关键点就是该坦克操作简单。毫不夸张地说，一个从没有学习过坦克驾驶的农民可以在几天内学会驾驶 T-34。在斯大林格勒战役中，城市内的工厂里的工人正在努力制造 T-34 坦克，每当德国军队开来时，坦克修理厂的工人就驾驶 T-34 坦克与德国军队作战。

库尔斯克会战（图 3-55）是二战中最大的坦克决战，双方出动超过 5000 辆的坦克，苏联的损失占 5000 辆的一半以上，其中非专业驾驶员所占比重最大。如此简单的坦克，可以快速地生产与快速地培训出坦克手，使这种坦克深受各国喜爱，特别是那些生产力低的国家。

图 3-55　库尔斯克会战

（三）德国“豹”式中型坦克

“豹”式中型坦克（图 3-56）在二战德军坦克中的名气仅次于“虎”式坦克，又称为五号坦克，它和苏联的 T-34 中型坦克被认为是二战中最好的中型坦克。1943 年，在苏联的库尔斯克会战中首次参加战斗，到战争结束时共生产 5000 余辆。

图 3-56　“豹”式中型坦克

“豹”式坦克的主要武器为莱茵金属公司生产的 75 毫米半自动 KwK42L70 火炮，通常备弹 79 发（G 型为 82 发），可发射 APCBC-HE、HE 和 APCR 等炮弹。该炮的炮管较长，推动力强大，可提供高速发炮能力。此外，“豹”式坦克的瞄准器敏感度较低，击中敌人更容易。因此，尽管“豹”式坦克的火炮口径并不大，但其是二战中最具威力的火炮之一，其贯穿能力甚至比 88 毫米 KwK36L56 火炮还高。“豹”式坦克还有 2 挺 MG34 机枪，分别安装于炮塔上及车身斜面上，用于扫除步兵及防空。

“豹”式坦克的倾斜装甲采用同质钢板，经过焊接及锁扣后非常坚固。整个装甲只留有 2 个开孔，分别提供给机枪手和驾驶员使用。最初生产的“豹”式坦克只有 1 块 60 毫米的斜甲，但不久就加厚至 80 毫米，而“豹”式 D 型以后的型号把炮塔装甲加强至 120 毫米，以保护炮塔的前端。“豹”式坦克的炮塔也采用倾斜装甲，内部空间狭小，但为车长设计了一个良好的顶塔。坦克两侧装有 5 毫米厚的裙边，以便抵挡磁性地雷的攻击。

“豹”式坦克采用迈巴赫 HL230P30V-12 汽油发动机，功率为 514 千瓦，以齿轮箱及掌控系统驱动。为了减少发动机故障，“豹”式坦克特别安装了调速器，以把发动机的转数下调至 2500 转 / 分。此外，调速器的安装也使“豹”式坦克行进的速度由 55 千米 / 小时下降至 46 千米 / 小时。

1944 年 2 月 7 日，德军在试图冲出苏军优势兵力形成的“切尔卡瑟口袋”包围圈时，库特・舒玛彻少尉指挥两辆“豹”式坦克在一次反击苏军坦克连的作战中摧毁苏军 8 辆 T-34 坦克。第二天，舒玛彻单独和苏军坦克连作战。在这两次战斗中共摧毁 21 辆苏军战斗车辆。因此，他被授予骑士铁十字勋章。

“豹”式坦克自 1943 年第一次使用在库尔斯克会战中，就发挥了巨大的作用。著名的德国坦克杀手巴克曼曾经带领自己的坦克连中的 9 辆坦克一举击毁了 40 多辆 T-34 坦克，而自己却未损坏一分一毫。

（四）德国“虎”式重型坦克

“虎”式重型坦克（图 3-57）是德国在二战期间为对付苏联 T-34/85 中型坦克而研制的，又称为六号坦克或“虎”Ⅰ，自 1942 年进入德军服役直至 1945 年投降为止。在如此短的时间内制造出了这么优秀的武器，足以说明德国强大的工业基础和研发能力。

图 3-57 “虎”式重型坦克

“虎”式重型坦克的主要武器是 1 门 88 毫米 KwK36L/56 火炮，电动击发，准确度较高，是二战时期杀伤效率最高的几款坦克炮之一。该炮可装载 3 种型号弹药：PzGr.39 弹道穿甲爆破弹、PzGr.40 亚口径钨芯穿甲弹和 HIGr.39 型高爆弹。“虎”式坦克发射的炮弹能在 1000 米距离上轻易贯穿 130 毫米厚装甲。除了主炮外，“虎”式坦克还装有 2 挺 7.92 毫米 MG34 机枪。

“虎”式坦克车体前方装甲厚度为 100 毫米，炮塔正前方装甲厚达 120 毫米，两侧和车尾也有 80 毫米厚的装甲。二战期间，这样的装甲厚度能够抵挡大多数近距离交战尤其是来自正面的反坦克炮弹。“虎”式坦克的炮塔四边接近垂直，炮盾和炮塔的厚度相差无几，要从正面贯穿“虎”式坦克的炮塔非常困难。“虎”式坦克的装甲是焊接而成的，外形设计极为精简，履带上方装有长盒形的侧裙。“虎”式坦克的薄弱地带在车顶，装甲仅有 25 毫米（1944 年 3 月增加至 40 毫米）。

尽管为了增强装甲防护力和攻击力，“虎”式坦克适度地牺牲了机动性能，但并没有差到不可接受的地步。与美国 M4“谢尔曼”中型坦克和苏联 T-34 中型坦克相比，“虎”式坦克的机动性确实逊色许多，但在同时期的重型坦克中，“虎”式坦克的机动性却名列前茅。

由于“虎”式坦克的重量较大，通过桥梁非常困难，所以它被设计可以涉水 4 米深。但入水前，它必须进行充分的准备，炮塔和机枪要密封并且固定在前方，坦克后部需要升起大型呼吸管，整个准备过程大约需要 30 分钟。

尽管“虎”式坦克只生产了 1355 辆，但它在二战中的出色表现却是同时期其他坦克无法企及的。1944 年 7 月，一辆德军的“虎”式坦克在 3900 米的距离摧毁了一辆 T-34 坦克，可见其火力之猛。“虎”式坦克对盟军的坦克手来说具有很大的心理威慑，连美军 M4“谢尔曼”坦克也不愿和它相遇。

1945 年 1 月，一辆“虎”式坦克拖住了美国第三装甲师 1 个小时，并且在身中 47 发炮弹的情况下，摧毁了美军 17 辆“谢尔曼”坦克和 8 辆被盟军称为“驯虎师”的 M26“潘兴”坦克。战后，美军师长咬牙切齿地说:“那个东西干掉我一个连! ”

（五）美国 M2 半履带车

M2 半履带车（图 3-58）是美国在二战时期研制并投入使用的一种装甲车，其是在雪铁龙半履带车和 M3 侦察车的基础上研制而成的。最开始时，怀特汽车公司将 4 轮的 M3 侦察车改用铁姆肯半履带底盘，并将其命名为 T7 半履带车。但该车使用的发动机无法为半履带驱动系统提供充足的动力。当时的 T7 被美国陆军用作火炮牵引车，后来，该车换装了动力更为强劲的发动机，并命名为 T14。

图 3-58　M2 半履带车

1940 年，美国陆军正式采用这种车辆，并将其改名为 M2 半履带车，主要作为火炮牵引车和侦察车辆使用。在 1942 ~ 1943 年，由于战场形势的需求，美军又把 M2 和 M3 半履带车进行了大规模改进。M2 半履带车最早于 1941 年投入战场，其使用范围包括北非、太平洋地区以及欧洲的美国陆军和美国海军陆战队。此外，还有约 800 辆 M2 和 M9 通过《租借法案》被送往苏联等其他同盟国。由于 M2 系列半履带车的通用性很高，所以在二战结束后还被不断升级和改良，以延长服役寿命。

三、二战经典火炮

（一）美国“巴祖卡”火箭筒

“巴祖卡”（图 3-59）是二战期间美军使用的单兵肩扛式火箭筒的绰号，是第一代实战用的单兵反坦克装备，至今包括美军在内数十个国家的军队都还在使用，并有所改进。

图 3-59 “巴祖卡”火箭筒

一战期间，罗伯特·戈达德博士根据美国陆军需求设计出了“巴祖卡”火箭筒（当时被称为火箭动力武器），并于 1918 年 11 月 6 日在马里兰州的阿伯丁实验场为美国陆军展示了这种武器。但是由于 5 天后协约国就和同盟国在《康边停战协定》上签字（一战结束了），所以该型武器没有得到进一步发展。不过在后来的战争中，“巴祖卡”火箭筒开始被重视，并大量地被美军采用，其他国家包括德国在内都有仿制。

“巴祖卡”火箭筒的实用性、可靠性等方面在战争中得到了充分证实。它参与了二战以及之后的局部战争，衍生了多种型号，其中包括 M1“巴祖卡”火箭筒、M9“巴祖卡”火箭筒和 M20“超级巴祖卡”火箭筒等。M20“超级巴祖卡”火箭筒在越南战争初期得到使用，后来慢慢被 M72 火箭筒代替。虽然其很少用来摧毁敌军的装甲车，但是经常被用来摧毁敌军的阵地工事。

（二）苏联“喀秋莎”火箭炮

1939 年，苏联制成 BM-13 型火箭炮，即俗称的“喀秋莎”火箭炮（图 3-60）。

图 3-60 “喀秋莎”火箭炮

“喀秋莎”火箭炮采用多轨式定向器，一次齐射可以发射 16 枚 132 毫米弹径的火箭弹。这种火箭弹的最大速度为 355 米 / 秒，最大射程 8600 米，能在 7 ~ 10 秒内将 16 枚火箭弹全部发射出去，再装填一次大约需要 5 ~ 10 分钟。1 个由 18 门 BM-13 型火箭炮组成的炮兵营，一次齐射便可以发射 288 枚火箭弹，能有效地杀伤敌人。

“喀秋莎”火箭炮在斯摩棱斯克会战中得到首次应用。1941 年 7 月 14 日，弗廖罗夫大尉指挥一个火箭炮连对奥尔沙火车站的德军进行了齐射，这次齐射宣告了一种完全新式的火炮的诞生。根据该连的作战经验教训，苏军组建了火箭炮团，全团共 1414 人，装备 36 门“喀秋莎”火箭炮和 12 门 37 毫米高炮。之后，莫斯科、伏尔加格勒、高加索、库尔斯克等地都留下了它的身影。每一次战役几乎都是在它的轰鸣声中开始，然后又在它的轰鸣声中结束。这种情况直到苏军最终攻克柏林才结束。

（三）德国 88 毫米高射炮

88 毫米高射炮（图 3-61）是由世界著名的火炮制造商瑞士的克虏伯子公司完成设计和测试的。现场试验完成后，它于 1933 年开始服役，拥有特别强的反坦克能力。二战期间，德军装备的 88 毫米高射炮成为当时最成功的火炮系统。由于其无与伦比的反坦克能力，而被赞为“坦克杀手”。

图 3-61　德国 88 毫米高射炮

88 毫米高射炮首次亮相是在西班牙内战期间，它不仅用于打击飞机，还用于打击坦克。这种高射炮本是德国在一战中研制的一种中口径高射炮。该炮的最大射程为 15 千米，最大射高为 11 千米，弹丸初速为 820 米 / 秒，弹重 9 千克，每分钟可连续发射 15 ~ 20 发炮弹，是当时德国的主要防空兵器之一。

1940 年 6 月 10 日，德军第 7 装甲师师长隆美尔与英军坦克部队遭遇，由于当时身边只有两个高射炮连和两个侦察连，于是他下令让高射炮就地展开，直接瞄准英军的坦克射击，不料 88 毫米高射炮威力奇大，取得意想不到的战果。从此，德军就经常将 88 毫米高射炮用作反坦克作战中的直射火力。

1941 年 6 月 22 日，德军发动侵苏战争。德军第 41 装甲军突入苏联国境后遭到苏军第 3 装甲军的 KV 式超重型坦克的抗击。这种坦克火炮口径大，车体装甲厚，当时的德军反坦克火炮无法将其击毁。于是，德军调来 88 毫米高射炮，竟一举击毁苏军坦克 200 辆，从而扫清了前进的道路。

1941 年 11 月 16 日，隆美尔率部与英军在北非进行坦克会战。德国和意大利军队有坦克 395 辆，而英军有坦克 784 辆，但是隆美尔取得了战役的胜利。其中一个重要原因是德军拥有威力强大的 88 毫米高射炮。

（四）德国“古斯塔夫”铁道炮

二战发生时，铁道炮并不是新鲜事物，早在 19 世纪中叶，就已经有人尝试在铁道载具上装火炮，并使其达到可以移动作为远程打击力量的目的。一战时期，各国都竞相发展并拥有自己的铁道炮。

图 3-62 “古斯塔夫”铁道炮

铁道炮是由铁道机车牵引，在轨道上机动行驶和射击的大口径火炮，有加农炮，也有榴弹炮，主要用于支援铁路沿线部队作战。其口径为 200 ~ 800 毫米，特制的炮架安装在船形平板车上。有的铁道炮带有装甲，火炮前后都有支撑和固定装置。

希特勒一直幻想着以某种“终极武器”来称霸世界。他心目中的超级大炮就是射程要尽可能远，而杀伤威力要特别大。这种要求只有铁道炮才能满足，为此，德国工程师设计了一系列铁道巨炮。在德国所有的重炮中，最大最威猛的一种是口径为 800 毫米、射程范围 28 ~ 45 千米的“古斯塔夫”铁道炮（图 3-62）。

1942 年初，德国制成了这门超重型巨炮，它被用克虏伯家族的“古斯塔夫”前缀名命名。希特勒和军需部长斯佩尔出席验收仪式后，它以 700 万马克的价格被军方购买。它的炮管长达 32 米，火炮在战斗状态的全长达 53 米，高 12 米，全重 1488 吨。这样的庞然大物在装配、运输和射击试验时遇到极大困难。在试验弹道性能时，装弹机还不太完善，只好用一台起重机把 4 吨重的炮弹吊送到炮身尾部，再用一辆轻型坦克把它猛地推撞到炮膛里。为了把火炮运送到试验场，特地设计了 3 辆构造特别的巨型运输列车。沿途的桥梁无法承受这样大的重量，列车只好绕过很长的弯路行驶。到达阵地后，先用 2 台巨型起重机吊装底座，然后安装炮架、炮管和装弹机构。全部工作由一名少将指挥、1400 余人奋战 3 个星期才完成。为了预防苏军飞机轰炸，阵地四周部署了高炮部队和警戒飞机，大量步兵、巡警和警犬在周围 10 千米内日夜巡逻，一旦发现敌机轰炸，立即由化学兵施放烟幕掩护。参加指挥、操作、警卫的总人数达到 4000 人以上。它的炮弹也是骇人听闻，每枚穿甲弹重 7.1 吨，一枚高爆弹重 4.8 吨，推进燃料 1.8~2 吨。

1942 年 6 月，包括“古斯塔夫”在内的所有巨炮集结和准备完毕，准备攻克塞瓦斯托波尔要塞。6 月 5 日，“古斯塔夫”在两台大功率柴油机的驱动下缓缓驶出，参与了对塞瓦斯托波尔的攻击。火炮背后的起重机把 7.1 吨重的炮弹送入炮管，震天动地的一声巨响，敲响了德军对塞瓦斯托波尔的最终审判的钟声。

这枚炮弹准确地落在了苏军的阵地上，一大片建筑物和永久性防御工事被瞬间夷平，塞瓦斯托波尔的阵地上出现了犹如 4 个美式足球场一样大的深坑，苏军精心建造的永久性防御工事被直接炸出了核心，30 米深的防御工事就这么被直接炸穿。苏军还没反应过来，卡尔等重量级巨炮也纷纷迫不及待地把自己的火力倾泻到苏军的基地里面。“古斯塔夫”一炮直接打穿了 10 米厚的混凝土防御工事，把里面的弹药库引爆，剧烈的连锁爆炸直接把海湾里面的一艘船震沉。从 6 月 5 日至 6 月 17 日的 12 天里，“古斯塔夫”总共发射了 48 枚炮弹，摧毁了斯大林、西伯利亚、马克辛姆高尔基炮台等据点。其中，白崖据点完全灰飞烟灭。战后的塞瓦斯托波尔已经没有什么建筑物还在屹立不倒。

“古斯塔夫”铁道炮后来又增加了加农炮，在其射程下，如果从法国加莱发炮，英国多佛尔都属于火力范围内，有可能伦敦东南角也岌岌可危。

1942 年年底，“古斯塔夫”铁道炮被派遣到彼得格勒，进入战备状态后又因苏联取消进攻而无所事事，1943 年春被调回国内进行维修，直到德国战败被德国工兵炸毁。因过于笨重，缺少机动性，铁道炮在二战后逐渐被淘汰。

四、二战经典舰船

（一）潜艇

二战前，各参战国共有潜艇 496 艘，战争中又建造了 1669 艘，潜艇总数达 2100 余艘。战争期间，潜艇击沉的作战舰艇达 395 艘（含战列舰 3 艘、航空母舰 17 艘、巡洋舰 32 艘、驱逐舰 122 艘），击沉的运输舰船达 5000 余艘，2000 余万吨。特别是德国依仗性能先进的 U 型潜艇，在大西洋海域有效地攻击了盟军的商船队和护航船队。指挥德国潜艇的海军上将卡尔·邓尼兹发明了“狼群”战术，用 6 ~ 12 艘潜艇组成水下舰队，白天尾随护航队，黄昏时进入攻击阵位，夜晚钻入护航队中用鱼雷实施近程攻击。这种战术极为有效。1940 年 10 月，一个由 12 艘潜艇组成的“狼群”击沉了 32 艘舰船，而自己却安然无恙。到 1941 年，德国用潜艇击沉盟军舰船的总数已达到 1150 艘；到 1942 年上升到 1600 艘。1943 年以后，由于盟军加强了反潜护航兵力，并在舰艇、飞机上加装了雷达，使舰船沉没数量降低了 65%，到 1944 年，只有 200 艘舰船被击沉。

1. 德国Ⅶ级潜艇

Ⅶ级潜艇（图 3-63）是二战中德国海军最广泛使用的潜艇（同级数量 703 艘），贯穿整个二战。Ⅶ级潜艇的设计源于一战后期德意志帝国海军使用的 UB Ⅲ级潜艇。一战后，由于《凡尔赛条约》限制德国不得拥有潜艇，军方转而资助本国造船公司在荷兰建立的空壳公司——船舶建设工程局，与日本、阿根廷、西班牙和芬兰等国合作，秘密研究新式潜艇，并用他国造船厂进行建造试验。

图 3-63　Ⅶ级潜艇

Ⅶ级潜艇船身长 67.1 米，舷宽 6.2 米，最大潜深 295 米，采用单壳体结构，燃油储存于耐压壳体内，能防止深水炸弹攻击导致燃油外漏事件的发生。舰身中部有主压载水舱，耐压壳体外部前后方各有两个副压载水舱，两侧各有一个鞍状储水舱，船头有类似一战德国潜艇的锯齿状构造。

2. 德国 XXI级潜艇

XXI级潜艇（图 3-64）是德国海军在二战后期使用的一级潜艇（同级数量 118 艘），也是世界上第一种完全为水下作战设计而非以往为攻击和躲避水面舰攻击才下潜的潜艇。

图 3-64　XXI级潜艇

二战后期的大西洋海战上，德国使用的Ⅶ级潜艇在战场上已过时，为了能跟上战争节奏，德国海军潜艇总司令卡尔·邓尼兹将Ⅶ级潜艇的建造计划进行了变更，全力将资源投入高速新式潜艇的建造，于是诞生了XXI级潜艇。

XXI级潜艇的生产采用了与以往不同的方法，邓尼兹采取模块化生产，将整艘潜艇分为 8 个部分生产，于 32 家造船厂进行零件制造，再集中到 11 间造船厂里进行组装，生产速度大幅提升，每 6 个月就能下水一艘，也减少了盟军轰炸的效果。然而，此做法却使得多数零件有着整合或质量不一的问题，事后还需要另做调整。

3. 英国 S 级潜艇

S 级潜艇（图 3-65）是一种中型巡逻潜艇，用于北欧和地中海海域的作战活动。这种潜艇操纵性能较好，下潜速度快，鱼雷携带数量也较多。

图 3-65　英国 S 级潜艇

S 级潜艇船身长 61 米，装有 1 门 76.2 毫米火炮，1 挺防空炮，6 具 533 毫米鱼雷发射管（艇艏 4 具、艇艉 2 具，12 枚鱼雷）。S 级潜艇被证明是二战中最优秀的潜艇之一，共建造了 62 艘，其中晚期建造的潜艇采用了全焊接结构，所以潜艇耐压壳体强度有很大提高，最大下潜深度也有所提高。

4. 日本伊 - 400 级潜艇

日本海军的伊 - 400 级潜艇（图 3-66）是二战时期最大的也是直到 20 世纪

60 年代核动力潜艇建成前最大的潜艇。

图 3-66 伊－400 级潜艇

太平洋战争中，日本在工业和兵器技术上远远落后于美国，这是它们失败的一个重要原因。后期，美国海军的战舰性能已全面超越日本。然而，伊－400 级大型载机潜艇却是一个例外。以今天的眼光来看，潜水航空母舰的设想仍是相当超前的。虽然伊－400 级的作战思想和设计都相当先进，但和德国 XXI 级潜艇一样，因为来得太迟而无法影响二战的结局。

伊－400 级潜艇船身长 122 米，舷宽 12 米，最大潜深 100 米，其所携带的燃料足以绕地球航行一圈半，可装载 3 架“晴岚”攻击机并可使其迅速投入战斗。它的主舰体采用横向双筒结构，这是为保障艇内弹药库和巨大燃料箱的安全而专门设计的。伊－400 级潜艇的舰桥和指挥塔并不在潜艇正中，而是偏离中线，为保持全艇的平衡，机库位置向相应反方向偏移。而这种不对称设计，在遇到紧急情况或发射鱼雷时，水下的操作较不稳定。

（二）驱逐舰

1893 年，英国建成世界上最早的“哈沃克”号和“霍内特”号鱼雷艇驱逐舰，排水量 240 吨，航速 27 节，装有 3 座鱼雷发射管和 4 门舰炮。这种专门对付鱼雷艇的战舰当时被称作鱼雷艇驱逐舰，为驱逐舰的始祖。二战期间，参战的驱逐舰总数达到 1800 艘之多，是主要的水面战船之一，发挥了不小作用。

1. 英国“部族”级驱逐舰

“部族”级驱逐舰（图 3-67）是二战中英国海军最著名的一级驱逐舰。20 世纪 30 年代，英国海军发觉其舰队驱逐舰标准已经落后于其他国家，于是决定打造自己的新型驱逐舰。英国海军要求新型驱逐舰执行的任务包括巡逻、追击、包抄，对驱逐舰中队的近距离支援，与巡洋舰共同执行侦察和护航任务等。

1934 年，新型驱逐舰“部族”级的设计开始摆上台面。1935 年，海军军部批准了最后的设计方案。虽然“部族”级比以前建造的舰队驱逐舰体积更大、武备更强，但在实际使用时和普通驱逐舰的做法没什么两样。“部族”级驱逐舰自

1938 年开始服役，长年奋战在艰苦的第一线。在英国海军中服役的 16 艘“部族”级，战争结束时只剩下 4 艘。

图 3-67　“部族”级驱逐舰

2. 美国“弗莱彻”级驱逐舰

“弗莱彻”级驱逐舰（图 3-68）是美国二战中最著名的驱逐舰，它组成了二战中后期美国海军驱逐舰队的主力。

图 3-68　“弗莱彻”级驱逐舰

二战期间，总共有 175 艘“弗莱彻”级驱逐舰在短短两年间被赶造出来，并参加了战争中后期的各次重要海上战役。为了与航空母舰、巡洋舰编队一起活动，“弗莱彻”级驱逐舰采用 4 台“考克斯”式重油焚烧锅炉和 2 台通用电气公司生产的高性能汽轮机，优于当时日、德、英等国使用的产品，总功率 60000 匹马力，最大航速 37.8 节，实际使用中最高为 35 节，续航力 3750 海里（14 节），燃料搭载量 492 吨。

（三）巡洋舰

通常来说，巡洋舰是一种比驱逐舰排水量大、武器多、威力强，在海战中起骨干作用的用于远洋作战的较大型水面舰艇。在没有航空母舰的舰艇编队中，巡洋舰是编队的核心；在航空母舰编队中，巡洋舰负责航空母舰的侧翼掩护，并可担任旗舰，必要时可单舰进行战斗活动。

1. 美国“巴尔的摩”级巡洋舰

“巴尔的摩”级巡洋舰（图 3-69）是美国海军在二战中建造的重型巡洋舰，也是美国摆脱海军军备条约限制后最先建造的在武装和防护上比较合理的重型巡洋舰。

图 3-69 “巴尔的摩”级巡洋舰

由于战争初期美军对轻型巡洋舰的需求更为紧迫，因此本级舰的建造有少许拖后。直到 1943 年 4 月，第一艘“巴尔的摩”号才入役，装备有 3 座三联装 203 毫米主炮，并安装了服役不久的双联装 127 毫米副炮和无线电近爆引信（VT）炮弹。受益于其庞大的舰体和充足的火力，该级舰的防空能力仅次于快速战列舰，因此该级舰服役后，多半用于快速航空母舰舰队的护航。

2. 德国“科隆”级巡洋舰

“科隆”级巡洋舰（图 3-70）是德国二战期间依照《凡尔赛和约》的限制（6000 吨）制造的轻巡洋舰，于 20 世纪 20 年代开始设计。为了符合重量限制的要求，它的钢板连接处 85% 是焊接的而不是铆接的，由此带来了抗疲劳性差的问题。

图 3-70 “科隆”级巡洋舰

“科隆”级巡洋舰共建造了 3 艘，分别以德国 3 座城市为名，即“柯尼斯堡”号、“卡尔斯鲁厄”号和“科隆”号。与其他战舰不同的是，该级巡洋舰以三号舰“科隆”号命名为“科隆”级，而不是像其他大多数战舰那样以首舰命名，如果按照以首舰命名的习惯，它也可以叫“柯尼斯堡”级。

“科隆”级巡洋舰有一个与众不同的特点，那就是它的3座主炮塔是前1后2，而不是传统的前2后1。为了弥补正前方火力不足的问题，后甲板的2座三联主炮塔不在一条轴线上，而是呈对称分布，目的是必要时后炮可以转向180度向前开炮。

（四）航空母舰

航空母舰是以舰载机为主要武器，并为舰载机编队提供海上活动基地的大型军舰。航空母舰无疑是一座浮动的海上机场，是海军水面战斗舰艇中最大的舰种。

航空母舰按吨位区分，有大型、中型和小型航空母舰；按战斗使命区分，有攻击航空母舰、反潜航空母舰、护航航空母舰和多用途航空母舰。主要用途是组成远洋舰队，为编队提供各种作战飞机，以攻击敌方水面舰艇、潜艇和运输舰船，袭击海岸设施和陆上目标，夺取作战海区的制空权和制海权。

航空母舰是二战中最抢眼的舰船，尤其是日本海军以航空母舰为主的航空母舰编队偷袭珍珠港取得成功，以及后来日本海军在偷袭珍珠港之后的第三天，为冲破英国人的封锁而击沉了英国的一艘号称永不沉没的“威尔斯亲王”号战列舰以后，彻底打破了战列舰统治大海的神话，使航空母舰一跃而成为海战的重要角色。可以这样说，珍珠港事件是航空母舰发展史上的里程碑，它宣告了航空母舰的崛起和战列舰的行将灭亡，从此，航空母舰奠定了其海上霸主的地位。

航空母舰在二战中立下了不朽的功绩，仅美国航空母舰上的飞机就击毁敌机达12000架，击沉敌舰168艘，击沉敌商船359艘。至此，航空母舰已成为海军的骨干力量，是名不虚传的移动的海上航空兵基地。

1. 美国“中途岛”级航空母舰

“中途岛”级“中途岛”号航空母舰（图3-71）是二战期间美国建造的最大的一款航空母舰，而且它还是第一艘有飞行甲板装甲的航空母舰。

图3-71 “中途岛”号航空母舰

“中途岛”号航空母舰于 1943 年 10 月开始动工，其全部建造工期一直拖到 1945 年 9 月才完成，但这时二战的帷幕已经落下。

“中途岛”号航空母舰船身长 296 米，舷宽 34.4 米，水上吃水 10.5 米，满载排水量 64002 吨，舰载机数量 75 架，舰员 2826 人，航速 30 节。

“中途岛”号于 1952 年 10 月设计改装为攻击航空母舰（CVA-41），1955 年 7 月开始在布雷默顿海军船厂进行了 SCB110 改装，在 1957 年 9 月完工后重新加入美国海军服役。1966 年 2 月至 1970 年 1 月，“中途岛”号在美国三藩海军船厂进行了 SCB101 改装。此后，从 1973 年直到退役都被部署在日本。1975 年 6 月，该舰又被重新设计为多用途航空母舰（CV-41），但不能操作反潜飞机。

2. 美国“卡萨布兰卡”级航空母舰

“卡萨布兰卡”级航空母舰（图 3-72）可算是美国最著名的一级护航航空母舰，不但在建造数量上远超其他几级，在战争中的表现也可圈可点。

图 3-72 “卡萨布兰卡”级航空母舰

随着二战战局的发展，时任美国总统的罗斯福强调要多造护航航空母舰。为此，美国海事委员会提出了批量生产的方案，凭借美国工业的强大实力，只用了一年时间，美国船厂便造出了 50 艘护航航空母舰，并命名为“卡萨布兰卡”级。

“卡萨布兰卡”级船身长 148.4 米，舷宽 24.4 米，水上吃水 6 米，满载排水量 7800 吨，舰载机数量 28 架，舰员 800 人，航速 18 节。因航速和装甲等方面的限制，护航航空母舰一般不直接参加战斗，多担负对岸轰炸和支援任务。然而在 1944 年 10 月的莱特湾大海战中，6 艘“卡萨布兰卡”级护航航空母舰遭遇了日本最强大的水面舰队——第一机动舰队，双方展开了一场小狗斗大象般的战斗，由于美军的奋战，给予日舰队重创，自身仅损失两艘护航航空母舰。

3. 日本“瑞凤”级航空母舰

“瑞凤”级航空母舰（图 3-73）是日本二战期间所使用的一款航空母舰，是由潜艇母舰改装而来的。

图 3-73 “瑞凤”级航空母舰

太平洋战争爆发后，日本的航空母舰数量有限，为了能够霸占海上控制权，其将现有的潜艇母舰改装成航空母舰。“瑞凤”级正是在这一背景下诞生的，同级共 2 艘：“祥凤”号和“瑞凤”号。

“祥凤”号 1935 年下水，在 1942 年 5 月 7 日珊瑚海海战中，被 13 枚炸弹和鱼雷击中而沉没。它也是日本海军损失的第一艘大于驱逐舰的军舰。

“瑞凤”号比“祥凤”号晚下水，但“瑞凤”号却更早作为一艘舰队航空母舰服役，参加了瓜岛圣克鲁斯海战，被 1 枚炸弹击中而撤出战场。在 1944 年 10 月 25 日莱特湾战斗中被多枚炸弹命中沉没，当时是作为小泽舰队的一个诱饵。

4. 英国“光辉”级航空母舰

“光辉”级是英国在二战前设计的一级新型航空母舰，同级共 4 艘：“光辉”号（图 3-74）、“胜利”号、“可畏”号和“不挠”号，其中，“光辉”号在二战中表现卓越。

图 3-74 “光辉”号航空母舰

“光辉”号是英国“光辉”级的首制舰，1940 年 8 月加入英国海军地中海舰队。1940 年 11 月 11 日，英国海军以“光辉”号航空母舰为核心，利用舰载飞机袭击意大利海军基地塔兰托。第一攻击波是由 12 架鱼雷攻击机进行攻击，导致港内停泊的意大利巡洋舰、驱逐舰和其他军船乱作一团。当第一攻击波撤出战斗后，第二攻击波接着进行,2 架攻击机投下 24 枚照明弹，把海港夜空照得通明，5 架鱼雷攻击机投射 5 枚鱼雷，重创了一艘意大利战列舰。

英国海军认为“光辉”号将在北海和地中海岸基飞机的航程内作战，而英国的舰载机却不具备陆上战斗机的优良性能，为抵御轰炸机的轰炸，英国海军决定为航空母舰尽可能提供有效的保护。因此，“光辉”号航空母舰在机库和飞行甲板上相较之前的航空母舰都增加了厚厚的装甲防护。

五、二战经典飞机

（一）德国 Me-262 喷气式战斗机

Me-262（图 3-75）是德国梅塞施密特飞机公司于二战期间所设计的一款喷气式战斗机，是人类航空史上第一种投入实战的喷气机。

图 3-75　Me-262 喷气式战斗机

1935 年，德国空气动力学家阿道夫·布斯曼提出了后掠翼（前、后缘向后伸展的机翼，呈锥形，有效提高飞机的飞行速度，缩短起降距离）的概念。这一概念在 1940 年由德国飞机设计师威利·梅塞施密特做了进一步研究，并开始设想将后掠翼这一概念运用到实际飞机中。之后，梅塞施密特在二战后期成功研制出了 Me-262 喷气式战斗机。

Me-262 喷气式战斗机是一种全金属半硬壳结构的轻型飞机，流线形机身，有一个三角形的断面，机头集中装备 4 门 30 毫米机炮和照相枪。半水泡形座舱盖在机身中部，可向右打开。前挡风玻璃厚 90 毫米，具备防弹能力。近三角形的尾翼呈十字相交于尾部，2 台喷气发动机的短舱直接安装在后掠的下单翼的下方，前三点起落架可收入机内。

（二）德国 Ta-152 战斗机

Ta-152 战斗机（图 3-76）是德国在二战末期从 Fw-190 战机发展而来的一种高空战斗机，其性能非常优秀，与 P-51 “野马” 和 “喷火” 战斗机一起被誉为终极活塞式战斗机。

图 3-76　Ta-152 战斗机

第一架 Ta-152H-0（预生产型）战斗机于 1944 年 12 月下线，该型号一共生产 20 架。一个月之后，Ta-152H-1 型也下线了，Ta-152H-1 型在发动机上方安装了一门 30 毫米 MK108 航炮，另外，在两个翼根上各安装了一门 20 毫米 MG151/20 航炮。该机在发动机和座舱部位有 160 千克的装甲板保护。Ta-152H 一共生产了大约 150 架，其中大部分为 H-1/R11 坏天气型。

Ta-152B 战斗机在最初设计时考虑了兼容 Jumo213/DB603 发动机，但实际上只装过 Jumo213 发动机，该型战机直到战争结束前仅生产了 3 架原型机。

Ta-152C 战斗机最初因德国空军部不提供 DB603 发动机而计划搁置，到 1944 年末，库尔特·谭克（Kurt　Tank）自行装配了一架 Ta-152C-0 型战斗机进行试验。他认为 DB603 发动机的质量较轻而且马力更大、高空性能更佳，因此会给飞机性能带来较大的提升。这时候，德国空军部也同意了生产线转产 Ta-152C 战斗机，但后来大部分的 Ta-152C 在生产线上还未完工即被苏联军队攻占了装配厂。最后，没有一架 Ta-152C 战斗机装备到部队。

Ta-152 战斗机于 1945 年 1 月开始列装参战，直到战争结束，最终生产总数不到 150 架。该型战机直到战争结束也没有在其设计初衷的领域一展身手，没有一次在高空拦截过盟军的轰炸机和侦察机。但事实证明，Ta-152 战斗机即使在中低空的格斗战中一样非常优秀。装备了 Ta-152 战斗机的德国 JG301 联队在战争最后的两个月里，面对盟军的绝对空中优势仍取得了不凡的成绩。

（三）英国“喷火”战斗机

“喷火”战斗机（图 3-77）是英国在二战中最重要也最具代表性的战斗机，战争中，其转战欧洲、北非与亚洲等战区，担负着英国维持制空权的重大责任。

图 3-77 “喷火”战斗机

20 世纪 30 年代，德国开始大力发展空中力量，并且各类战斗机的性能和制造数量日益提升，这对靠近它的英国来说构成了不小的威胁。英国方面，当时该国最快的飞机时速达 350 千米左右，这远不及德国的高性能战斗机，所以为了能回应德国的空中力量，或者精确地说是为了抗衡德国空中战斗机，英国航空部开始研发新型战斗机。“喷火”战斗机正是在此背景下诞生的。

“喷火”战斗机的设计成功之处在于采用了大功率活塞式发动机（如梅林 63 型发动机，功率为 1710 匹马力）和良好的气动外形设计。半纺锤形机头有别于当时大多数飞机的平秃粗大机头，整流效果好，阻力小。发动机安装在支撑架后的防火承力壁上，背后便是半硬壳结构的中后部机身。机翼采用椭圆平面形状的悬臂式下单翼，虽然制造工艺复杂，费工费时，但气动特性好，升阻比大。

（四）英国“蚊”式轰炸机

“蚊”式轰炸机（图 3-78）在二战期间创造了英国空军轰炸机作战生存率的最佳纪录，它是英国人的骄傲，更是充满了传奇色彩的一代名机。

图 3-78　“蚊”式轰炸机

杰弗里·德·哈维兰是英国著名飞机设计师、飞行员和航空工业企业家，有过许多卓有成效的建树。一战结束后，因英国军方需要一款高速轰炸机，所以哈维兰应英国军方所邀开始为其研发满足要求的轰炸机。哈维兰设计了一款在当时看来很滑稽的轰炸机，之所以说滑稽，是因为该飞机采用木质材料。不过在测试中，该飞机还是有不错的表现，可惜因黏着机身的接合剂不佳，故而造成空中解体而坠机的意外。直到 20 世纪 40 年代初期，哈维兰才真正完善了这款轰炸机。这款轰炸机正是世人皆知的木头飞机——“蚊”式轰炸机。

“蚊”式轰炸机有几大奇特之处：一是采用全木结构；二是改型多；三是生存性好。这种集轰炸、战斗、侦察、教练、联络、反潜于一身的木头飞机曾活跃在地域广阔的欧亚战线上，是当时闻名四海的飞机。

（五）美国 P-51“野马”战斗机

P-51“野马”（图 3-79）是北美航空公司设计生产的一款战斗机，也是美国陆军航空队在二战期间最有名的战斗机之一，有多种型号，其中包括 P-51B、P-51C 和 P-51D 等。

图 3-79　P-51“野马”战斗机

二战初期，英国除了使用本土飞机之外，也购买其他国家性能优越的飞机。1940 年，英国原本打算购买美国柯蒂斯 – 莱特飞机公司的 P-40“战鹰”战斗机，但是该公司生产任务繁重，无法为英国生产飞机，于是英国要求美国北美航空公司来生产。然而，在北美航空公司得到这个通知后，认为 P-40“战鹰”战斗机太落后了，不愿生产，并向英国承诺自己能设计更好的飞机。之后，北美航空公司拿出的产品就是 P-51“野马”战斗机。

P-51“野马”战斗机机身长度 9.83 米，翼展 11.29 米，高度 4.17 米，最大起飞重量 5262 千克，最大速度 703 千米 / 小时，最大航程 2092 千米，实用升限 12696 米。P-51“野马”战斗机整体布局没有特别之处，但它将航空新技术完美地结合于一身，采用先进的层流翼型，高度简洁的机身设计，合理的机内设备布局，这使它的气动阻力大大下降，并且在尺寸和重量与同类飞机相当的情况下，载油量增加了 3 倍。

（六）美国 B-29“超级堡垒”轰炸机

B-29“超级堡垒”（图 3-80）是美国波音飞机公司设计的一款轰炸机，也是美国陆军航空队于二战战场的主力战略轰炸机。其不单是二战时各国空军中最大型的飞机，同时是当时集合了各种新科技的最先进武器之一。

图 3-80 B-29“超级堡垒”轰炸机

二战爆发后，美国陆军航空队再次提出了大型轰炸机的需求。同时，自波音飞机公司推出 B-17“空中堡垒”轰炸机后，对这类大型的轰炸机并没有停止研究，反而累积了许多设计技术和装配经验。在得到美国陆军航空队下达的任务后，波音飞机公司立即行动，运用之前累积的各种技术、经验，以 B-17“空中堡垒”轰炸机为蓝本，推出了 B-29“超级堡垒”轰炸机。

B-29“超级堡垒”轰炸机各方面都比“空中堡垒”轰炸机更上一层楼，其机身长度 30.2 米，翼展 43.1 米，高度 8.5 米，最大起飞重量 60560 千克，最大速度 574 千米 / 小时，9000 千克的载弹量、6000 千米的航程、万米以上的实用升限，是二战中名副其实的“超级堡垒”轰炸机。当时轴心国大部分战斗机都很难爬升至 B-29“超级堡垒”这种飞行高度。

（七）日本零式战斗机

零式战斗机（图 3-81）是日本二战期间的主力舰载飞机，整个太平洋战区都可以见到它的踪影，堪称日本海军在二战时最知名的战斗机。

图 3-81　零式战斗机

出生于 1903 年 6 月 22 日的堀越二郎是日本昭和时期的航空技术人员，曾在德国容克飞机公司和美国柯蒂斯 - 莱特飞机公司深造，吸收了世界最先进的飞机设计理念。1937 年，堀越二郎运用自己所学习的先进技术，并结合日本海上作战的方式，设计出了零式战斗机。

零式战斗机是日本飞机设计的重要里程碑，它实现了多个第一，例如，首次采用全封闭可收放起落架、电热飞行服、恒速螺旋桨、超硬铝承力构造、大视界座舱和可抛弃的大型副油箱等。

在二战初期，零式战斗机以爬升率高、转弯半径小、速度快、航程远等特点压倒美军战斗机，但到战争中期，美军使用新型战斗机捕获它之后，其弱点被研究出——装甲薄弱，因此美军飞行员戏称其为“空中打火机”。

六、二战经典导弹

（一）德国 V1 式巡航导弹

在二战后期，纳粹德国为了向同盟国复仇，挽救自己行将败亡的命运，研制出一大批所谓的“复仇武器”，并用字母 V 开头，因为德语“复仇武器”一词（Vergeltungs Waffe）的首字母是 V。其中大多数都没能走出纸面设计的阶段，只有极少数的几种研制成功，并在战争过程中发挥了作用，其中就有 V1 式巡航导弹（图 3-82）——一种以脉冲式喷气发动机作为动力的无人驾驶高速飞弹，是目前公认的现代巡航导弹的鼻祖。V1 式巡航导弹由位于佩内明德基地的纳粹德国空间研究机构在二战期间研发成功，其设计目的是用来攻击英国的首都伦敦，由于它是德国 V 系列超级武器当中首个问世的，所以被命名为 V1 式巡航导弹。

图 3-82 V1 式巡航导弹

德国的 V1 式巡航导弹被大量用于进攻英国东南部的目标以及欧洲大陆上的各类目标，英国称其为“有翼飞弹”或是“飞机飞弹”。V1 式巡航导弹的长度为 7.9 米，采用中单翼，装配有一台简单的脉冲式喷气发动机，是由卡塞尔地区格哈德·费思勒股份有限公司的工程师罗伯特·吕赛尔领导的设计小组精心设计的。它采取斜轨发射，装有一个预设的制导装置，该装置能够引导导弹按照大致的指定方向飞行。发射重量总共为 2180 千克，其中 850 千克是“阿玛托”式高能炸药。导弹的弹体上安装有一种非常简单的烟筒状物体，这是一台“阿格斯”式推力装置，能够产生约 3000 牛的推力。这个装置可以将空气从前端吸入，进入一个瓣状活门样的装置，同时汽油被间隙地注入瓣状活门装置的后部；在每次燃烧周期完成后，空气通过活门又被再次吸入。

1944 年 6 月 13 日，也就是盟军进行诺曼底登陆后的一周，V1 式巡航导弹从部署在法国、荷兰海岸的代号为“滑板”的发射场起飞，对伦敦进行轰炸。在第一轮发射高峰中，德军总共发射了 9521 枚 V1 巡航导弹。而等到 1944 年 10 月，随着盟军的步步紧逼，德国的一线发射场陆续被盟军占领，于是 V1 式巡航导弹又开始转移发射阵地，转而袭击比利时安特卫普等地的盟军基地。第二轮发射高峰一共发射了 2448 枚导弹。直到 1945 年 3 月 29 日，最后一处 V1 式巡航导弹发射阵地被盟军占领。V1 式巡航导弹总共造成了 22892 人伤亡，其中大多数都是无辜平民。

（二）德国 V2 式弹道导弹

V2 式弹道导弹（图 3-83）是二战中德国在 V1 式巡航导弹的基础上研制的一种全新远程战略武器，也是世界上最早投入实战使用的弹道导弹。V2 式弹道导弹是在佩内明德研究中心的冯·布劳恩博士带领

图 3-83 V2 式弹道导弹

下研制出来的。与 V1 式巡航导弹有所区别的是，它的速度太快，而且是穿过大气层最终飞抵目标，在那个年代，一旦发射出去就无法截击，唯一的防御办法是搜索并提前破坏其发射场地。

德军研制 V2 式弹道导弹的主要目的之一是为了从欧洲大陆（又称为欧洲本土或简称大陆，是欧洲的主体大陆，不包括岛屿）直接攻击英国境内的目标。从 1944 年 6 月至 1945 年 3 月，德军共发射了 4320 枚 V2 式弹道导弹，其中 1120 枚用来攻击伦敦，2500 枚用来攻击欧洲大陆的各个目标，其余则用来在德国进行训练与试验。V2 式弹道导弹的出现拉开了新式作战的序幕，意味着各种新兴弹道导弹的战略、战术运用。

V2 式弹道导弹是单级液体火箭，采用当时较先进的程序和陀螺双重控制系统，推力方向由耐高温石墨舵片操纵执行。V2 式弹道导弹在工程技术上实现了宇航先驱的技术设想，对现代大型火箭的发展起到了承上启下的作用，是人类航天发展史上一个重要的里程碑。

二战期间出现的经典武器不计其数，但要说对后世的战争形态影响最大的经典武器，V1 式巡航导弹和 V2 式弹道导弹都会榜上有名。这两种武器分别开启了巡航导弹和弹道导弹的发展序幕，巡航导弹在当今世界的任何一场战争中都可以寻觅到身影，弹道导弹已成为各个大国维护国家安全的重要利器。而当弹道导弹与核武器组合在一起后，成了全世界各方势力之间确保互相摧毁、保证彼此制衡的重要力量，其深远的影响力不言而喻。

七、二战经典原子弹

（一）美国“小男孩”原子弹

图 3-84　“小男孩”原子弹

“小男孩”（Little Boy）原子弹（图 3-84）是二战期间美国研制的一款炸弹，也是人类历史上首次在战争中使用的核武器（美军原计划有 3 枚可用的原子弹，分别命名为“瘦子”“胖子”和“小男孩”，不过由于“瘦子”太长没办法用当时的轰炸机携带，所以它最终被取消了）。

1945 年 8 月 6 日，保罗·提贝兹驾驶 B-29“超级堡垒”轰炸机（美国波音飞机公司设计生产的四发动机重型螺旋桨轰炸机）在日本广岛上空 9400 米处投下“小男孩”原子弹，于日本当地时间早上 8 时 15 分在 550 米高度爆炸，这是原子弹首次应用于军事行动。“小男孩”原子弹爆炸后造成了巨大的人员伤亡，广岛遭受极大的破坏。

“小男孩”原子弹长 3 米，直径 0.71 米，重 4400 千克，填充物为铀 -235。“小男孩”原子弹使用枪式设计，将一块低于临界质量的铀 -235 以炸药射向三个同样处于临界的环形铀 -235，造成整块超临界质量的铀，引发核子连锁反应。“小男孩”装有 60 千克的铀 -235，其中只有约 1 千克在爆炸中发生了核裂变，释放的能量约相当于 13000 吨的梯恩梯（TNT）烈性炸药。日本共有约 7 万人直接死于“小男孩”原子弹的原爆，大约同等数量的人受伤。随后，又有大量的人死于核子尘埃放射引起的癌症，怀孕的妇女亦因为放射而出现流产，部分出生婴儿畸形发育。根据统计，截至 1999 年，死于“小男孩”原子弹的直接袭击及核辐射伤害的人数总计超过 20 万。目前，广岛市依然将相生桥附近地区列为放射污染区。

（二）美国“胖子”原子弹

“胖子”（Fat Man）原子弹（图 3-85）是人类历史上第二次在战争中使用的核武器，也是至今为止最后一次在战争中使用的核武器。

图 3-85　“胖子”原子弹

1945 年 8 月 6 日，在美军向日本广岛投放了“小男孩”原子弹后，同年 8 月 9 日，查尔斯·斯维尼驾驶 B-29“超级堡垒”轰炸机在长崎上空 9000 米投下了另一颗原子弹，即“胖子”原子弹，日本当地时间早上 11 时 02 分在 550 米高度爆炸。相比广岛而言，长崎地势多山，所以“胖子”爆炸造成的损伤比“小男孩”低。轰炸造成长崎市 23 万人口中的 10 万余人当日伤亡和失踪，城市约 60% 的建筑物被毁。约 4 万人直接死于“胖子”的原爆，约 25000 人受伤，约 7000 平方米的建筑物被夷平。之后，又有数万人死于核子尘埃放射引起的癌症。

“胖子”原子弹长 3.3 米，直径 1.5 米，重 4700 千克，填充物为钚。“胖子”原子弹是内爆式钚弹，处于低临界的球形钚，被放置在空心的球状炸药内，周围接上了 32 枚同时起爆的雷管。雷管接通起爆后，产生强大的内推压力，挤压球形钚。当钚的密度增加至超临界状况，引起核子连锁反应，造成核爆。“胖子”不能使用“小男孩”铀弹一类的枪式起爆，因为钚的自发中子比铀多很多，如果像枪式铀弹一样将数块钚结合，连锁反应会在裂变物料刚刚到达超临界时立即开始，产生的能量会把其余大量尚未进行裂变的材料炸开，造成释放能量大为下降而提前起爆。

“小男孩”和“胖子”这两颗原子弹的爆炸，再加上当时苏联于中国东北的军事行动，最终促使日本在 1945 年 8 月 15 日正式宣布接受《波茨坦公告》，无条件投降，二战至此结束。如果没有核武器的强大威慑力，虽然日本必败，但战争不会如此迅速地结束。

第三节　冷战时期核武器

平地一声惊雷起，万顷风雨加于身

二战后，美国人没能垄断核技术，在二战结束后的1949年，苏联人也试爆了第一颗原子弹，随后，英国、法国、中国、印度、巴西等国也先后拥有了核武器。在各国不遗余力的发展下，全世界的核武器数量很快就足以毁灭整个地球。冷战时期，曾有数次险些擦枪走火，引发核战争。以至于到了今天，核武器所引发的核战争已经成为全世界最可怕的潜在危机。

当然，核武器也是世界能够维持和平的重要因素。核战争的可怕后果是任何国家和利益集团都无法承受的，这也是二战结束之后，始终没有爆发新的世界大战的主要原因之一。可见，核武器不仅是最可怕的毁灭之力，也是最重要的制衡力量，相信在今后很长的一段时间里，核武器仍将会是对世界产生最重要影响的武器。

一、核裂变武器——原子弹与核聚变武器——氢弹

（一）苏联第一颗原子弹与氢弹

在二战结束后的最初几年里，美国是世界上唯一拥有原子弹的国家。曼哈顿工程区指挥官格罗夫斯基被誉为“原子将军”，他深知此项工程的浩繁、艰难和人力物力耗费之巨大，他曾说：“至少10年、20年之内，不会有哪个国家能自己造成原子弹。”但这次他的判断大错特错了。

在美国对日本广岛、长崎实施的核打击中，原子弹在实战中表现出巨大威力，举世震惊，也使苏联领导人斯大林受到了很大的刺激，立即决定不惜一切代价，加速苏联核武器的研制进程。

1946年12月24日，苏联第一座原子反应堆建成，并成功地实现了可控链式核反应。到1949年春，苏联已经掌握了足够的钚-239，几个月后即生产出第一颗原子弹РДС-Ⅰ（图3-86）。1949年8月29日凌晨4时，РДС-Ⅰ在苏联

图3-86　苏联第一颗原子弹РДС-Ⅰ

东部核试验基地爆炸成功，其威力约 2 万吨 TNT 当量。从此，美国独家垄断核武器的局面被打破，正在形成的冷战骤然升级。

苏联核研究之所以进展神速，除了科学家们的辛勤努力之外，谍报工作确实起到了十分重要的作用。被誉为苏联“原子弹之父”的库尔恰托夫曾坦诚地说：“在制造原子弹方面，苏联情报机关和科学家的功绩各占 50%。”

美国的核垄断只维持了 4 年零 1 个月，便被打破了。此后，两个超级大国展开了更为紧张的核竞争，历时达 40 余年，双方都拥有了彻底摧毁对方几十次的庞大核武库。正如奥本海默所说：“美国和苏联如同一个瓶子里的两只蝎子，每只都能置对方于死地，但都要冒着牺牲自己性命的危险。”

在苏联爆炸成功第一颗原子弹后，美国当局决定研制威力更大的氢弹以保持核优势。而苏联在得到美国研制氢弹的情报后，也开始着手组织力量投入研究氢弹的“管子”计划。

1953 年 8 月 12 日，苏联第一颗氢弹在北冰洋的弗兰格尔岛上爆炸成功，威力约为 40 万吨 TNT 当量。在美、苏核大国军备竞赛中，苏联率先掌握了氢弹武器。

（二）美国第一颗氢弹

当美国科学家马不停蹄地为研制新型氢弹奋战之时，从苏联传来的氢弹爆炸成功的消息令他们目瞪口呆。于是美国加快了研制氢弹的步伐，1954 年 3 月 1 日，在马绍尔群岛的比基尼环礁上爆炸成功了一颗绰号为“虾”的氢弹，威力达到了 1500 万吨 TNT 当量。爆炸后 6 小时，足以使人致命的放射性沾染区长 257 千米，宽 64 千米。

在这颗氢弹爆炸时，220 千米之外有一艘“第五福龙丸”日本渔船正在进行捕捞作业。他们都被西边天空突然出现的火球和亮光惊呆了，还以为是太阳从西边升起来了呢。正当他们看得有趣，并为此怪现象争议时，远处又传来了巨大的爆炸声。接着，晴朗的天空纷纷扬扬飘落下“大雪”——放射性尘埃。日本人立即开足马力返航，但为时已晚。后来，23 名船员都患上了可怕的疾病，其中一名日本船员半年后死亡，他是氢弹的第一个受害者。

美国经过一系列试验，具有重量轻、威力大特点的氢弹武器迅速实现武器化和批量生产。MK14 是提供给美国空军的第一种可投掷氢弹，随后又有 MK15、MK17、MK24 等可投掷氢弹武器装备空军。

（三）英国第一颗原子弹与氢弹

20 世纪 30 年代，英国科学界拥有一大批优秀的核物理学家，原子弹的研究工作起步并不比美国晚。早在 1940 年春，英国就成立了代号“穆德”的委员会开展原子弹研制工作。但由于英国国土狭小，二战期间在纳粹德国空军大规模、持续的轰炸下，难以找到一个能够平静地进行核研究的地方。因此，英国政府决定和美国合作研制核武器。虽然在合作中英国科学家基本掌握了制造原子弹的各种知识和技能，但美国人还有许多核心资料对英国人保密。

二战结束后，英国在美国的科研力量陆续回到本国。他们轻车熟路，在肯特郡赛文欧克附近的福特霍尔斯特和奥尔马斯顿建立了原子弹制造基地，在查德威克的领导下顺利开展核武器研究工作，很快掌握了原子武器的关键技术。

1952 年 10 月 3 日，英国在澳大利亚西海岸停泊的船上试爆了第一颗原子弹（图 3–87），TNT 当量为千吨级。大约 18 个月后，英国皇家空军便装备了实战型的原子弹。英国由此成为继美国、苏联之后的第三个有核大国，世界从此出现了“核俱乐部”的说法。

图 3–87　英国第一颗原子弹爆炸

在 1953 年和 1954 年苏联、美国相继成功进行氢弹试验后，英国不甘落后，很快制订了氢弹武器计划。

1957 年 5 月，英国在太平洋上的圣诞岛进行试验性氢弹爆炸，能量为百万吨 TNT 当量级别，成了第三个掌握氢弹技术的国家。

（四）法国走进“核俱乐部”

在世界“核俱乐部”成员中，法国排位第四。

二战期间，法国被纳粹德国军队占领，原本在欧洲处于前列的科研力量和设施都受到严重破坏。战后，总统戴高乐决心迎头赶上，抓紧进行原子弹的研制。著名物理学家、居里夫人的女婿约里奥·居里担任主要负责人。1960 年 2 月 13 日，在法属西非撒哈拉大沙漠的拉甘试验场，法国第一颗原子弹爆炸成功。这是一颗钚 –239 装料的原子弹，放置在一座 100 米高的铁塔上，爆炸威力达到了 6 万吨 TNT 当量。

当时美国、苏联和英国已经分别爆炸成功了各自的第一颗氢弹。法国总统戴高乐认为，只有拥有威力更强大的氢弹才称得上是核大国。由于法国的核科学研究和技术水平的限制，直到 1968 年 6 月 24 日，法国的第一颗氢弹才在太平洋的神秘岛上爆炸成功。

（五）中国罗布泊上空升起蘑菇云

在年轻的共和国成立之初，由于不断受到来自太平洋彼岸的核威胁、核讹诈，毛泽东等中央领导人为维护国家的安全和独立，只有一个选择：以牙还牙，制造出自己的核武器，打破敌手的核垄断。

1955 年，中共中央正式做出了发展原子能、研制原子弹的伟大决策。毛泽东指出："我们不仅要有更多的飞机和大炮，而且要有原子弹。在今天的世界上，我们要不受人家欺负，就不能没有这个东西。"

中国在发展原子能、研制核武器的初期，曾得到苏联的帮助。1958 年 6 月，在苏联专家帮助下，在北京附近地区建成了中国第一座试验性原子反应堆。6 月 13 日，反应堆达到临界。这座原子反应堆的热功率为 7000 ~ 10000 千瓦。回旋加速器也在该地区同时建成，它可以加速 α（阿尔法）粒子，使其能量达到 2500 万电子伏特。这两座装置的问世标志着中国开始跨进原子时代，是中国核工业和核武器发展的奠基礼。同年 7 月，中国科学院原子能研究所在北京郊区正式宣布成立，钱三强任所长，王淦昌、李寿楠任副所长。一批优秀的物理学家集中在这里，逐步发展成为中国第一个比较完整的综合性核科学技术研究基地，科研技术人员达 4000 多人，研究的学科有 20 多个，填补了中国一大批核科学研究的空白。

1959 年，中苏关系恶化，苏联毁约停援。中国核研究面临无比困难，但以毛泽东为核心的中央领导集体下定决心要自力更生搞尖端武器，并将原子弹计划定名为"596 计划"（为了牢记 1959 年 6 月 20 日，苏联单方面撕毁合约）。

造原子弹第一步要攻克的难关是理论设计。在理论研究室主任邓稼先的组织下，科研人员用落后的计算工具创造了人类奇迹。邓稼先和他的助手们创造出了一套中国式的理论设计方法——外推法。中国科学家靠自己的聪明智慧，独立地开拓了一条通向原子王国的捷径。1962 年下半年，原子弹的理论结构和工艺设计以及铀 -235 生产线各个环节的技术难关大都取得了突破性进展。1964 年 1 月，兰州铀浓缩厂传来捷报：可作为原子弹装料的高浓铀生产出来了。同年 5 月，中国第一套合格的铀 -235 部件问世。8 月 20 日，供首次核试验用的试验装置全部加工、装配、验收完毕，陆续运往罗布泊试验场。

10 月 16 日 10 时整，原子弹进入可随时起爆状态，设置在距离爆炸地几十千米的"721 高地"现场总指挥所里，张爱萍上将拨通直通北京周恩来总理办公室的电话报告："安装工作已经结束，一切顺利，请总理指示。"

"中央批准把'零时'定在今日 15 时，预祝你们成功。"周恩来的身边站着聂荣臻，他们在电话机旁等候很长时间了。

14 时 59 分 40 秒，主控站操作人员韩云梯按下了启动电钮，10 秒钟后，整个系统进入自控状态。“10,9,8,7,6，…，1，起爆！”

死一般寂静的罗布泊上空，突然喷出一道强光。闪光之后，一团巨大的火球腾空而起，接着是惊天动地般的轰鸣，雪白的烟雾在空中翻卷，地面上涌起的尘柱不断蹿高，烟雾和尘柱连在一起，形成云蒸霞蔚般的蘑菇云（图 3–88）——中国第一颗原子弹爆炸成功了！

图 3–88　中国第一颗原子弹爆炸后升起的蘑菇云

10 月 16 日晚 22 时，中央人民广播电台播发了中国爆炸成功第一颗原子弹的消息和《中华人民共和国政府声明》。该声明表达了中国政府对核武器问题的一贯立场，指出：“中国发展核武器，正是为了打破核垄断，最后消灭核武器。中国掌握核武器，完全是为了防御。”并郑重宣布，中国在任何时候、任何情况下，都不会首先使用核武器。在实现全面禁止和彻底销毁核武器的崇高目标前，中国政府和中国人民坚定不移地走自己的路，加强国防，保卫祖国，保卫世界和平！

1967 年 6 月 17 日 8 时 20 分，中国第一颗氢弹也在罗布泊爆炸成功了。氢弹爆炸成功后，毛泽东在接见一个科学家代表时兴奋地说：“新式武器，导弹、原子弹搞得很快，两年零八个月出氢弹，我们的发展速度，超过了美国、英国、苏联、法国，我们现在在世界上是第四位。”

继中国之后，以色列、印度和巴基斯坦先后跨入核门槛。

二、核潜艇

二战之后，世界各国海军十分重视新型潜艇的研制。核动力和战略导弹的运用，使潜艇发展进入一个新阶段。1955 年，美国建成的世界上第一艘核动力潜艇（简称核潜艇）“鹦鹉螺”号正式服役，水下航速增大了 1 倍多，而且能长时间在水下航行。1959 年前后，苏联也建成了核潜艇。1960 年，美国又建成了“乔治·华盛顿”级弹道导弹核潜艇，并在水下成功地发射“北极星”弹道导弹，射程超过 2000 千米。弹道导弹核潜艇的出现使潜艇的作用发生了根本性变化，它已成为活动于水下的战略核打击力量。此后，英国和法国也相继建成战略导弹核潜艇和攻击型核潜艇。

核潜艇指以核反应堆为动力来源设计的潜艇。由于这种潜艇的生产与操作成本极高，加上相关设备的体积与重量，只有军用潜艇采用这种动力来源。核潜艇的水下续航能力能达到 20 万海里，自持力达到 90 天。核潜艇的出现和核战略导弹的运用使潜艇发展进入了一个新阶段，装有核战略导弹的核潜艇是一支水下威慑的核力量，是陆海空三位一体战略核力量当中最为关键的一环。目前，世界上只有少数几个国家拥有核潜艇。

在核潜艇中，战略核潜艇主要是指弹道导弹核潜艇，而战术核潜艇通常是指攻击型核潜艇。弹道导弹核潜艇专门用来执行战略任务，主要任务是打击对方陆地的战略目标（城市、军事基地、交通枢纽等）。攻击型潜艇用于执行战役战术任务，主要进行机动性海战，执行护航、反潜、攻击水面舰船、布雷、侦察、输送蛙人等，也可向陆上近海目标进行攻击。

弹道导弹核潜艇的主要攻击武器是中远程弹道导弹和洲际导弹，大部分是核弹头，而鱼雷、防空导弹等是自卫武器。攻击型核潜艇的主要武器是鱼雷、巡航导弹、水雷，有的还有防空导弹、无人驾驶平台、蛙人运送舱等。当然，该类核潜艇也可以装备核鱼雷、核导弹和核水雷。

（一）战略核潜艇

1. 美国“乔治·华盛顿”级弹道导弹核潜艇

“乔治·华盛顿”级弹道导弹核潜艇（图 3-89）是美国第一代弹道导弹核潜艇，在 1958~1961 年间建造，共建造了 5 艘。

图 3-89　“乔治·华盛顿”级弹道导弹核潜艇

“乔治·华盛顿”级弹道导弹核潜艇庞大的上层建筑，是其外观上最明显的特征，从指挥台围壳前一直向艇艉延伸，覆盖 16 个弹道导弹发射筒。潜艇艏部为半球形，其上部布置着 AN/BQS-4 主动声呐基阵，下部布置着 AN/BQR-2B

被动声呐基阵。该级潜艇的指挥台围壳较大，围壳后部安装了 3 根潜望镜、雷达升降装置、电子对抗设备的升降装置、鞭状天线、无线电六分仪升降装置以及通气管升降装置的进气管等，围壳上装有围壳舵。该潜艇可发射“北极星”弹道导弹，另外还有 5 具 533 毫米鱼雷发射管。

2. 美国“伊桑·艾伦”级弹道导弹核潜艇

“伊桑·艾伦”级弹道导弹核潜艇（图 3-90）是美国在 1959~1963 年间建造的第二代弹道导弹核潜艇，为完成美国海军“北极星”弹道导弹计划的全部过程发挥了关键的衔接作用。

图 3-90 “伊桑·艾伦”级弹道导弹核潜艇——“萨姆·休斯顿”号

“伊桑·艾伦”级的耐压艇体采用了 HY-80 高强度钢，使其最大下潜深度可以达到 300 米，这个下潜深度成为其后美国海军各种型号弹道导弹核潜艇的标准下潜深度。在武器装备方面，该级艇装有 4 具 533 毫米鱼雷发射管，分为左右各 2 具布置，每舷的 2 具鱼雷发射管共用一个液压缸。导弹舱内装有 16 枚“北极星”A2 弹道导弹，后改装为“北极星”A3 型导弹。该级艇配备了 AN/BQR-7、AN/BQS-4B、AN/BQR-2B 等声呐。自 1963 年起，美国海军对该级艇进行改装之后，每艘潜艇的艏部又加装了一个声呐导流罩。

3. 美国“拉斐特”级弹道导弹核潜艇

“拉斐特”级弹道导弹核潜艇（图 3-91）是美国在 1961~1964 年间建造的第三代弹道导弹核潜艇，共建造了 31 艘，目前已全部退役。

图 3-91 “拉斐特”级弹道导弹核潜艇

“拉斐特”级弹道导弹核潜艇除装备 16 枚弹道导弹外，还携载 12 枚鱼雷用于自卫，均由位于艇艏的 4 具 533 毫米鱼雷发射管发射。“拉斐特”级弹道导弹核潜艇前 8 艘装备的是 16 枚“北极星”A2 导弹，后 23 艘装备“北极星”A3 导弹。后来，由于反弹道导弹武器的出现，美国海军决定将“拉斐特”级潜艇全部改为装备“海神”C3 多弹头分导重返大气层弹道导弹。1978 ~ 1982 年，美国海军又将该级艇的 12 艘改装为装载“三叉戟” Ⅰ型弹道导弹。

4. 美国“俄亥俄”级弹道导弹核潜艇

“俄亥俄”级弹道导弹核潜艇（图 3-92）是美国在 1976 ~ 1997 年间建造的弹道导弹核潜艇，共建造了 18 艘。截至 2018 年 9 月，所有同级艇均在现役，其中有四艘已改造为巡航导弹核潜艇。

图 3-92　“俄亥俄”级弹道导弹核潜艇

“俄亥俄”级弹道导弹核潜艇设有 24 具垂直导弹发射筒，其中前 8 艘装载“三叉戟” Ⅰ型弹道导弹，到第 9 艘“田纳西”号时则改为“三叉戟” Ⅱ型导弹（射程 12000 千米，圆概率偏差 90 米），前 8 艘后来也改用“三叉戟” Ⅱ型导弹。此外，被改装成巡航导弹核潜艇的 4 艘“俄亥俄”级改用“战斧”常规巡航导弹。除导弹外，各艇另有 4 具 533 毫米 Mk68 鱼雷发射管，可携带 12 枚 Mk48 型多用途线导鱼雷，用于攻击潜艇或水面舰艇。

5. 苏联 / 俄罗斯“杨基”级弹道导弹核潜艇

“杨基”级弹道导弹核潜艇（图 3-93）是苏联于 20 世纪 60 年代开始建造的第二代弹道导弹核潜艇，共建造了 34 艘。首艇于 1964 年 11 月开始建造，1968 年正式服役。该级艇可分为 3 个型号，包括“杨基” Ⅰ型、“杨基” Ⅰ型改进型以及“杨基” Ⅱ型。

“杨基”级潜艇是苏联第一种能够与美国战略潜艇导弹在装载数量上媲美的弹道导弹核潜艇，“杨基” Ⅰ型潜艇可携带 16 枚弹道导弹。

图 3-93 “杨基”级弹道导弹核潜艇

6. 苏联 / 俄罗斯“台风”级弹道导弹核潜艇

“台风”级弹道导弹核潜艇（图 3-94）是苏联于 20 世纪 70 年代开始建造的弹道导弹核潜艇，原计划建造 8 艘，最终建成了 6 艘。首艇于 1980 年 9 月下水，1982 年正式服役。

图 3-94 “台风”级弹道导弹核潜艇

“台风”级潜艇是典型的冷战时期的产物，其设计目的是为了达到“相互保证毁灭原则”。该级艇设有 20 具导弹发射管、2 具 533 毫米鱼雷发射管、4 具 650 毫米鱼雷发射管，可发射 SS-N-16 反潜导弹、SS-N-15 反潜导弹、SS-N-20 弹道导弹，以及常规鱼雷和“风暴”空泡鱼雷等。“台风”级潜艇可以同时齐射两枚 SS-N-20 弹道导弹，这在世界上所有弹道导弹核潜艇中是独一无二的。

（二）战术核潜艇

1. 美国“洛杉矶”级攻击型核潜艇

“洛杉矶”级攻击型核潜艇（图 3-95）是美国于 20 世纪 70 年代初开始建造

的攻击型核潜艇，主要用作反舰、反潜，以及为航空母舰战斗群护航。该级艇共建造了 62 艘，是美国海军有史以来建造数量最多的核潜艇。

图 3-95 “洛杉矶”级攻击型核潜艇

“洛杉矶”级攻击型核潜艇在舰体中部设有 4 具 533 毫米鱼雷发射管，可发射“鱼叉”反舰导弹、“萨布洛克”反潜导弹、“战斧”巡航导弹以及传统的线导鱼雷等。从“普罗维登斯”号开始的后 31 艘潜艇又加装了 12 具垂直发射器，可在不减少其他武器数量的情况下，增载 12 枚“战斧”巡航导弹。此外，该级艇还具备布设 Mk67 触发水雷和 Mk60“捕手”水雷的能力。

2. 美国“海狼”级攻击型核潜艇

“海狼”级攻击型核潜艇（图 3-96）是美国在 1989~2005 年间建造的攻击型核潜艇，原计划建造 29 艘，最终因造价过高而只建造了 3 艘。

图 3-96 “海狼”级攻击型核潜艇

“海狼”级攻击型核潜艇以静音性能出色而闻名。由于应用了现代的最新技术，该级艇在动力装置、武器装备和探测器材等设备方面堪称世界一流。“海狼”级攻击型核潜艇的艇体为长宽比 7.7 ∶ 1 的水滴形，接近最佳长宽比。艇壳使用的材料是 HY-100 高强度钢，使得下潜深度可达 610 米。“海狼”级攻击型核潜艇配有能透过冰层的侦测装置，可在北极冰盖下执行战斗任务。

3. 苏联 / 俄罗斯“奥斯卡”级巡航导弹核潜艇

“奥斯卡”级巡航导弹核潜艇（图 3-97）是苏联于 20 世纪 70 年代开始建造的巡航导弹核潜艇，共建造了 13 艘，首艇于 1980 年开始服役。

图 3-97　“奥斯卡”级巡航导弹核潜艇

“奥斯卡”级巡航导弹核潜艇的主要作战使命是以大量反舰导弹对敌方的大型航空母舰作战编队进行毁灭性打击。该级艇共装有 24 枚 SS-N-19 反舰导弹，最大射程为 550 千米。该级艇上还装有鱼雷发射管，可发射 53 型鱼雷和 65 型鱼雷。另外，它也可以使用 SS-N-15 型和 SS-N-16 型反潜导弹攻击敌方潜艇。该级艇还可用 65 型反舰鱼雷进行对舰攻击。该鱼雷采用主 / 被动声自导和尾流制导，可携带核弹头。

4. 苏联 / 俄罗斯“塞拉”级攻击型核潜艇

“塞拉”级攻击型核潜艇（图 3-98）是苏联于 20 世纪 80 年代初开始建造的攻击型核潜艇，共建造了 4 艘，目前仍然全部在役。

图 3-98　“塞拉”级攻击型核潜艇

“塞拉”级攻击型核潜艇装备的武器种类众多，包括 SS-N-16 型反潜导弹、SS-N-15 型反潜导弹、SS-N-21 型远程巡航导弹以及 53 型、65 型鱼雷和各种水雷等，而且携带数量也较多。“塞拉”级潜艇的动力主要由 2 座压水反应堆提供，其单堆输出功率为 200 兆瓦，回路采用的是 2 台涡轮发动机，输出功率为 95000 马力。另外，该艇上还有 2 套柴油发电机组和 2 组蓄电池作为备用，可以保证潜艇在应急和事故状态下的辅助用电，并推动潜艇应急航行。

三、战略轰炸机

战略轰炸机一般是指用来执行战略任务的中、远程轰炸机。它是战略核力量的重要组成部分，也是核武器的主要运载工具之一。它既能带核弹，也能带常规炸弹；既可以近距离投放核炸弹，又可远距离发射巡航导弹，还可作为战略进攻武器使用。

战略轰炸机是有核国家为提升国家的核打击能力，使国家的核打击方式多样化而研制的特种作战装备。战略轰炸机要求突破敌国的防空系统，或者至少要接近目标，然后将携带核弹头的对地导弹或核弹发射出去进行攻击。当然，有时候战略轰炸机也会挂载常规精确制导武器，实施外科手术式的打击任务。

二战末期，美国波音公司的 B-29“超级堡垒”轰炸机给人留下深刻印象，因为它把战争引向发动战争的日本本土，并让日本广岛和长崎这两座城市灰飞烟灭。这两次轰炸所造成的巨大破坏直接促使日本政府无条件投降，二战就此结束。尽管 B-29 型轰炸机在 1944 年 6 月才首次实施作战任务，但无论以任何标准来衡量，该机型绝对属于二战的决定性武器之一，并在冷战中继续成为一种威慑力量。

（一）美国波音 B-50“超级空中堡垒”轰炸机

波音的 B-50“超级空中堡垒”轰炸机（图 3-99）是最后一种活塞式发动机轰炸机，开始是以改进型 B-29 飞机的名义出现的。虽然没有赶上二战，但是正好赶上了冷战时代。

图 3-99　B-50“超级空中堡垒”轰炸机

在一段短暂的时期内，波音的 B-50“超级空中堡垒”轰炸机曾作为美国战略空军司令部的主力机型。作为一种重型轰炸机，在冷战时代，它曾经承担了美国冷战核武库中第一枚核炸弹的承运任务。该机是从 B-29 飞机发展而来的，但是采用了新材料和功率更大的发动机。B-50 轰炸机具有装运原子弹的能力，并且被期望用来执行远程任务。1949 年 3 月 2 日，B-50 轰炸机完成了首次环绕地球的不着陆飞行，总行程 37742 千米，用时 94 小时零 1 分钟。

按照最初的设计，B-50 轰炸机的炸弹舱是不能胜任 20 世纪 40 年代沉重的、钚基Ⅲ型核弹的装运任务的。在一架作战飞机上曾安装过体积最大、功率最大的往复式发动机，但是该发动机容易出现故障。早期的 B-50 轰炸机也曾遭受金属疲劳故障，虽然所有这些问题最终都被解决了，但是就在那时，美国战略空军司令部收到了能力更强的飞机。很多 B-50 轰炸机承担了在苏联外围的侦察任务，而其他一些 B-50 轰炸机被用于飞行机组人员的训练工作，或者用作气象侦察机。大多数 B-50 轰炸机被改装成了加油机，其最后一架飞机执行飞行任务是在越南战争期间。

（二）美国 B-2A“幽灵”轰炸机

B-2A“幽灵”轰炸机（图 3-100）并非一种特别快速、敏捷的战机，在高危战场环境下，它赖以生存的手段主要靠避免为敌方所发现和探测，进而也就避免了可能受到的攻击。B-2A 除了采用低可探测性的气动外形外，机体外表也涂敷着一层吸波材料，这些因素都使雷达波在照射其机体后被散射和吸收，而非强烈地往入射方向反射。一般战机的发动机置于机体下侧，也是反射雷达波的主要信号源，但 B-2A 的发动机半埋于机体上侧，其进气口边缘亦采用不易反射回波的锯齿形状，这些设计特征都是为尽可能减少反射信号。飞行时，轰炸机机尾的尾喷口高温射流具有强烈的红外辐射，也经过特别处理，高温尾气排出到环境中前需流经特别的通道，在经气冷和机体吸热后才释放到机体外，明显地减少了红外辐射。

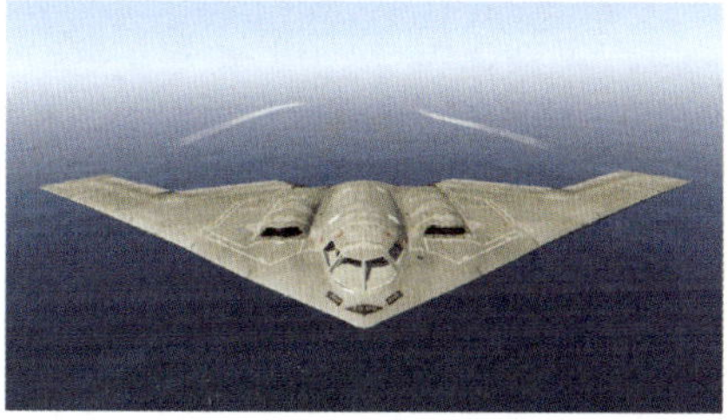

图 3-100　B-2A“幽灵”轰炸机

B-2A“幽灵”轰炸机研制于冷战末期，其最初的研究意图是为开发一种能够穿过、渗透苏联防空系统，深入后者腹地实施核攻击的先进轰炸机。该机型首飞于 1989 年，并于 1997 年正式进入美国空军服役。

作为人类有史以来制造的隐身性能最强的轰炸机，B-2A 的研制过程一波三折，在十多年的研制过程中，解决了包括航空器计算机辅助设计、机体外形隐身、吸波涂料、飞翼飞行器控制等多项技术难题。尽管 B-2A 隐形轰炸机造价、使用和维护费用昂贵，但它拥有的独一无二的隐身性能使这些投资显得物有所值。一项美国空军主持的研究表明，2 架 B-2A“幽灵”轰炸机执行任务的作战效能相当于 75 架其他轰炸机，这一难以置信的结论是综合考虑了战机的航程、负载、战场生存能力以及目标毁伤能力后得出结果。由于 B-2A 轰炸机能够在敌方无法探测的前提下从其防空严密的区域渗透突破，使得传统战斗机护航或攻击之前的防空压制任务不再必要。此外，出动战机架次的减少，还会进一步减少对空中加油、电子支援战机的作战支援需求。

B-2A 的负载能力并不突出，但配备精确制导弹药后，利用少量弹药同样能达到以往的毁伤效果，因此实际上它一次出击能够打击目标的数量并未减少。而用传统轰炸机执行类似任务时，不仅出动架次远多于 B-2A，考虑到战损以及航程等方面原因，它们所消耗的弹药和资源更多。

为了不破坏战机整体的低可探测性能，B-2A 机体外部未设置任何负载挂架，它所能搭载的弹药全部置于机体内的两个主负载舱内，一次出击最大可挂载 18.144 吨弹药，在弹药类型方面，包括核武器、常规弹药以及空投水雷等。根据不同弹药的形状，B-2A 负载舱内采用旋转式弹药挂架或普通的串列挂架装载弹药。

作为一款源自冷战军事需求的轰炸机，B-2A 为进入现役花费了太多时间，服役后也只经历了三次实战，期间它主要作为常规轰炸机和打击平台。1999 年巴尔干半岛战争期间，数架 B-2A 编成的攻击编队由美国本土基地出发，搭载联合直接攻击弹药经多次空中加油，直抵科索沃上空执行常规攻击任务，这次行动也是美国军用飞机首次在巴尔干地区使用该弹药；2003 年第二次伊拉克战争期间，美国向印度洋中的迭戈加西亚基地部署了 B-2A 轰炸机，并以此为基地对伊拉克的军事目标发动了攻击，至今仍有数架轰炸机驻扎于此。除上述两地区进行过作战任务外，它还参与在阿富汗境内针对塔利班的空袭。所有的这些行动中，没有一架战机被敌方探测和击落。近年来，只有一架部署于西太平洋关岛空军基地的 B-2A 在起飞时因故障而坠毁。

由于涉及高度的技术机密，目前 B-2A 轰炸机仅由美国空军所使用，并在未来也不太可能用于出口。目前，美国空军所拥有的不到 20 架的 B-2A 机群仍然是其战略空中力量的支柱，在下一代轰炸机问世之前，这种状况还将继续持续下去。美国空军也不断启动新的升级计划，以保持 B-2A 的先进性。这些升级包括为它配备增强型雷达、通信和航电系统，未来也有可能在现有 B-2A 轰炸机的基础上进行更多的改进。

（三）苏联图-95 轰炸机

图-95 轰炸机（图 3-101）共制造了 2 架原型机。由于库兹涅佐夫设计局的 2TV-2F 型涡轮螺桨发动机 [每台额定功率 12000 马力（8947 千瓦）] 未能获得飞行许可，使得首架原型机——图-95/1 的飞行计划一再推迟，最后直到 1955 年 9 月才开始试飞。尽管飞机有着严重的发动机 / 螺旋桨问题（也许正是这个原因，导致首架原型机坠毁），但图-95/1 在试飞中所显示出的整体性能及操控特性还是比较令人满意的。继首架原型机制造完毕之后，图波列夫设计局推出了第二架原型机图-95/2 型，该机配置 4 台 TV-12 型涡轮螺桨发动机，每台起飞功率 12000 马力（8974 千瓦）。1955 年 2 月，图–95/2 原型机进行了首次试飞。此后，图波列夫设计局共推出了 10 架飞机用于静态试验。新型轰炸机已于 1956 年 4 月装备部队，军方将其命名为图–20 型轰炸机，而设计局则将其命名为图–95M 型轰炸机。不久后，北约在报道该型轰炸机时称之为“熊”–A 型轰炸机。

图 3–101　图–95 轰炸机

随后，图波列夫设计局又推出了数种重要的图–95“熊”式轰炸机机型，经过优化配置来实施海上与战略侦察任务，比最初要求的水平轰炸及导弹发射平台任务更为重要。在图–95 系列轰炸机中，首种装备导弹的机型为图–95K–20“熊”–B 型轰炸机，其中，第一架图–95K–20 是由现有的图–95M 型改装而成，随后按照这一标准再重新制造新机型。1961 年，第一架图–95K–20 型轰炸机制造完毕，在经过改进的武器舱内以半嵌入方式携带 1 枚米高扬 – 古列维奇公司出品的 Kh–20 型空对地导弹。

从 1962 年开始，图–95K–20 型轰炸机再次接受改装，在机头上方安装空中加油受油探管，并重新命名为图–95KD 型。后来，一些飞机在后机身右侧安装侧面整流罩，内部安装了电子情报系统，用来实施战略侦察任务。此后，由于 Kh–20 型导弹已经变得落后，因此图波列夫设计局对其中一部分飞机再次按照不同标准实施改进，其中一些飞机拆除了空中加油受油探管，用来进行机组人员训练任务。

后来，图–95 系列轰炸机得到了进一步发展，推出了除执行轰炸与导弹发射任务外不同任务的系列机型，包括于 1963 年推出的图–95KM“熊”–C 型飞机，专门用来实施海上侦察与电子情报收集任务。1966 年，图波列夫设计局推出了图–95RT“熊”–D 型飞机，主要实施海上多传感器侦察与导弹支援任务。在 20 世纪 60 年代后期，设计局又推出了图–95MR“熊”–E 型飞机，主要实施多传感器侦察任务。此后，在图–95K–20 型和图–95KM 型标准机型基础上改装成了图–95K–22“熊”–C 型飞机，该机型为电子情报收集与导弹发射平台，机翼下方内侧的坚固吊架上携带 2 枚 Kh–22 型导弹，该种导弹与新式“下拍”雷达一道使用，雷达天线部署在机头圆顶雷达天线罩内，天线罩与早期机型仅稍有不同。

在图-95系列轰炸机的发展过程中，最后推出的机型为图-95MS"熊"-H型，由于要生产该机型以及图-142"熊"-F型轰炸机，图波列夫设计局于1983年重新启动了生产线。图-95MS型轰炸机共生产了大约80架，从1984年开始装备部队，共分为两种子机型，第一种为图-95MS-6"熊"-H6型轰炸机；第二种为图-95MS-16-H16型轰炸机。1992年，图-95MS-16型轰炸机结束生产，宣告了图-95系列轰炸机的生产全部结束。

（四）苏联/俄罗斯图-160轰炸机

图-160轰炸机（图3-102），北约称之为"海盗旗"，除了尺寸更大外，它的外形和结构在很多方面都与美国B-1B"枪骑兵"轰炸机非常相似。在苏联解体前，苏联空军仅拥有少量这种重型轰炸机。苏联解体后，俄罗斯空军继承了这些轰炸机，但由于资金短缺，在相当长时间内，俄军都未再采购新的"海盗旗"轰炸机。

图3-102　图-160轰炸机

虽然图-160是一款服役时间较短的轰炸机，但按今天的标准看来，它的航电系统和飞行控制系统仍略显简单。它的座舱未采用现代的多功能显示屏和抬头显示器，而仍采用传统的电子机械式仪表和大量的按钮、开关。

飞行员控制战机飞行时使用操纵杆，这更像在驾驶战斗机。目前，该机的生产和改进仍在继续进行，但由于研制、生产时间拖得较长，致使每架战机的内部都因配备了不同的设备而略有不同。

图-160轰炸机具备空中加油能力，这极大地拓展了该机的航程。即便不进行加油，在以巡航速度（0.77倍音速）飞行时，它也拥有近15小时的飞行时间。战机的设计虽然也融合了一些低可探测性元素，但这并不意味着它就是一种隐身轰炸机。和B-1B一样，它的主要任务是搭载弹药飞至投放点，主要依赖其飞行速度和高度来规避敌方的探测和拦截。在高空打开发动机的加力燃烧后，其最大飞行速度可达到2.05倍声速。

图-160 轰炸机可投掷巡航导弹或短程核（常规）精确弹药，战机在最大航程 3000 千米时，能挂载 12 枚 KH-55M 核巡航导弹。导弹挂载在机身内部的两个负载舱内，负载舱也采用旋转式挂架，除核导弹外，它也可挂载常规弹药。为提高弹药的负载，战机也可在机身外挂载更多弹药，当然，这也将增加战机的阻力，降低其飞行速度。

目前，全球仅有俄罗斯空军装备着这种重型轰炸机，苏联解体时，乌克兰也曾继承了部署于该国境内的多架“海盗旗”轰炸机，但由于维护费用高昂不得不转卖给俄罗斯。20 世纪 90 年代时，俄军装备的“海盗旗”机群也备受资金短缺的困扰，多架战机因年久失修而报废并失去作战能力。但目前加大资金投入后，已使俄军仅有的少量该型战机重新获得作战能力，并开始担负在北极地区以及北大西洋上空的作战值班，这与冷战时期的作战值班飞行非常相似。由于该机型可视作俄罗斯装备的最先进的轰炸机，因此少量新生产的该型战机也于近年来进入俄军服役。同时，以该型战机为基础的现代化改装项目也已开始，具体改进主要包括为轰炸机配备最新的飞行控制系统和航电系统，加装目标指示设备使其能使用激光制导弹药和 GLONASS 制导炸弹；此外，俄罗斯还计划为战机涂装新的吸波涂料，降低战机的雷达反射面积，虽然这并不会使它成为一款真正的隐形轰炸机。

尽管目前俄罗斯经济状况好转，俄军方亦重新获得大量军备资金投入，但由于过去积累的欠账过多，想因此而重新大量采购装备图-160 轰炸机仍不现实，故而保持目前的低生产速度并对以往机型进行改装仍将持续下去。作为一种重型战略轰炸机，“海盗旗”对外输出明显不太可能，俄军不愿意出口这种现役的主要装备，也很少会有国家愿意并有能力购买这种大型装备。因此，利用出口“海盗旗”获得资金，以支持该型战机的进一步发展，在未来新型轰炸机开发取得进展前，仍不太现实。考虑到要开发一款全新的战略轰炸机需时不短，因此在可预见的将来，本已老迈的“海盗旗”轰炸机还将继续服役相当长的时间。

第四章　现代武器

自冷战结束后，尤其是进入 21 世纪以来，随着信息技术的飞速发展及其在军事领域的广泛应用，一场以信息化为核心的世界军事变革正在全世界范围内迅猛发展，在海、陆、空的全方位军事装备领域内，一大批令人目眩的新型武器装备应运而生，其信息化、智能化、电子化、微型化和隐蔽性、精确性、多用性、全能性，令人叹为观止。各种高精尖武器不断问世，为现代武器打上了信息时代高新技术的烙印。

第一节　现代轻武器

沙场任驰骋，危在旦夕间！

轻武器是指可以由人员携带的武器，主要是单兵作战武器，如手枪、单兵自卫武器、冲锋枪、突击步枪、狙击步枪、轻机枪、单兵火箭、各型枪弹、手榴弹、地雷等；其次是由少数人分解携行的武器，如榴弹发射器、重机枪等。在轻武器中，各种枪支又占有重要成分，也是单兵作战的主要武器，它一般是指口径在 20 毫米以下、利用火药气体压力发射弹头的武器。有时也可将轻型可携行的火炮、反坦克导弹、肩射防空导弹等作为轻武器。

一、现代经典手枪

（一）美国 / 意大利 M9 手枪

M9（图 4-1）是由意大利伯莱塔公司为美国空军所研制的一款手枪，于 1985 年被美军选为制式手枪，并在各个特种部队中服役。

图 4-1　M9 手枪

M1911 手枪对美国军队来说已经算得上是老枪了，自 1911 年开始在美军服役，虽然各个方面都很优秀，但毕竟是旧时代的手枪。基于此，1978 年美国空军提出了要采用新型手枪来取代 M1911 手枪的要求。之后，意大利伯莱塔公司向美国空军推销自主研发的伯莱塔 92FS 手枪，并大获成功。1985 年，美国空军将伯莱塔 92FS 手枪选为制式武器，并正式命名为 M9 手枪。

M9 手枪在风沙、尘土、泥浆及水中等恶劣战斗条件下适应性非常强，其枪管的使用寿命高达 10000 发。它从 1.2 米高处落在坚硬的地面上不会出现偶发。即使在战斗中损坏，较大故障的平均修理时间也不超过半小时，小故障不超过 10 分钟。

（二）美国柯尔特“蟒蛇”左轮手枪

“蟒蛇”左轮手枪（图 4–2）是柯尔特公司在其诞生 150 周年时推出的，得到不少美国警察和监狱狱警的青睐。

图 4–2　柯尔特“蟒蛇”左轮手枪

在设计“蟒蛇”左轮手枪的时候，最初的想法是准备把该枪设计成为一种加强型底把的 9.65 毫米口径特种单 / 双动击发的比赛级左轮手枪，结果由于偶然的决定，最后造就了一支以精度和威力著称的 9 毫米口径经典转轮手枪。1955 年，柯尔特公司正式生产并推出了这款 9 毫米口径“蟒蛇”左轮手枪。

最初的“蟒蛇”左轮手枪有皇家蓝色和镀光亮镍两种颜色，之后又推出了不锈钢和皇家蓝色。“蟒蛇”左轮手枪的扳机在完全扳上时，弹巢会闭锁以便于撞击子弹底火，在弹巢和击锤之间相差的距离较短，使扣下扳机和发射之间的距离缩短，以提高射击精度和速度。

“蟒蛇”左轮手枪在 1955 年推出后不久就立即占据了执法部门的市场。然而，由于执法部门的需求不断出现变化，“蟒蛇”连同其他左轮手枪一样开始没落。当执法机构意识到，9 毫米半自动手枪发射的手枪子弹同时具有类似于 .38Special 子弹（9 毫米）的特点和具备左轮手枪通常没有的弹容量，他们开始改变对于手枪种类的选择。由于销量开始下降和生产成本不断上升，柯尔特公司终于在 1999 年 10 月宣布停止量产“蟒蛇”。虽然目前的“蟒蛇”左轮手枪仍然在市场上十分流行，但是价格变得越来越高。

（三）以色列“沙漠之鹰”手枪

“沙漠之鹰”（图 4–3）是以色列军事工业公司生产的一款手枪，也是世界上著名的大口径、大威力手枪，时常出现在诸如反恐

图 4–3　“沙漠之鹰”手枪

精英之类的射击游戏中。

1979 年，美国马格南研究所计划设计一种打靶或打猎的专用手枪，将该计划称为“马格南之鹰”。不过，当时由于马格南研究所的资金不是很充足，于是与以色列军事工业（IMI）合作。IMI 公司接手该计划后，经过反复试验和不断改进，完善了该枪的设计，并于 1985 年得到了设计专利，同时更名为“沙漠之鹰”。1992 年，“沙漠之鹰”手枪由 IMI 公司生产零件，马格南研究所负责组装。

“沙漠之鹰”手枪有多种口径，其中最大为 12.7 毫米。它在射击时会产生很大的噪音，而且后坐力极大，故障率也较高。过高的杀伤力也是军方和警方对该枪的兴趣大大降低的原因之一。因为这样无论是对射手还是射手旁边的人都存在很高的安全隐患，所以在军队中和警方中该枪使用率并不高，不过，还是有较多的特战队员对其非常喜爱。

IMI 公司生产了“沙漠之鹰”手枪后，原本称作杰里科的手枪现在被称作“小沙鹰”。它采用标准的手枪设计——双动模式和短后坐行程的设计，使用 0.41 英寸 AE 子弹。这种子弹使用缩缘式弹壳，另外，0.41 英寸 AE 子弹与 0.41 英寸马格南子弹的底缘、退壳沟槽和 9 毫米子弹相差无几。这使得相同的退壳器和抛壳顶杆能够在两种子弹上共同使用。

目前，“沙漠之鹰”手枪有多种口径。修改口径只需要相搭配的枪管、枪机和弹匣，因此在野外能迅速地完成换装以射击其他口径子弹。该枪枪管上已经做好了瞄准镜的基座，可以轻易地装上瞄准镜。

二、现代经典冲锋枪

（一）德国 HK MP5 冲锋枪

HK MP5（图 4-4）是由德国黑克勒-科赫（HK）公司设计生产的一款冲锋枪，几乎是世界各国特种部队必备装备之一。此外，多国的军队、保安部队和警队都将其作为制式枪械使用，因此它具有极高的知名度。

图 4-4　HK MP5 冲锋枪

1964 年，为方便士兵在狭窄地形作战，HK 公司计划设计“浓缩”版 HK

G3 突击步枪，并将该计划称为“HK54 冲锋枪项目”。该项目生产出来的第一款冲锋枪被德国军方率先采用，并命名为 MP5。

1977 年 10 月 17 日，德国 GSG-9 在库加迪沙反劫机行动中使用了 MP5，4 名恐怖分子均被 MP5 击中，3 人当即死亡，1 人重伤，人质获救，MP5 在近距离内的命中精度由此得到证明。此后，德国各州警察相继装备 MP5，而国外的警察、军队特别是特种部队都注意到 MP5 的高命中精度，于是出口逐渐增加。时至今日，MP5 几乎成为反恐特种部队的标志。目前，世界各国特种部队和特警队使用的型号主要为 MP5SD 和 MP5K。

HK MP5 冲锋枪采用了与 HK G3 突击步枪一样的半自由枪机和滚柱闭锁方式。当武器处于待击状态在机体复进到位前，闭锁楔铁的闭锁斜面将两个滚柱向外挤开，使之卡入枪管节套的闭锁槽内，枪机便闭锁住弹膛。射击后，在火药气体作用下，弹壳推动机头后退。一旦滚柱完全脱离卡槽，枪机的两部分就一起后坐，直到撞击抛壳挺时才将弹壳从枪右侧的抛壳窗抛出。

（二）比利时 FN P90 冲锋枪

FN P90（图 4-5）是由比利时列日市赫斯塔尔国家兵工厂（FN 公司）设计并生产的一款冲锋枪，属于个人防卫武器类别的一种枪械。P90 是全名“Project 90”的简写，即 20 世纪 90 年代的武器专项。

图 4-5　FN P90 冲锋枪

二战结束后，由于突击步枪的兴起，使得冲锋枪从一线战场下来，成为二线后勤人员的配备。当时的冲锋枪大部分采用口径为 7.62 毫米的枪弹。这种枪弹威力大，但携带多了显得非常笨重，不太适合二线人员使用。基于此，该公司开发出了一种新型枪弹——SS90 枪弹，并推出了发射它的冲锋枪——FN P90 冲锋枪。此外，FN 公司还推出了发射该弹的手枪——FN57 手枪。

FN P90 冲锋枪的枪身重心靠近握把，有利于单手操作并灵活地改变指向。经过精心设计的抛弹口，可确保在各种射击姿势下抛出的弹壳都不会影响射击。水平弹匣使得 FN P90 的高度减小，卧姿射击时可以尽量俯低。

此外，FN P90 冲锋枪的野战分解非常容易，经简单训练就可在 15 秒内完成不完全分解，方便保养和维护。FN P90 冲锋枪能够有限度地同时取代手枪、冲锋枪及短管突击步枪等枪械。它使用的 5.7 × 28 毫米子弹能把后坐力降至低于手枪，而穿透力还能有效击穿手枪不能击穿的、具有四级甚至五级防护能力的防弹背心等个人防护装备。

（三）以色列乌兹冲锋枪

乌兹（Uzi）冲锋枪（图 4-6）是由 IMI 公司生产的。时至今天，以色列的常规部队已将乌兹冲锋枪除役，但它仍是特种部队最好的近战武器之一。

图 4-6　乌兹冲锋枪

第一次中东战争（1947 年 11 月 ~ 1949 年 3 月）爆发后，以色列开始寻求一种适用于高级军官、二线后勤人员的自卫武器。1948 年，以色列国防军少校乌兹・盖尔设计出了一款性能优越的冲锋枪。该枪于 1951 年生产，在 1956 年第二次中东战争中服役，并取得令人满意的效果，其后开始量产。为纪念设计者，后人将这种冲锋枪命名为乌兹冲锋枪。

乌兹冲锋枪最突出的特点是和手枪类似的握把内藏弹匣设计，使射手在与敌人近战交火时能迅速更换弹匣（即使是黑暗环境），保持持续火力。不过，这个设计也影响了全枪的高度，导致卧姿射击时所需的空间更大。此外，在沙漠或风沙较大的地区作战时，射手必须经常分解清理乌兹冲锋枪，以避免射击时出现卡弹等情况。

除标准型乌兹冲锋枪外，乌兹还有多种不同长度及半自动的衍生型。这些衍生型现在仍是多个特种部队及执法部门的常用武器之一。德国联邦国防军在 1959 年起装备合法生产型的乌兹，命名为 MP2，直至现在才开始被 MP7 取代。斯里兰卡在 20 世纪 90 年代进口了数百把迷你乌兹及乌兹卡宾枪，现在它们仍是斯里兰卡陆军特种部队及特警的武器之一。

三、现代经典突击步枪

（一）苏联 / 俄罗斯 AK-47 突击步枪

AK-47（图 4-7）是苏联著名枪械设计师米哈伊尔・季莫费耶维奇・卡拉什尼科夫在 20 世纪 40 年代所设计的一款突击步枪，是目前世界上知名的突击步枪，目前仍在许多国家的军队和执法机构中服役。

图 4-7　AK-47 突击步枪

19 岁时，卡拉什尼科夫应征入伍，加入苏联军队，由于热爱机械，并喜欢钻研技术，所以被推荐去学习军械技术。1941 年，卡拉什尼科夫在苏德之战中受伤，身负重伤的他被送到后方医院救治。在医院中，伤员们的谈话激发了他设计一种全新自动步枪的奇想，并在住院期间，翻阅了不少轻武器书籍，从中学习到大量相关知识。1947 年，卡拉什尼科夫设计出了一款新型突击步枪，并通过了苏联军方的测试，成为苏军制式装备，同时被命名为 AK-47。

AK-47 突击步枪最大的特点在于其简单的结构。这使得它不但易于分解、清洁和维修，而且使用起来也更加简便。同时，这样的结构还造就了该枪可靠、耐用的特性，在连续射击时即便有灰尘等异物进入枪内也能继续正常运作，且具备良好的恶劣环境适应能力。

AK-47 突击步枪最大的缺点在于精确性。由于全自动射击时枪口上扬严重，枪机框后坐时撞击机匣底，其枪机抛壳口的设计令其较难安装皮卡汀尼导轨，机匣盖的设计导致瞄准基线较短、瞄准具设计不理想等缺陷，大大影响射击精度，对 300 米外的目标难以准确射击，连发时的精度更低。实际上，AK-47 只可以满足以城市战和遭遇战为主的较近距离上战斗的要求。

现在 AK-47 已经远远超出了一支步枪甚至是武器的影响范围。除成为许多游戏和影视中的常客外，它还成为一种象征和符号，甚至被绘在了非洲国家莫桑比克的国旗上。在 20 世纪 70 年代，民间曾流传着这样一句俏皮话："美国出口的是可口可乐，日本出口的是索尼电器，而苏联出口的则是卡拉什尼科夫（意指 AK 系列）。"

不过，根据苏联的统计，全球使用的 AK-47 系列步枪中高达 90% 都是仿制品，真正由苏联正规生产的仅占总数的 10% 左右。更让人惊异的是，AK-47 的生产商俄罗斯伊兹玛什武器制造厂居然破产了。但即便伊兹玛什破产，也不会让 AK-47 这一武器品牌消失。

俄罗斯人对伊兹玛什公司重组后 AK-47 的前景也非常期待。有俄罗斯品牌专家估计，AK-47 的品牌价值甚至高达 100 亿美元，如果运营得当的话，甚至有很大潜力增长到 1000 亿美元。而且该品牌价值的评估范围也完全超越了武器。伊兹玛什公司的董事长兼总经理表示计划向 AK-47 的设计者卡拉什尼科夫买断 AK-47 的品牌所有权，然后在这个品牌下生产以及通过品牌授权的方式生产其他民用产品，范围甚至包括服装及日用品等。

（二）美国 M16 突击步枪

M16（图 4-8）是由尤金・斯通纳设计的一款突击步枪，是美国最优秀的突击步枪之一。自 20 世纪 60 年代以来一直是美国陆军的主要步兵武器，现由柯尔特公司生产。

图 4-8　M16 突击步枪

1957 年，美军在装备 M14 自动步枪后不久就正式提出设计新枪。阿玛莱特公司的尤金・斯通纳将 7.62 毫米口径 AR-10 步枪改进为 5.56 毫米口径 AR-15 步枪，进而从竞标中胜出。随后，AR-15 经过了一系列改进，并将生产权卖给了柯尔特公司。1964 年，美国空军正式装备该枪并将其命名为 M16。

M16 主要分成三代。第一代是 M16 和 M16A1，于 20 世纪 60 年代装备，使用美军 M193/M196 子弹，能够以半自动或者全自动模式射击。第二代是 M16A2，在 80 年代开始服役，使用比利时 M855/M856 子弹（5.56×45 毫米北约标准口径弹药）。第三代是 M16A4，它是美伊战争中美国海军陆战队的标准装备，并越来越多地取代了之前的 M16A2。

由于 M16 在试验与评价都不够充分的情况下便装备部队，致使其在战场上频频出现故障，导致评价极差，但问题很快得到了解决。目前，美军使用的 M16 大部分都是能够半自动射击和 3 发点射的，极少使用全自动版本，因为全自动版本的 M16 会因连发射击导致准星偏移，变得极不精确，且浪费弹药。因此，全自动版本 (M16A3 等) 通常只配发给某些特殊部队。

（三）比利时 FN SCAR 突击步枪

FN SCAR（图 4-9）是 FN 公司设计并生产的一款突击步枪。该枪目前已在许多国家的特种部队中服役。

图 4-9　FN SCAR 突击步枪

21 世纪初，美军特战司令部发出了新型突击步枪的招标信息。2004 年，FN 公司带着其新产品 FN SCAR 突击步枪，参与了此次招标的竞争。

2007 年 9 ~ 11 月期间，美国陆军于亚伯丁测试场对 SCAR 突击步枪进行一项沙尘测试，并与 M4 卡宾枪、HK416 和已停止开发的 HK XM8 同台竞技。这 4 种枪型各取 10 支，总计发射 6 万发子弹，目的是评定 M4 步枪的枪械性能。在该次测试中，SCAR 突击步枪卡弹 226 次，逊于 XM8 的 127 次卡弹，比 M4 卡宾枪的 882 次和 HK 416 突击步枪的 233 次要好。之后，美军采用了 FN SCAR 突击步枪。

SCAR 的机匣由上下两个部分组成，用两个十字销连接在一起，其中上机匣采用铝冲压制成，下机匣则主要采用聚合物材料制成。SCAR 枪族有两种版本，即轻型版（SCAR-L）和重型版（SCAR-H）。两个版本的上机匣基本相同，只是抛壳窗的尺寸有些差别。其他不同之处主要包括与口径不同有关的枪机设计、枪管、与弹匣一体的下机匣以及弹匣等。

四、现代经典狙击步枪

（一）美国巴雷特 M82 狙击步枪

巴雷特 M82（图 4-10）是由美国巴雷特公司设计生产的一款重型特殊用途狙击步枪，西方国家的军队几乎都有使用。它是一款地地道道大口径、大威力狙击步枪。

图 4-10　巴雷特 M82 狙击步枪

12.7×99 毫米北约制式大口径枪弹是勃朗宁于 1910 年研制的，主要供 M2 重机枪使用，用以击穿敌方轻、中型装甲。不过，M2 重机枪太过于笨重，不适合单兵携带。

鉴于此，20 世纪 70 年代末期，朗尼 · 巴雷特计划着设计一种适用于单兵作战、使用 M2 雷机枪枪弹的狙击步枪。之后，1982 年，巴雷特成功设计出了满足要求的狙击步枪，命名为巴雷特 M82。

巴雷特 M82 具有超过 1500 米的有效射程，甚至有过 2500 米的命中纪录，超高动能搭配高能弹药，可以有效摧毁雷达站、卡车、战斗机（停放状态）等战略物资，因此也称为“反器材步枪”。由于 M82 可以打穿许多墙壁，因此也被用来攻击躲在掩体后的人员，不过这并不是主要用途。除了军队以外，美国很多执法机关也钟爱此枪，包括纽约警察局，因为它可以迅速拦截车辆，一发子弹就能打坏汽车引擎，也能很快打穿砖墙和水泥，适合城市战斗。美国海岸警卫队还使用 M82 进行反毒作战，有效打击了海岸附近的高速运毒小艇。

（二）英国 AW 狙击步枪

AW（图 4-11）是由英国精密国际公司设计并生产的一款狙击步枪，目前在数十个国家的军队中服役，并且还大受民间射手的喜爱。

图 4-11　AW 狙击步枪

李－恩菲尔德步枪是英军20世纪80年代之前主要的作战武器之一，尤其是在二战期间，它还被充当狙击步枪使用。由此可见，该枪在英军有着不俗的地位，但毕竟是20世纪的产物，无法与当时“高科技”狙击步枪相提并论。

为了取代它，1982年英军开始为新型狙击步枪招标。在众多军械公司中，精密国际公司PM狙击步枪技压群雄，获得胜利。同年，该枪被英国军方正式列装，代号L96A1。次年，精密国际公司对PM狙击步枪进行了升级，并更名为AW狙击步枪，之后，“AW”这一词成为精密国际公司步枪系列的专用名称。

AW狙击步枪枪机具有防冻功能，即使在零下40摄氏度中仍能可靠地运作，而这一点也是英军特别要求的。事实上，“北极作战”的名称便源于其在严寒气候下良好的操作性。

AW能达到0.75 MOA的精准度，据说在550米距离上发射船形尾比赛弹的散布直径能小于51毫米。北约测试中心曾进行了25000发的可靠性测试，表明AW的枪管非常耐用。在不降低狙击精度的情况下，其枪管寿命可达5000发。

作为世界上最著名的狙击步枪之一，AW系列经常出现在各类影视剧中，其中，AW基本型曾出现在《生化危机：启示录》《曼谷杀手》和《刺杀游戏》等影片中。

五、现代经典轻机枪

（一）苏联/俄罗斯RPK轻机枪

RPK（图4-12）是由苏联枪械设计师卡拉什尼科夫设计的一款轻机枪，虽然已有近50年的历史，但仍是世界多国的主要装备之一。

图4-12　RPK轻机枪

诞生于 1943 年的 RPD 轻机枪无疑是苏联军队在二战期间最好的武器之一。战争结束后，该枪仍在苏军服役了相当长的一段时间。随着技术的不断发展，战争形势的不断变化，RPD 已经不能完全满足苏军需求。之后，军方委托以设计 AK-47 突击步枪出名的枪械设计师卡拉什尼科夫设计一款新型轻机枪。得到该任务后，卡拉什尼科夫以 AKM 突击步枪为基础设计出了 RPK 轻机枪。

RPK 轻机枪是以 AKM 突击步枪为基础发展而成的，它具有重量轻、机动性强和火力持续性好的特点。与 AKM 突击步枪相比，RPK 轻机枪的枪管有所增长，而且增大了枪口初速。该枪的弹匣由合金制成，并能够与原来的钢制弹匣通用，后期还研制了一种玻璃纤维塑料压模成型的弹匣。该枪的护木、枪托和握把均采用树脂合成材料，以降低枪支重量并增强结构。RPK 轻机枪还配备了折叠的两脚架以提高射击精度，由于射程较远，其瞄准具还增加了风偏调整。

（二）美国 M60E3 轻机枪

M60E3（图 4-13）是由美国萨科防务公司生产的一款轻机枪，是 M6D 的改进版，目前已成为一种重量更轻、用途广泛的轻机枪。

图 4-13　M60E3 轻机枪

M60 通用机枪是美军在越南战场中的制式机枪，因其火力持久而颇受美军士兵喜爱，但它的缺点也很多，包括更换枪管困难、归零困难和重量过大等。为了改进 M60 通用机枪，1980 年，萨科防务公司根据美国海军陆战队对轻机枪的要求，在 M60 通用机枪的基础上研发了一种新型机枪，命名为 M60E3 轻机枪。

M60E3 于 1985 年开始装备美军，装备共 2 万多挺，其他国家也有少量装备。目前，美国已经不再生产 M60E3 轻机枪。

M60E3 轻机枪标配枪管是重量轻的突击枪管。此外，还有两种枪管可供选择：一种是重量轻、长度短的枪管，供突击和需要灵活机动的任务使用；另一种是重枪管，用于需要持续射击的任务。

（三）比利时 FN Minimi 轻机枪

FN Minimi（图 4-14）是由 FN 公司设计并生产的一款轻机枪，目前被世界多国采用并作为制式装备。

图 4-14　FN Minimi 轻机枪

20 世纪 70 年代，北约主流枪弹是 7.62×51 毫米北约制式子弹。该枪弹杀伤力大，不过作为单兵武器的弹药时，携带多了过于笨重。后来，FN 公司设计出了一种口径为 5.56 毫米的 SS109 枪弹。为了推销这种枪弹，使其成为北约标准弹药，FN 公司推出了发射该枪的轻机枪——FN Minimi。

FN Minimi 轻机枪是 FN 公司当时的新设计，开、闭锁动作由机框定型槽通过枪机导柱带动枪机回转而完成。由于枪机闭锁于枪管节套中，故可减小作用于机匣上的力。机框直接连接在活塞杆上，两者一起运动，机匣内侧的两根机框导轨起确保机框和枪管对正的作用。

子弹击发后，在火药气体压力作用下，活塞、机框后坐，而枪机则要等到机框上的开锁斜面开始起作用之后方能运动。在此期间，膛压逐渐下降。当机框开锁斜面开始带动枪机开锁时，膛压几乎与大气压相等，故弹壳不会因此紧贴于弹膛壁上。抽壳动作在枪机回转开锁完成之后才开始进行。

1982 年 2 月，美国陆军及海军陆战队正式装备 FN Minimi 轻机枪。之后，多达数十个国家陆续采用了 FN Minimi 作为制式班用机枪。另外，FN 公司的 5.56 毫米 SS109 弹药因为效能优异，也成为北约甚至其他国家的制式弹药。

六、现代经典重机枪

（一）美国 M134 重机枪

M134 重机枪（图 4-15）于 1963 年研发，并于当年服役，其主要装备于武装车辆、舰船以及各型飞机。由于该枪火力威猛、弹速密集，常常被称为“迷你炮”。虽然该枪已诞生 50 多年，但其依然在多个国家的军队中服役，其中包括美国、英国、法国、德国、澳大利亚和加拿大等。

M134 重机枪采用回转联动装置，组件包括 6 根枪管、枪管夹持部件、枪管套管部件、1 台驱动电机、后部枪支架和 2 个快速释放销等。该枪单支枪管的寿命为 10 万发，整枪寿命达 6 万发。

该枪采用的是加特林机枪原理，用电动机带动 6 根枪管转动，在转动的过程中依次完成输弹入膛、闭锁、击发、退壳、抛壳等系列动作。其电机电源为 24 ~ 28 伏直流电，工作电流 100 安，启动电流为 300 安。

图 4-15　M134 重机枪

（二）俄罗斯 Kord 重机枪

Kord 重机枪（图 4-16）的设计目的是对付轻型装甲目标。目前，Kord 重机枪已经建立了其生产线，它正式通过了俄罗斯军队调试并且被俄罗斯军队所采用。

20 世纪 80 年代，苏联军队装备的重机枪为 NSV 重机枪。苏联解体后，为了能更好地武装自己的军队，俄罗斯决意打造一款属于自己的重机枪。随后，俄罗斯政府向狄格特亚耶夫工厂下达了命令，要求其研制出能够发射 12.7 毫米口径步枪子弹，并且可以安装在车辆上或具有防空能力的重机枪。狄格待亚耶夫工厂最终推出了 Kord 重机枪。

图 4-16　Kord 重机枪

Kord 重机枪的性能、构造和外观都类似苏联的 NSV 重机枪，但内部结构被大量地重新设计。这些新的设计让该枪的后坐力比 NSV 重机枪小了很多，也让其在持续射击时有更大的射击精准度。与绝大多数其他重机枪不同的是，Kord 重机枪新增了构造简单且可以让步兵队更容易使用的 6T19 轻量两脚架，这样使 Kord 重机枪可以利用两脚架协助射击。这一点对 12.7 毫米口径重机枪而言是一个独特的功能。

七、现代经典榴弹发射器

（一）美国 M203 榴弹发射器

M203（图 4-17）是由柯尔特公司设计并生产的一款榴弹发射器，主要用于 M16 突击步枪及 M4 卡宾枪等美国制式武器，可发射高爆弹、人员杀伤弹、烟幕弹、鹿弹、照明弹和气体弹等。

图 4-17　M203 榴弹发射器

1960 年，M16 突击步枪开始在美军服役，该枪可靠性高，射击精准度高，实属一把“完美”型突击步枪。为了进一步增强士兵的单兵作战能力，美国军方计划要为 M16 突击步枪寻找一个合适的榴弹发射器。1967 年，柯尔特公司研制出了 M203 榴弹发射器。经过多次测试和改进，该榴弹发射器于 1970 年正式装备美军，成为 M16 突击步枪家族的一个重要配件。

M203 采用附加型榴弹发射器的优点在于能够以单一武器发射子弹及榴弹，以有效增强士兵的火力，同时降低了士兵的携行重量。在越南战争后期，M203 被认为是错误的替代品，是因为 M79 榴弹发射器比 M203 能在发射后更快速装填，而 M203 的瞄具也没有风偏调整。

在美国，M203 榴弹发射器归类为毁灭性装置，受到国家轻武器管制法管制。

民用型 M203 的口径只有 37 毫米，不能发射 40 毫米军用弹药，37 毫米弹药只有无杀伤力的练习弹和烟幕弹。

（二）苏联 / 俄罗斯 GP-25 榴弹发射器

GP-25（图 4-18）是苏联 KBP 仪器设计局生产的一款榴弹发射器，主要用 AK 系列突击步枪，可配备不同的瞄准系统。

图 4-18 GP-25 榴弹发射器

自 1970 年美国为 M16 突击步枪装上 M203 榴弹发射器后，苏联为了不落后于美国，也开始研制本国的榴弹发射器。1978 年，苏联运动及狩猎武器中央设计研究局设计出了一款能与美国 M203 相媲美的榴弹发射器——GP-25。通过测试后，GP-25 开始在苏军中服役，之后又推出了升级版本 GP-30。相比 GP-25 而言，GP-30 有着质量更轻、量产更容易、使用更容易等优点。

GP-25 枪管的顶部备有连接座，可以直接装上 AK-47 枪族的枪管（和通条）下方的刺刀座，且不需要任何工具。当然，装上了 GP-25 或 GP-30 就无法同时装上刺刀（反之亦然）。为了减少后坐力，装上 GP-25（GP-30）后可选择在步枪枪托上再装上一个缓冲垫。后方的支架可以协助使其稳固在步枪上而不会出现松脱，并且装有弹簧减振器，同样可以减少后坐力。

八、现代经典单兵火箭筒

（一）美国 M72 火箭筒

M72（图 4-19）是由美国黑森东方公司研发的一款轻型反装甲火箭筒，于 1963 年被美国陆军及海军陆战队采用，并取代 M20“超级巴祖卡”火箭筒，成为美军主要的单兵反坦克武器，目前仍在服役。

图 4-19　M72 火箭筒

在风声鹤唳的二战战场上，坦克因有进可攻、退可守的特性成为陆战之王，各参战国都开始致力于坦克的研制。随后，反坦克武器应运而生，坦克被迫改变装甲的性能，以至于一般的反坦克武器无法击穿这些厚重装甲。在此背景下，20 世纪 40 年代初期，美军设计出了“巴祖卡”火箭筒，但它巨大、笨重，且容易损坏。之后，美军以“巴祖卡”为基础推出了 M72 火箭筒。

M72 火箭筒采用一种简单却极可靠且安全的压电作用保险系统。此保险系统的作用原理为：透过撞击目标使其前方所放置的矿物结晶产生极短暂的电流，用以启动弹头。一旦弹头启动之后，位于弹头底部的推进药即被引燃，并引爆主装药。主装药所产生的强大推进力迫使弹头内的铜质衬垫形成定向性的物质喷流。此喷流的强度取决于弹头的大小，并可穿透相当厚度的装甲。

（二）苏联 / 俄罗斯 RPG-29 火箭筒

RPG-29（图 4-20）是苏联于 1989 年研制及生产的手提式反坦克火箭筒，20 世纪 90 年代后曾参与了大大小小多次局部战争，有着不俗的表现。

图 4-20　RPG-29 火箭筒

早在20世纪80年代，苏军就已装备了RPG-26火箭筒。该火箭筒性能优越，是敌方军团机械部队的克星，更是沟壑、掩体等工事中士兵的噩梦。1989 年，为了进一步完善 RPG-26 火箭筒，苏军在它的基础上推出了其改进版 RPG-29 火箭筒。

RPG-29 是一具能够由单兵携带并且使用的肩上发射、管射式、后装式设计的火箭筒。在发射管的顶部可以装上放大 2.7 倍的 1P38 光学瞄准具：光学瞄准具座也可因情况装上 1PN51-2 夜间瞄准镜。而在底部的两脚式支架前方一个适当的位置（发射管的中间）还装有支肩架、手枪握把和扳机机构。

RPG-29 在俄罗斯的各种反坦克火箭筒之中比较不寻常的是，它的火箭弹第一段并没有填充推进燃料，因此火箭弹燃料燃烧以前可以给射手一段安全的距离。只要扣动扳机，火箭发动机就会立即启动，而火箭弹会在射出发射管以前就燃烧燃料，令弹头加速到最高速度。由于火箭弹会跟随弹道轨迹而向下，这种武器可以说是一支滑膛式无后坐力炮。

（三）瑞典 AT-4 火箭筒

AT-4（图 4-21）是由瑞典绅宝波佛斯动力公司生产的一款单发式单兵反坦克火箭筒，是目前世界上最为普遍的反坦克武器之一。

图 4-21　AT-4 火箭筒

20 世纪 40 ~ 50 年代，瑞典研发了许多本土单兵武器，如卡尔 · 古斯塔夫无后坐力炮、Pskottm/68 反坦克火箭筒和 AK-5 突击步枪等。不论是无后坐力炮，还是突击步枪，在新型战场上面对敌方坚固的工事和厚重的装甲，发挥的威力都有所不足。为了能让步兵有能力去摧毁或瘫痪他们所遇到的装甲车辆和工事，60 年代后期，绅宝波佛斯动力公司推出了 AT-4 火箭筒。

AT-4 是一种无后坐力火箭筒，这代表火箭弹向前推进的惯性与炮管后方喷出的推进气体的质量达成平衡。因为这种武器几乎完全不会产生后坐力，故可以使用其他单兵所不能使用、相对更大规格的火箭弹。另外，因为炮管无须承受传统枪炮要承受的强大压力，因此可以设计得很轻。此设计的缺点是它会在武器后方产生很大的火焰区域，可能会对邻近友军甚至使用者自身造成严重的烧伤和压力伤，因此 AT-4 并不方便在封闭地区使用。

第二节　现代火炮

海陆皆称雄，运筹相决外！

一、现代经典榴弹炮

榴弹炮是一种身管较短、弹道较弯曲的中程火炮。榴弹炮口径较大，杀伤威力大，主要用于炮兵部队歼灭、压制在较大纵深内的已暴露或隐蔽在障碍物后的敌有生力量和其他弱防护车辆、设施，是地面炮兵的主要炮种之一。

在漫长的岁月里，榴弹炮有了很大发展。从 17 世纪到今天，榴弹炮的身管长度与口径之比由 6 ~ 8 倍加大到 30 ~ 44 倍，火炮最大射角由 12 度加大至 75 度，最大射程由 1000 多米增大至 25000 米，现代火炮增程榴弹的射程可达到 30000 米。在历史上和现代炮兵中，榴弹炮一直是使用量最大的炮种。

现代榴弹炮配用的弹种空前多样化，除了高威力的杀伤爆破榴弹之外，还有反坦克布雷弹、反坦克子母弹、末制导炮弹、化学炮弹和核炮弹等。随着微电子技术和精确制导技术的发展，制导炮弹和具有自动搜寻能力的炮弹大量装备使用，大大提高了榴弹炮的命中精度，使之具有导弹的一些特点，而在破甲、杀伤等方面又优于导弹。

（一）德国 PzH2000 式 155 毫米自行榴弹炮

PzH2000 式 155 毫米自行榴弹炮（图 4-22）是德国研制的一种全新先进火炮，1995 年设计定型，1997 年开始装备部队。它采用 52 倍口径长身管、高效多室炮口制退器和半自动或全自动装填机，采用“豹”1 主战坦克改型底盘和组合式单元模块发射装药。初速 300 ~ 945 米 / 秒，最大射程 30 千米，携弹量增大

图 4-22　PzH2000 式 155 毫米自行榴弹炮

到60发和67个发射装药，作战能力大大提高。

PzH2000采用的是一门52倍口径的155毫米火炮。该炮射程远的特点非常明显，在发射L15A1标准炮弹时，射程为30千米；在发射增程炮弹时，射程可达40千米。PzH2000的另一个特点是弹药储备量大，该车装有的60个弹丸和6份包装药能组成60发分装式炮弹，这是老式的M109火炮储弹量的2倍多。60发炮弹可在30分钟内发射完毕，并通过自身的补弹系统快速补充弹药。PzH2000配备的弹种有杀伤爆破核弹、烟幕弹、照明弹、战术核弹、子母弹等。PzH2000安装了自动装弹机，该装弹机可以在火炮任何仰角时给火炮填装弹药，所以PzH2000的射速也非常高，达到了3发/10秒的急射速度和8发/分的连续射速。

PzH2000的底盘是在“豹”1坦克的底盘上发展而来的。其改变了动力、传动和行动部分的布置方式，换装了更大功率的发动机和新的自动变速箱，悬挂系统是装有减振器和液压限制装置的扭杆式。PzH2000的单位功率达到了13.24千瓦/吨，大大高于其他自行火炮，所以PzH2000比其他自行火炮有更好的机动性能。

PzH2000式自行榴弹炮的火控系统包括综合惯性导航系统、弹道计算机、观察瞄准系统、热像仪、激光测距仪等，使火炮的射击精度和快速准备性大为提高。PzH2000在行进—战斗和战斗—行进转换用时都是30秒，所以其火控系统也是非常先进的。PzH2000式自行榴弹炮很注重防护性能。PzH2000的装甲可以保护火炮和乘员免遭轻武器和炮弹弹片的伤害，在炮塔顶部还有附加装甲，车内有自动灭火系统和三防系统，还有1挺7.62毫米机枪作为辅助武器。

该炮的最大初速为945米/秒，最大射速为8发/分，最大射程为30千米(普通榴弹)、40千米(远程弹)，战斗全重为55吨，最大行驶速度为60千米/小时，最大行程为420千米，炮班人数为5人。

可见，PzH2000具有射程远、弹量大、射速高、机动性能好、防护能力强等特点，是当之无愧的世界最先进的自行火炮之一。

（二）韩国K9式155毫米自行榴弹炮

K9自行榴弹炮（图4-23）在1989年立项，韩国军方投入1.7亿美元的研制经费。1992年，三星航宇公司夺得该项目的研制权，并于1993年7月开始进行全面研制，1998年完成3辆样车的交付工作，后经韩国军方一年的试验，在行驶1.8万千米、发射了1.2万枚炮弹之后，确认3辆样车的射击命中率、6种路况的行驶性能都非常稳定。1998年12月22日，韩国国防部正式与三星航宇公司签订了36辆K9式155毫米自行榴弹炮的订购合同，并将K9正式命名为“霹雳”。到目前为止，韩国军方已经装备2个营的K9榴弹炮，每营18辆。

K9自行榴弹炮全重46.3吨，长12米，宽3.4米，高3.5米，乘员4人，分别是车长、炮长、装填手、炮手助手。车长和炮长位于炮塔右方，车体前方有炮管固定装置，由车长负责操控，避免崎岖路段引起炮管晃动。车体前部为驾驶室和动力传动装置，驾驶员座位后有 1 个向后可以开启的舱门，装有 3 门潜望镜。驾驶员的右侧为动力舱，炮塔和火炮位于车体的后方，装填手立姿站于火炮左侧。车体后还有 1 个较大的车门，方便操作人员上下车和填装弹药。油箱和蓄电池分别位于车体的右侧和左侧，这种布局比常见的主战坦克发动机后置底盘更加科学合理，因为发动机后置会影响弹药的储存和车上人员的活动空间。

图 4-23　K9 式 155 毫米自行榴弹炮

该火炮为韩国自主研制的 52 倍口径 155 毫米榴弹炮，炮管长度为 8.06 米，内膛加装了耐磨材料，火药室容积 23 升。采用立楔式炮门，弹药和药包可采用人工或自动装填，可实施人工、半自动、全自动火炮基准调校。驾驶舱装有炮位多元显示系统，炮手通过屏幕对定向、导航及射向一目了然。

K9 可使用所有北约制式 155 毫米弹药和各种增程弹，弹药基数为 48 发。使用 K307 型榴弹主要用于攻击软目标，硬质目标只有直接命中才有效果。使用的常规榴弹炮约 43.5 千克，最大射程 30 千米。若使用 K10 全膛底排弹，射程可达到 40.7 千米。K9 车内有 21 发底火自动装弹装置，主要由输弹机和供弹机组成。以炮弹产生的高压气体为动力，利用炮身后坐压缩弹簧从炮塔尾部的炮弹架上取出炮弹，然后自动放入输弹槽进行填弹。在一般停止状态下，能在 30 秒射出 1 发炮弹；如果在移动中，能在 1 分钟内射出 1 发炮弹。3 分钟内的最大射速为每分钟 6 ～ 8 发，1 小时内连续射速为每分钟 2 ～ 3 发。后坐装置有 2 个液压式驻退机，配以高强度摇架，能在发射时减少炮身横向运动，从而提高射击精度。

二、现代经典高射炮

部署在地面、车辆上或舰艇上专门打击空中目标的火炮称为高射炮。高射炮的主要特点是炮身长、射界大、初速大、射速快、射击精度高。主要用途是歼灭敌飞机等空中目标，也可用于对地面或水面目标进行射击。高射炮可分为大、中、小三种口径。小口径(20 ～ 60 毫米)高射炮只能对低、中空敌机进行射击，中口径(60 ～ 100 毫米)、大口径(100 毫米以上)高射炮才能对付高空敌机。有的还配有雷达、指挥仪，利用火炮随动装置，控制火炮实施自动瞄准射击。

（一）美国“火神”M163A1 式自行高射炮

“火神”M163A1 式自行高射炮（图 4–24）1968 年正式装备美国陆军，是机械化步兵师、装甲师师属防空炮兵营的制式装备。这种炮还出口以色列、韩国等国家。火炮系 6 管联装的 M168 式 20 毫米机载机关炮，配以转管式自动机，底盘为 M741 式履带车，火控系统主要包括 AN/VPS–2 式测距雷达和 M61 式陀螺提前量计算光学瞄准具。车体具有三防能力和两栖能力。

图 4–24　“火神”M163A1 式自行高射炮

该火炮有效射程 1650 米，有效射高 900 米，理论射速 3000 发 / 分，该系统战斗全重 12.31 吨。

（二）德国“猎豹”35 毫米双管自行高射炮

“猎豹”35 毫米双管自行高射炮（图 4–25）1976 年开始装备德国陆军，比利时部队也有少量装备，主要用来跟进掩护装甲部队，也可射击地面目标。该炮机动性强，可在各种地形上高速行驶，火控系统包括雷达、光电和光学三套装置，适应在各种干扰下持续作战，具有三防能力。该炮是当今世界上战术技术性能最优越、结构最复杂、造价最高的高射炮系统之一。荷兰在“猎豹”的基础上发展了“凯撒”–1 高射炮系统，并装备荷兰陆军。

图 4-25 “猎豹”35 毫米双管自行高射炮

该炮有效射程 4000 米，有效射高 3000 米，该系统战斗全重 46.3 吨，越野速度 40 千米 / 小时，系统反应时间 6 ～ 8 秒。

三、现代经典迫击炮

（一）美国“龙火”120 毫米迫击炮

“龙火”120 毫米迫击炮（图 4-26）是美国海军陆战队为医治“火力贫血”而研制的一副“补药”，被称为远征火力支援系统。2000 年 2 月，远征火力支援系统项目按照“模块化、可遥控的新型 120 毫米迫击炮系统”的开发目标快速推进，选择法德合资 TDA 公司研制的 2R2M 式炮尾装填线膛迫击炮作为系统的战斗部分，项目名称定为“龙火”。它可以遥控发射，是传统火炮向机器人操作火炮过渡的一种新产品。

图 4-26 “龙火”120 毫米迫击炮

“龙火”迫击炮是完全模块化的系统，它可以安装到“悍马”机动车上或 LAV-25 轮式步兵战车底盘上，也可以作为牵引火炮使用。多样化的底盘，增强了“龙火”迫击炮对不同地形、不同作战任务的适应能力。

"龙火"配置了射击指挥系统、目标定位系统、火炮战术数据系统和车载导航校准系统，实现了自动化指挥与操控。火炮作战过程中，无需人工操作，可由位于一定距离的发射平台单兵遥控发射，也可根据射击指令自动受领任务、计算射击角度、瞄准、装填弹药和击发，必要时可由3人手工操作射击。它的战术灵活性和适用性好，可机载空运进行战略机动，着陆后，炮手在1分钟之内就能使"龙火"迫击炮转入战斗状态。在相对平坦的地形上，炮手可充分利用"龙火"的弹道计算机系统，结合车载陀螺仪来稳定武器，使其具有"行进间射击"能力。这意味着一线部队可以随时召唤"龙火"迫击炮的火力，大大提高了陆战队的火力支援能力。"龙火"从接到射击指令到定位、瞄准、射击这一过程，用时仅12秒。"龙火"发射迫击炮弹射程超过8.2千米，发射火箭弹射程13千米。

"龙火"正式装备美海军陆战队后告诉世人：结构上看似简单的迫击炮附加多种先进技术，将成为信息化战场上不可缺少的活跃角色。该炮战斗全重2500千克，口径120毫米，炮班3人，最大射速12发/分，最大射程13千米，高低射界0度~ +90度，方向射界360度，最大速度90千米/小时，最大行程700千米。

（二）英国L16式81毫米迫击炮

L16式81毫米迫击炮（图4-27）于1963年开始装备英军，曾在1982年的英阿马岛战争中使用过。美国陆军也装备这种炮，定型为M252。炮管下半部外表刻有散热螺纹，炮口处装有一内销形套团，便于装填炮弹。行军时，全炮可分解为3件，由士兵背负。

该炮最大初速297米/秒，弹重4.2千克，最大射速30发/分，最大射程5650米，战斗全重37.85千克。

图4-27 L16式81毫米迫击炮

四、现代经典火箭炮

（一）美国M270式多管火箭炮

227毫米M270式多管火箭炮（图4-28）由美国于1976年研制，后来英国、法国、德国、意大利也参与了研发。该炮1983年装备美国陆军，用于压制和歼灭有生力量和技术兵器、集群坦克和装甲车辆等。该炮底盘由轻装甲、履带式M-2步兵战车底盘改装，内履带自行装甲运载发射车、发射箱及火控系统组成。

图 4-28　M270 式多管火箭炮

M270 式多管火箭炮的最大射程（末制导反坦克子母弹）45 千米，最小射程 10 千米，最大速度为 64 千米 / 小时，管数为 12 个，有 1 根定向管，可单发或连射，一次齐射需要 50 秒，战斗状态全重 25 吨。

M270 式多管火箭炮参加了 1991 年的海湾战争，对伊拉克军队进行了火力压制。1999 年，美军 1 个营共 27 套 M270 式多管火箭炮部署于科索沃边境，用于配合 AH-64“阿帕奇”攻击直升机使用。

（二）苏联 / 俄罗斯“龙卷风”多管火箭炮

“龙卷风”（图 4-29）是继“喀秋莎”“冰雹”后，苏联研制的第三代火箭炮系统。“龙卷风”于 1983 年设计定型，1987 年装备苏联陆军。“龙卷风”是目前世界上已正式列装的炮兵武器中射程最远、威力最大、精度最高、性能最先进的多管肩行火箭炮，其最远可以打击 90 千米外的目标。

图 4-29　“龙卷风”多管火箭炮

该火箭炮采用MA3-543轮式发射车，战斗全重43.7吨，最大公路行驶速度60千米/小时，越野速度50千米/小时，最大行程850千米。操作人员4人。配有供弹车，一次能携带14枚火箭弹。火炮口径300毫米，发射管12个，配用杀伤子母弹，最大射程为70千米。12管一次齐射只需38秒，重新装弹需20分钟。杀伤子母弹内装72枚直径为80毫米的预制破片子弹药，每枚子弹药内含用于杀伤人员的0.8克破片300个、能穿透10毫米轻型装甲的4.5克破片100个。每门炮一次齐射能抛出864枚子弹药，覆盖面积达67.2万平方米。

五、现代经典舰炮

（一）法国紧凑型100毫米舰炮

该炮是法国20世纪70年代中期在原有100毫米舰炮的基础上改进和发展的舰炮，1984年完成研制工作，用于攻击海上目标和防空，也可反导弹和执行对岸轰击任务（图4-30）。该炮采用活动身管炮身，被筒套在身管后部，炮栓为倒立楔式。

图4-30　法国紧凑型100毫米舰炮

该炮初速870米/秒，身管长5500毫米，射速10～90发/分，对海上目标最大射程17.5千米，有效射程12千米，对空目标最大射程8000米，有效射程6000米，炮重17吨，具有结构紧凑、重量轻、射速高、反应时间短等优点。

（二）意大利127毫米54式舰炮

127毫米54式舰炮（图4-31）是意大利奥托·梅拉拉公司1965年研制的单管舰炮，20世纪70年代初正式生产和装备。该炮用作驱逐舰和护卫舰的高平两用主炮，用以对付飞机、导弹，攻击船艇和轰击陆上目标。火炮由两部分组成，甲板以上是炮塔部分，甲板以下是弹仓和装填及供弹系统。炮口部装有炮口制退器，配用NA-10Ⅱ型火控系统。

图 4-31　127 毫米 54 式舰炮

该炮发射初速为 808 米 / 秒，最大射程为 23.68 千米，理论射速为 45 发 / 分，全炮系统重（含弹）40.6 吨，由扬弹机供弹。

第三节　现代舰艇

五洋万里平日阔，海上陆地展雄风！

一、现代经典航空母舰

（一）美国“福莱斯特”级航空母舰

“福莱斯特”级航空母舰（图 4-32）是美国海军在二战结束后首批为配合喷气式飞机的诞生而建造的航空母舰。

图 4-32　“福莱斯特”级航空母舰

在本级船舰开始发展前，美国海军原计划建造5艘“美利坚”级航空母舰，但计划因种种原因而取消，并导致当时支持此计划的美国第一任国防部长詹姆斯·福莱斯特自杀。为此，美国海军将之后发展的新型航空母舰命名为“福莱斯特”级航空母舰。

“福莱斯特”级航空母舰的满载排水量比前一代的“中途岛”级航空母舰足足增加了25%，因此被视为是跨越了一个崭新的船舰尺码门槛，被认为是世界上第一个真正付诸生产的超级航空母舰级别。“福莱斯特”级航空母舰装有斜向飞行甲板，舰艏甲板与斜向飞行甲板最前段设有4部蒸汽弹射器，配合4部设在船侧的升降机，这些都是之后的美国航空母舰一直沿用的标准设计。

（二）美国“企业”号航空母舰

“企业”号航空母舰（图4-33）是世界上第一艘核动力航空母舰。该级舰原本打算建造6艘，但由于当时核子动力技术不成熟、成本昂贵，导致它的造价极高，因此“企业”级航空母舰仅有“企业”号一艘，剩下的订单全部取消，转而建造“小鹰”级航空母舰替代空缺。该舰拥有当时最先进的相位阵列雷达，并为之设计了独特的方形舷桥。

图4-33 “企业”号航空母舰

“企业”号航空母舰的外形与“小鹰”级航空母舰基本相同，采用了封闭式飞行甲板，从舰底至飞行甲板形成整体箱形结构。飞行甲板为强力甲板，厚达50毫米，并在关键部位加装装甲。水下部分的舷侧装甲厚达150毫米，并设有多层防雷隔舱。该舰的机库为封闭式，长223.1米，宽29.3米，高7.6米。在斜直两段甲板上分别设有2部C-13蒸汽弹射器，斜角甲板上设有4条MK-7拦阻索和1道拦阻网，升降机为右舷3部，左舷1部。

（三）美国“尼米兹”级航空母舰

“尼米兹”级航空母舰（图 4-34）是美国海军所使用的第二代多用途航空母舰。

首舰“尼米兹”号于 1968 年开始建造，1975 年开始服役。“布什”号是其第十艘和最后一艘，于 2009 年开始服役。“尼米兹”级航空母舰的前三艘和后七艘的规格略有不同，因此也有人将后七艘称为“罗斯福”级航空母舰。不过，美国海军官方对这两种舰只构型并不做区别，一律称呼为“尼米兹”级航空母舰。

所有“尼米兹”级航空母舰都采用核动力推进，装备 4 部升降机、4 部蒸汽弹射器和 4 条拦阻索，可以每 20 秒弹射出一架作战飞机。舰载作战联队中的机型配备根据作战任务性质的不同也有所不同，可搭载不同用途的舰载飞机对敌方飞机、船只、潜艇和陆地目标发动攻击，并保护海上舰队。以它为核心的战斗群通常由 4 ~ 6 艘巡洋舰、驱逐规、潜艇和补给舰只构成。

图 4-34 “尼米兹”级航空母舰

（四）美国“杰拉德·R. 福特”级航空母舰

“杰拉德·R. 福特”级航空母舰（图 4-35）是美国海军第三代核动力航空母舰。

“福特”级航空母舰是以目前美国海军主力的“尼米兹”级核动力航空母舰的基本概念为蓝本，进一步改良而成的新舰级。这样的渐进式改良手法，有助于大幅度地降低新一代航空母舰的设计费用。2009 年 11 月，首舰“福特”号开始建造，2013 年下水，2017 年已经开始服役。

“福特”级航空母舰配备了 4 部电磁弹射器和先进降落拦截系统（包括 3 条拦截索和 1 道拦截网），比传统蒸汽弹射器和拦阻索的效率更高（由原先每天 120 架次增加到每天 160 架次），甚至能起降无人飞机。该级舰有 2 座机库、3 座升降台，配合加大的飞行甲板，能够大幅提升战机出击率。改良的武器与物资操作设计，能在舰上更有效地运送、调度弹药或后勤物资，大幅提升后勤效率。

图 4-35 “杰拉德·R. 福特”级航空母舰

（五）苏联/俄罗斯“莫斯科”级航空母舰

“莫斯科”级航空母舰（图 4-36）是苏联第一代航空母舰，主要用来应对美国“北极星弹道导弹核潜艇”。“莫斯科”级航空母舰由黑海尼古拉耶夫造船厂建造，共建有 2 艘：首舰“莫斯科”号和二号舰“列宁格勒”号。首舰 1962 年开工，1964 年下水，1976 年服役，部署于黑海舰队。

图 4-36 “莫斯科”级“列宁格勒”号航空母舰

“莫斯科”级航空母舰采用法国和意大利首先开创的混合式舰型，舰前半部为典型的巡洋舰布置，舰后半部则为宽敞的直升机飞行甲板，苏联自称为反潜巡洋舰。该级舰的前甲板布满了各式武器系统，其中大部分为反潜武器。舰艏有 2 部阳 U6000 反潜火箭发射器，其后为 1 部 SUW-N-1 反潜导弹发射器，再后为 2 部 SA-N-3 防空导弹发射器，舰桥两侧另有 2 座 57 毫米两用炮。

（六）苏联/俄罗斯“基辅”级航空母舰

“基辅”级航空母舰（图 4-37）是苏联第一种可以起降固定翼飞机的航空母舰。

图 4-37 “基辅”级航空母舰

1970 年，首舰“基辅”号开工，1975 年服役。1978 ~ 1984 年，另三艘“基辅”级航空母舰先后服役，即“明斯克”号（1978 年）、“诺沃罗西斯克”号(1982 年)和“戈尔什科夫海军元帅”号(1984 年)。

与美英航空母舰最大的不同是，“基辅”级航空母舰本身就是集火力与重型武装于一身，对舰载机依赖性较小。前甲板有重型舰载导弹装备，可对舰、对潜、对空进行攻击，是标准的巡洋舰武装。左侧甲板则搭载垂直短距起降飞机卡 -25、卡 -27 反潜直升机。遗憾的是，由于左侧甲板过短，雅克 -38 实际上只能垂直起降，对甲板破坏极大，加上事故频发而最终下舰，导致该级舰实际上又沦为普通直升机母舰。

（七）苏联 / 俄罗斯“库兹涅佐夫”号航空母舰

“库兹涅佐夫”号航空母舰（图 4-38）是俄罗斯目前唯一的航空母舰。

图 4-38 “库兹涅佐夫”号航空母舰

黑海尼古拉耶夫造船厂（现属乌克兰）于 1981 年 3 月 3 日接到 " 库兹涅佐夫”号的建造合同，1983 年 2 月 22 日开工建造。1991 年 1 月，该舰从黑海出发，加入俄罗斯北方舰队服役，而直到 1993 年它才接收舰载机。目前，“库兹涅佐夫”号是俄罗斯唯一的航空母舰，也是世界上除美国“尼米兹”级航空母舰以外唯一的大型航空母舰。

与西方航空母舰相比，“库兹涅佐夫”号的定位有所不同，俄罗斯称之为“重型航空巡洋舰”，它可以防卫和支援战略导弹潜舰及水面舰，并搭载一些舰载机，进行独立巡弋。该舰的舰载机需要使用本身的引擎动力，冲上跳板升空。这种设计比起采用平面弹射器的航空母舰具备更高的飞机起飞角度和高度，所需要的操作人员较少，但也存在舰载机设计难度大、起飞重量受限、对飞行员技术要求高等弊端。

（八）英国“无敌”级航空母舰

“无敌”级航空母舰（图 4-39）是新一代先进轻型航空母舰的先驱，应用了“滑跃”跑道。

图 4-39 “无敌”级航空母舰

20 世纪 60 年代中期，由于国防预算大幅削减，英国取消了计划中的 CAV-01 大吨位攻击型航空母舰项目，但为了在北约框架内完成海上保护交通线的使命，仍决定设计建造一种以反潜为主、兼顾防空作战的大型主力战舰，即“无敌”级航空母舰。

“无敌”级航空母舰的上层建筑集中于右舷侧，里面布置有飞行控制室、各种雷达天线、封闭式主桅和前后 2 个烟囱。飞行甲板下面设有 7 层甲板，中部没有机库和 4 个机舱。机库高 7.6 米，占有 3 层甲板，长度约为舰长的 75％，可容纳 20 架飞机，机库两端各有 1 部升降机。该舰最大的特点是应用了滑跃跑道，并首次采用了全燃气轮机动力装置，使航空母舰这一舰种进入了不依赖弹射装置便可以起降舰载战斗机的新时期。滑跃跑道可在载重量不变的情况下令舰载机滑跑距离缩短 60％。

（九）英国“伊丽莎白女王”级航空母舰

“伊丽莎白女王”级航空母舰（图 4-40）是英国海军最新型的航空母舰。

图 4-40 “伊丽莎白女王”级航空母舰

20 世纪 80 年代，英国从英阿马岛战争中认识到航空母舰在远洋作战中的巨大优势，决定发展新一代航空母舰。受限于窘迫的财政状况，建造计划一直无法落实。英国和法国试图共同发展新型航空母舰，但最终未能如愿。到了 21 世纪初，眼见两艘“无敌”级航空母舰先后退役，英国终于痛下决心单独出资建造两艘大型航空母舰，来提升海军的远洋打击能力。

“伊丽莎白女王”级航空母舰首创滑跃式甲板结合电磁弹射器的新概念，主力 F-35 舰载机使用弹射方式升空，可大幅增加该机的机身载重。该舰的圆滑形状舰首及前舰岛上方的整流罩均有助于降低风阻，外观线条也大幅简化。由于预算不足，“伊丽莎白女王”级航空母舰目前并未采用昂贵的核反应堆，而是使用较便宜的柴油机及发电机组。

二、现代经典巡洋舰

（一）美国“弗吉尼亚”级巡洋舰

“弗吉尼亚”级巡洋舰（图 4-41）是美国于 20 世纪 70 年代建造的核动力导弹巡洋舰。

图 4-41 “弗吉尼亚”级巡洋舰

“弗吉尼亚”级巡洋舰的首舰“弗吉尼亚”号于 1972 年开始建造，1974 年下水，1976 年 9 月服役。二号舰“得克萨斯”号于 1977 年 9 月服役，三号舰“密西西比”号于 1978 年 8 月服役，四号舰“阿肯色”号于 1980 年 10 月服役。

“弗吉尼亚”级巡洋舰的反舰武器主要是反舰型“战斧”导弹，辅助反舰武器为“鱼叉”反舰导弹，另有 2 座 127 毫米舰炮。防空方面，主要依靠 2 座双联装 MK26 导弹发射装置，可发射“标准”2 防空导弹。近程防御方面，使用著名的“密集阵”近防系统。反潜方面，主要依靠 MK26 导弹发射装置发射“阿斯洛克”反潜导弹，备弹 24 枚。辅助反潜设备为 2 座三联装 MK32 反潜鱼雷发射器。此外，该级舰还可搭载 2 架直升机。

（二）俄罗斯“基洛夫”级巡洋舰

“基洛夫”级巡洋舰（图 4-42）是苏联建造的大型核动力巡洋舰，目前装备于俄罗斯海军。

“基洛夫”级巡洋舰的首舰“乌沙科夫上将”号于 1973 年开始建造，1980 年 12 月底服役。二号舰“拉扎耶夫上将”号于 1984 年服役，三号舰“纳希莫夫上将”号于 1988 年服役，四号舰“彼得大帝”号于 1996 年服役。

“基洛夫”级巡洋舰采用的是苏联核动力指挥舰 SSV-22 的船体，并在舰上安装了大量的武器装备和电子设备，前桅杆上有巨大的雷达组件。上甲板上为 20 枚 SS-N-19“花岗岩”反舰导弹，舰体后部有 1 座 130 毫米口径 AK-130DP 多用途双管舰炮。该级舰的防空火力主要由 SA-N-6 防空导弹、SA-N-9 防空导弹、SA-N-4 防空导弹和“卡什坦”近防系统组成。“基洛夫”级巡洋舰的外围反潜任务主要依靠 3 架舰载直升机，使用型号为卡 -27 或卡 -25。

图 4-42 “基洛夫”级巡洋舰

三、现代经典驱逐舰

（一）美国“阿利·伯克”级驱逐舰

“阿利·伯克”级导弹驱逐舰（图 4-43）是世界上第一种装备“宙斯盾”系统并全面采用隐形设计的驱逐舰。

图 4-43　“阿利·伯克”级驱逐舰

“阿利·伯克”级驱逐舰的研制始于 20 世纪 70 年代中期。首舰“阿利·伯克”号于 1988 年 12 月开工，1991 年 7 月正式服役。该级舰是一个兴旺的大家族，不但建造数量大（65 艘），而且型号众多。

“阿利·伯克”级驱逐舰的舰载武器、电子装备高度智能化，具有对陆、海、空和反潜的全面作战能力，综合战斗力在世界现役驱逐舰中名列前茅。该级舰的主要舰载武器包括：2 座 MK-41 导弹垂直发射系统，视作战任务决定“战斧”“标准”“海麻雀”和“阿斯洛克”的装弹量；1 门 127 毫米全自动炮；2 座四联装“捕鲸叉”反舰导弹发射装置；2 座六管“密集阵”系统；2 具 MK32-3 型 324 毫米鱼雷发射管，发射 MK46 或 MK50 型反潜鱼雷。此外，该级舰的后期型号还可搭载 2 架 SH-60B/F 直升机。

（二）美国“朱姆沃尔特”级驱逐舰

“朱姆沃尔特”级驱逐舰（图 4-44）是试验中的美国海军驱逐舰，代号为 DDX 或 DDG-1000，目前尚未服役。

DDX 是一种革命性的驱逐舰，它由 100 多家研究机构和公司联合进行研发。按照目前的设计方案，每艘 DDX 都将是一个通用型的武器平台：通过安装不同的作战模块，DDX 可转换为各种专用型战舰，如扫雷舰、防空驱逐舰、火力支援舰，甚至还可被作为反导弹防御系统的一部分。

DDX的舰载武器主要包括2座先进火炮系统、20座MK57垂直发射系统和2座57毫米MK110方阵快炮。AGS是一款155毫米火炮，射速为10发/分。MK57垂直发射系统设置于舰体周边，一共可装80枚导弹，包括“海麻雀”导弹、“战斧”巡航导弹、“标准”2导弹和反潜火箭等。

DDX拥有2个直升机库，可配备2架改良型的以MP-3SH-60R反潜直升机，或者由1架MH-60R特战直升机搭配3架RO-8A型垂直起降战术空中载具(UTUAV)的组合。

图4-44 “朱姆沃尔特”级驱逐舰

（三）苏联/俄罗斯“无畏”级驱逐舰

“无畏”级(1155型)驱逐舰(图4-45)是俄罗斯海军现役的主力驱逐舰之一。

图4-45 “无畏”级驱逐舰

"无畏"级驱逐舰是苏联在 20 世纪 70 年代的一种特殊海军思维的产物，由于当时的苏联海军在水面舰只方面比较落后，于是提出了所谓的"1+1 大于 2"的理论，即由"无畏"级驱逐舰负责反潜和防空，"现代"级驱逐舰负责反舰。

"无畏"级驱逐舰全舰结构趋于紧凑，布局简明，主要的防空、反潜装备集中于舰体前部，中部为电子设备，后部为直升机平台，整体感很强。它汲取了西方国家的设计思想，改变了以往缺乏整体思路，临时堆砌设备的做法，使舰体外形显得整洁利落。

"无畏"级驱逐舰的主要作战任务为反潜，装有 2 座四联装 SS-N-14 反潜导弹发射装置、2 具四联装 533 毫米鱼雷发射管、2 座 12 联装 RBU-6000 反潜火箭发射装置。此外，还可搭载 2 架卡 -27 反潜直升机。"无畏"级驱逐舰还具备一定的防空能力，但没有反舰能力。

（四）苏联 / 俄罗斯"无畏"Ⅱ级驱逐舰

"无畏"Ⅱ级(1155.1 型)驱逐舰（图 4-46）是苏联解体前建造的最后一级驱逐舰，目前是俄罗斯海军唯一的多用途驱逐舰。

图 4-46　"无畏"Ⅱ级驱逐舰

1989 年 2 月，2 艘"无畏"Ⅱ级驱逐舰同时开工建造。该级舰原计划首批建造 3 艘，但不久之后苏联突然解体，接手的俄罗斯经济状况不佳，不得不拆解二号舰，第 3 艘及后续舰的建造计划也被迫取消。

"无畏"Ⅱ级驱逐舰能进行防空、反舰、反潜和护航等任务，其舰载武器包括：1 座双联装 AK-130 全自动高平两用炮；8 座八联装 SA-N-9"刀刃"导弹垂直发射系统；2 座"卡什坦"近程武器系统；2 座 SS-N-22"日炙"四联装反舰导弹发射装置，配备 3M82 型反舰导弹；2 具四联装多用途鱼雷发射管，发射 SS-N-15"星鱼"反潜导弹；10 座 RBU-12000 反潜火箭发射装置。此外，该级舰还能搭载 2 架卡 -27A 反潜直升机。

四、现代经典护卫舰

（一）美国“独立”级护卫舰

“独立”级（图 4-47）是美国研制的另一种濒海战斗舰。“独立”级濒海战斗舰由通用动力公司领导的小组设计，奥斯塔美国公司负责建造。该级舰计划建造 12 艘，截至 2018 年 2 月，已有 2 艘下水。

“独立”级的舰载传感器、作战系统和 C4ISR 系统等设计突破传统观念，能根据任务需要灵活组装、搭配不同的武器模块系统。它能对面临的各种威胁做出反应：能攻击和躲避水面舰艇，特别是高速密集小艇；能切断潜艇接近的途径；能避开水雷从容地进行反水雷作战。此外，“独立”级还具有良好的雷达探测规避能力和通信指挥能力，能秘密行驶至敌方海岸线附近协助特种部队执行秘密任务。因此，“独立”级不但可用于传统的作战模式，而且具备对付敌方“非对称作战”的能力，是未来的“全能战舰”。

图 4-47 “独立”级护卫舰

（二）俄罗斯“守护”级护卫舰

“守护”级护卫舰（图 4-48）是俄罗斯海军的新一代多用途隐身护卫舰。

图 4-48 “守护”级护卫舰

2007 年 6 月 27 日，“守护”级护卫舰在圣彼得堡举行的国际海军展上首次亮相。俄罗斯海军第一阶段打算购买 9 艘“守护”级护卫舰，未来还可能大批量建造。

“守护”级护卫舰装有 1 门新型的 AK-190 型 100 毫米自动舰炮、1 座 CADS-N-1“卡什坦”近防武器系统、2 座 AK-630 型 30 毫米自动近防武器系统。在反舰导弹方面，“守护”级护卫舰可以搭载 8 枚 SS-N-25“冥王星”或 6 枚 SS-N-27“俱乐部”反舰导弹。该级舰还有 4 具 400 毫米鱼雷发射管，分置于两舷的舱门内。舰尾设有一个直升机库与飞行甲板，能搭载 1 架卡 -27 反潜直升机。

五、现代经典两栖舰艇

（一）美国“美利坚”级两栖舰艇

“美利坚”级两栖舰艇（图 4-49）是美国建造的两栖攻击舰，属直升机登陆突击舰（LHA）类别，目前尚未服役。

图 4-49　“美利坚”级两栖舰艇

虽然被划分为 LHA 类别，但“美利坚”级基本上是以“马金岛”号直升机船坞登陆舰（LHD）为基础开发的，而 LHD-8 本身又是“黄蜂”级的改良型。“美利坚”级的首舰“美利坚”号 (LHA-6) 于 2012 年 10 月 20 日下水。

“美利坚”级两栖舰艇主要作为两栖登陆作战中空中支援武力的投射平台，完全省略了坞舱的设计。取消了坞舱得以换取 1 个更加延长的飞行甲板与 2 座更宽敞、净空更大、装设有吊车、可容纳 MV-22B“鱼鹰式”倾旋翼机的维修舵。另外，还将船坞登陆舰上医疗区的空间缩减三分之二，以换取机库空间。相较过去的两栖攻击舰，“美利坚”级拥有更大的机库、经重新安排与扩大的航空维修区、大幅扩充的零件与支援设备储存空间以及更大的油料库。

（二）苏联 / 乌克兰“野牛”级两栖舰艇

“野牛”级两栖舰艇（图 4-50）是目前世界上最大的气垫登陆艇。

苏联在 1978 年开始着手研制大型气垫登陆船。20 世纪 80 年代，位于圣彼得堡的阿尔马兹船厂开始研制“野牛”级登陆艇，还转移技术至乌克兰费奥多西亚市大海造船厂建造。该级艇可用于两栖作战时的登陆运输任务，可对岸边的部队提供火力支持，还可运送和布置水雷。

“野牛”级两栖舰艇有 400 平方米的面积用于装载，自带燃料 56 吨。该级艇可运载 3 辆主战坦克或 10 辆步兵战车，加上 140 名士兵，若单独运送武装士兵，则可达到 500 人。该级艇可在浪高 2 米、风速 12 米 / 秒的海况下行驶。“野牛”级两栖舰艇配备的火力大大高于其他气垫登陆艇，装备有“箭”-3M 或“箭”-2M 防空导弹系统、2 座 30 毫米 AK-630 火炮、2 座 22 管 MC-227 型 140 毫米非制导弹药发射装置以及 20 ~ 80 枚鱼雷。

图 4-50 “野牛”级两栖舰艇

（三）法国“西北风”级两栖舰艇

“西北风”级两栖舰艇（图 4-51）是法国于 20 世纪末研制的两栖攻击舰。从 2005 年服役至今。

图 4-51 “西北风”级两栖舰艇

为了取代老旧的“闪电”级船坞登陆舰并增强两栖作战能力，法国海军造舰局(DCN)在1997年展开多功能两栖攻击舰计划，打算发展新的多功能两栖攻击舰艇，其成果就是“西北风”级两栖舰艇。2011年，俄罗斯也确定购买4艘“西北风”级两栖舰艇。

“西北风”级两栖舰艇可以运载16架以上NH90或“虎”式武装直升机以及70辆以上车辆，其中包含13辆主战车的运载维修空间。该级舰还设有900名陆战队员的运载空间(长程航行至少可以运载450名)，并包含69床的舰上医院。该级舰的飞行甲板面积为5200平方米，设有6个直升机停机点。

第四节　现代战机

向使兵戈起，烽火战长空

一、现代经典战斗机

战斗机主要用于保障我方制空权和摧毁敌方制空权。为了满足这项目标，需要强调飞机的机动能力、生存能力和火力等性能。现代战斗机多配备各种搜索、瞄准火控设备，能全天候作战。

(一)美国F-22“猛禽”战斗机

F-22(图4-52)是世界上最先服役的第五代战斗机，绰号“猛禽”。

图4-52　F-22“猛禽”战斗机

F-22具备超音速巡航、超视距作战、高机动性和高隐形能力，据称作战能力是F-15战斗机的2 ~ 4倍。此外，在开发F-22期间所建立的许多先进技术也被沿用到之后的 F-35 上。F-22 造价高昂、性能先进，它配备了 AN/APG-77 主动相控阵雷达、AIM-120C/D 中程空对空导弹、AIM-9X 红外线空对空导弹、二维 F119-PW-100 推力矢量引擎、先进整合航空电子与人机界面等先进技术和装备。

F-22 于 20 世纪初期陆续进入美国空军服役，以取代上一代的主力机种 F-15“鹰”式战斗机。洛克希德·马丁公司宣称，“猛禽”的隐身性能、灵敏性、精确度和态势感知能力结合，组合其空对空和空对地作战能力，使得它成为当今世界综合性能最佳的战斗机。

（二）美国 F-35“闪电”Ⅱ战斗机

F-35（图 4-53）是 F-22 的低阶辅助机种，属于具有隐身设计的第五代战斗机，绰号“闪电”Ⅱ。

F-35 采用与 F-22 相同的双垂尾设计，不过发动机被改为单发。F-35 虽然被定义为 F-22 的低阶辅助机种，但由于较后研制的原因，一些设计比 F-22 更加合理，电子设备也更为先进。整体来说，F-35 的技术特点为：廉价耐用的隐身技术，维护成本较低，使用了先进的数据交换网络。综合的航电设备与感应器融合，可大幅增加飞行员的状况感知和目标识别与武器投射的能力，并能快速地传编信息。

2015 年，为支持美国海军陆战队的操作测试，16 名英国皇家海军和空军成员加入了“黄蜂”级通用两栖突击舰。F-35 联合项目办公室官员博格丹表示：“英国加入 F-35 项目对我们能否取得成功具有决定性作用。”据英国 F-35b 项目领导者、皇家海军指挥官尼尔·马西森透露：“英国海军计划将 2 架 F-35b 装备‘伊丽莎白’二代航空母舰，从而逐步淘汰‘龙卷风’战斗轰炸机。F-35 战斗机的低可侦测性利于在航空母舰上针对高危环境进行部署，有利于进行全方位操作，使其在任何时间、任何天气状况下都能够对敌实施致命打击。”

图 4-53　F-35“闪电”Ⅱ战斗机

（三）俄罗斯米格 –35“支点”F 战斗机

米格 –35（图 4–54）是米高扬设计局研制的多用途喷气式战斗机。

图 4–54　米格 –35“支点”F 战斗机

米格 –35 的功能是在不进入敌方的反导弹区域时，对敌方的地上和水上高精准武器进行有效打击。机舱内不仅配备了智能化座舱，还装有液晶多功能显示屏。米格 –35 装备了全新的相控阵雷达，其火控系统中还整合了经过改进的光学定位系统，可在关闭机载雷达的情况下对空中目标实施远距离探测。米格 –35 配备有 1 门 130 毫米机炮，用于携带导弹和各型航弹的外挂点为 9 个，总载弹量为 6000 吨。

米格 –35 在设计上通过对飞机各个部分的放大来实现更高的性能，但是不放大机身本身以减少开发新机体以及随之所需要开发的一系列新成品而带来的成本激增。这种方式比单纯地放大机身要聪明得多，不但基本获得了超级战斗机所拥有的各项超级性能，而且成本相对便宜，是中小发展中国家保卫领空和提升空军综合作战水平的上乘选择。

（四）俄罗斯苏 –35“侧卫”E 战斗机

苏 –35（图 4–55）是苏霍伊航空集团研制的单座双发、超机动多用途重型战斗机。

图 4–55　苏 –35“侧卫”E 战斗机

苏 -35 除了用三翼面设计带来绝佳的气动力性能外，真正的重点在航电设备，提升自动化、计算机化、人性化、指管通情能力等，与同时期西方开发中的新时代战机的航电设计理念相同。大幅提升航空电子性能的结果是重量增加，必须有其他改良才能避免机动性、加速性、航程的下降。因此，该机除了以前翼提升操控性外，还装备更大推力的发动机，主翼与垂尾内的油箱也予以增大。整体来说，苏 -35 在机动性、加速性、结构效益、航电性能各方面都全面优于苏 -27S，而不像其他改型般有取有舍。

就传统空战飞行方式而言，虽然苏 -35 的超载性能较好，但是指向性能可能逊于鸭式布局的“台风”战斗机与“阵风”战斗机。近距空战时，高指向性是最致命的飞行性能，因此在近战武器性能相当的前提下，“台风”战斗机与“阵风”战斗机有胜过苏 -35 的可能。

（五）俄罗斯 T-50 战斗机

T-50 战斗机（图 4-56）是由俄罗斯联合航空制造公司旗下的苏霍伊航空集团主导，在“未来战术空军战斗复合体”计划下研制的第五代战斗机。

图 4-56　T-50 战斗机

T-50 的隐身手段主要为大量使用复合材料、采用优异的气动布局和抑压发动机特征等，其雷达、光学及红外线特征都较小。据称，T-50 的隐身性能比美国 F-22 要差，以换取比 F-22 更高的机动性。目前，T-50 的详细资料仍然处于保密状态。不过俄罗斯军方宣称 T-50 拥有隐形性能，并具备超音速巡航的能力，且配备有主动电子扫描雷达及人工智能系统，能满足下一代空战、对地攻击及反舰作战等任务的需要。

在隐身性能方面，T-50 机头、机舱、进气道等都采用了独特的形状设计，保证了对雷达波的低可探测性。T-50 应该具备了与 F-22 同一等级的超音速巡航和机动性能，但 T-50 受到发动机推力不足所困扰。

（六）欧洲“台风”战斗机

“台风”（图 4–57）是欧洲战机公司研制的双发多功能战斗机。

图 4–57 “台风”战斗机

“台风”战斗机是世界上少数可以在不开后燃器的情况下超音速巡航的量产战斗机，其采用的 2 台 Eurojet EJ200 涡扇发动机非常优秀，单台推力可达 60 千牛。“台风”是集便于组装、隐身性、高效能和先进航空电子于一体的多功能战机，除空战能力之外，还拥有不错的对地作战能力，可使用各种精确对地武器。与其他同级战机相比，该机更具智能化，可有效降低飞行员的工作量，提高作战效能。

“台风”战斗机是一款采用双发、三角翼、鸭式布局、高机动性的多用途第四代半战斗机。欧洲“台风”战斗机和法国“达索阵风”战斗机以及瑞典“萨博”JAS–39 战斗机因为其优异的性能表现，并称为欧洲“三雄”。“台风”战斗机已经投入量产，并首先在意大利空军和西班牙空军形成战斗力。英国和德国也在 2006 年宣布将“台风”投入使用。奥地利订购了 15 架“台风”，沙特阿拉伯在 2006 年 8 月 18 日签订合同，订购了 72 架。2016 年 2 月，美国《军事航空与航天电子网站》评选出 2015 ~ 2016 年度世界现役战斗机综合排行，欧洲“台风”战斗机排名第五。

二、现代经典攻击机

攻击机主要用于从低空、超低空突击敌战术或浅近战役纵深内的目标，直接支援地面部队作战。攻击机具有良好的低空操纵性、安定性和良好的搜索地面小目标的能力，可配备品种较多的对地攻击武器。为提高生存力，一般在其要害部位有装甲防护。

（一）美国 AC–130 攻击机

AC–130（图 4–58）是美军有史以来最成功的攻击机，至今仍在服役。

图 4-58 AC-130 攻击机

AC-130 装置有各型口径不同的机炮，乃至于后期机种所搭载的博福斯炮或榴弹炮等重型火炮，对于零星分布于地面、缺乏空中火力保护的部队有致命性的打击能力。最新的 AC-130U 使用 4 台艾里逊 T56-A-15 发动机，武装包含 1 门侧向的博福斯 40 毫米 L/60 速射炮与 M102 型 105 毫米榴弹炮。原本在 AC-130H 上的 2 门 M61 机炮被 1 门 25 毫米 GAU-12 机炮所取代，拥有 3000 发弹药，射程超过 3657 米。

美国武器专家杰克逊评价说，AC-130 武装飞机可以通过做环形飞行而集中火力攻击一个目标，因为飞机在做倾斜转弯时依然能够准确射击。目前，该机主要有 AC-130H “鬼怪” 型和 AC-130U “幽灵” 型两种类型，每架飞机可载 14 人。

（二）美国 A-10 “雷电” Ⅱ 攻击机

A-10（图 4-59）是美国费尔柴德公司研制的双发单座攻击机，绰号 “雷电” Ⅱ。

图 4-59 A-10 “雷电” Ⅱ 攻击机

A-10 作为一款近距攻击机，并不需要很高的飞行速度，较低的速度能够使其获得更高的命中率。该机采用的是无后掠角的平直下单翼，机身的装甲防护极强，机头的澡盆形座舱为38毫米防弹钢制作而成，在机腹上也有50毫米厚的装甲，全机重达550千克的装甲防护使其能够抵抗23毫米机炮的打击。

A-10攻击机是一种单座双引擎攻击机，是美国空军现役唯一一种负责提供对地面部队支援的机种，包括攻击敌方坦克、武装车辆、重要地面目标等。A-10攻击机依靠强大的火力、坚厚的装甲专司对地攻击。虽然集现代高科技于一体的F-16、AH-64等先进飞行器抢占了A-10的许多作战机会，但是北约大规模空袭南联盟的作战行动以及近年的伊拉克战争却证明了A-10无法被撼动的独特地位，无论是能够实施精确打击的F-15、F-16，还是武装直升机，均无法有效对付利用地形掩护的地面部队。

（三）俄罗斯苏-25“蛙足”攻击机

苏-25（图4-60）是苏霍伊设计局研制的亚音速攻击机，北约代号“蛙足”。

图4-60　苏-25“蛙足”攻击机

苏-25结构简单，装甲厚重坚固，易于操作维护，适合在前线战场恶劣的环境中进行对己方陆军的直接低空近距支援作战。该机的主要特点是：能在靠近前线的简易机场上起落，执行近距战斗支援任务；反坦克能力强，机翼下可挂载“旋风”反坦克导弹，射程10千米，可击穿1000毫米厚的装甲；低空机动性能好，可在载弹情况下，在低空与米-24武装直升机协同，配合地面部队作战；防护力较强，座舱底部及周围有24毫米厚的钛合金防弹板。

苏-25采用图曼斯基R-195型发动机，单台推力44.13千牛，喷嘴末端经过特别改装以降低排气温度，减少红外线踪迹。苏-25的发动机外形虽不美观，但输出马力强劲，在同级攻击机种中功率最高。其主要武器为AO-17A型30毫米机炮，翼面下有8个外挂点，挂载量可达4400千克，包括各种火箭吊舱、多种空对地导弹和炸弹。

三、现代经典作战支援飞机

作战支援飞机是为战斗机、攻击机、截击机、轰炸机等作战飞机提供各种技术支援的飞机，包括运输机、侦察机、预警机、空中加油机、电子战飞机、教练机和反潜巡逻机等。

（一）美国 C–130“大力神”运输机

C–130（图 4–61）是洛克希德公司研发的中型运输机，绰号“大力神”。

图 4–61 C–130“大力神”运输机

C–130 运输机的机身粗短，机头为钝锥形前伸，其前端位置较低。机翼为悬臂式上单翼结构，前缘平直，无后掠角。动力装置为 4 台 T56–A–15 涡轮螺桨发动机，单台功率为 3660 千瓦。以 C–130H 为例，该机的载重量可达 19.87 吨、最大飞行速度为 620 千米 / 小时。该机起飞仅需 1090 米的跑道，着陆为 518 米，而且能够在前线的野战跑道上起降，具有较强的运输能力和极强的机动性。

C–130 运输机是美国最成功、最长寿（1956 年开始服役）和生产最多的现役运输机（总生产量高达 2000 架以上），在美国空运力量中占有核心的地位，同时是美战略空运中重要的辅助力量，最初被设计用来输送武装力量、医疗救援、货物转运，后来演化出各种用途，包括空中打击、搜索救援、科学研究、气象观测、空中加油、海岸巡逻、空中救火等。

（二）美国 C–17“环球空中霸王”Ⅲ运输机

C–17（图 4–62）是麦克詹纳·道格拉斯公司研发的大型运输机，绰号“环球空中霸王”Ⅲ。

图 4-62　C-17“环球空中霸王”Ⅲ运输机

C-17 的货舱可并列停放 3 辆吉普车、2 辆卡车或 1 辆 M1A2 坦克，也可装运 3 架 AH-64 武装直升机。在执行空投任务时，可空投 27215 ~ 49895 千克的货物，或 102 名全副武装的伞兵和 1 辆 M1 主战坦克。C-17 货舱门关闭时，舱门上还能承重 18150 千克，相当于 C-130 全机的装载量。C-17 对起落环境的要求极低，最窄可在 18.3 米宽的跑道上起落，能在 90 米 ×132 米的停机坪上运动。

C-17 涵盖了过去的运输机所具备的一切作战范围和功能，融战略和战术空运能力于一身，是当今世界上唯一可以同时适应战略、战术任务的运输机。C-17 适应于快速将部队部署到主要军事基地或者直接运送到前方基地的战略运输，必要时该飞机也可胜任战术运输和空投任务。这种固有的灵活性和性能帮助美军提高了全球空运调动部队的能力。

（三）乌克兰安-225“哥萨克”运输机

安-225（图 4-63）是安东诺夫设计局研制的 6 发重型运输机，目前仍是全世界最大的运输机与飞机，北约代号“哥萨克”。

图 4-63　安-225“哥萨克”运输机

安-225 货舱内可装载 16 个集装箱、大型航空航天器部件和其他成套设备，或天然气、石油、采矿、能源等行业的大型成套设备和部件。机背能负载超长尺寸的货物，如直径为 7 ~ 10 米、长 20 米的精馏塔，俄罗斯的“能源”号航天器运载火箭和“暴风雪”号航天飞机。这样将大型器件从生产装配厂整运至使用场所，既保证了产品质量，又缩短了运输周期。

安-225 是截至 2018 年全世界承载重量最大的运输机与飞机，翼展宽度仅次于休斯力士运输机，也是翼展第二宽的飞行器，由乌克兰所拥有。该机可以运送超大型货物，机舱的载重量可达到 250 吨，机身顶部的载重量可达到 200 吨。截至 2018 年，安-225 运输机只有 1 架在飞，另 1 架还在建造。

（四）俄罗斯伊尔-76“耿直”运输机

伊尔-76（图 4-64）是伊留申设计局研制的 4 发中远程运输机，北约代号“耿直”。

图 4-64 伊尔-76“耿直”运输机

伊尔-76 在设计上十分重视满足军事要求，翼载低，展弦比大，有完善的增升装置，并装有起飞助推器，起落架支柱短粗而结实，采用多机轮和胎压调节装置。方便有效的随机装卸系统、全天候飞行设备，空勤人员配备齐全等，使该机不依赖基地的维护支援，可以独立在野外执行任务。

伊尔-76 是世界上最为成功的一款重型运输机，至今已有超过 38 个国家使用过或正在使用伊尔-76，有超过 850 余个营运者。

（五）美国 KC-767 空中加油机

KC-767（图 4-65）是一种战略运输机和空中加油机，衍生自波音 767 系列机型。

图 4-65　KC-767 空中加油机

KC-767 使用了包括石墨碳纤维、凯夫拉等新型材料，提高了飞机结构强度和寿命，降低了重量。该机采用美国空军通用的伸缩套管加油模式和“远距空中加油操作者”系统，具备一次为 8 架战斗机补充燃料的能力，能为目前所有的西方战斗机进行加油。KC-767 更突出的特点是采用了可变换货舱的结构设计，同时具有运输机和加油机的功能。在保持加油能力的前提下，可以容纳 200 名乘客和 4 辆军用卡车。KC-767 比 KC-135 能多载 20％的燃料，货物和人员运输能力更是 KC-135 的 3 倍。

（六）美国 E-3“望楼”预警机

E-3（图 4-66）是波音公司生产的全天候空中预警机，绰号“望楼”。

图 4-66　E-3“望楼”预警机

E-3 是直接在波音 707 商用机的基础上加上旋转雷达模组及陆空加油模组改

装而成的。雷达直径 9.1 米，中央厚度为 18 米，用 2 根 42 米的支撑架撑在机体上方。AN/APY-1/2 水平旋转雷达可以监控地面到同温层之间的空间。E-3 使用 4 台普惠 TF33-PW-100/100A 发动机，单台推力为 93.35 千牛。

E-3 具有下视能力及在各种地形上空监视有人驾驶飞机和无人驾驶飞机的能力，其雷达和电脑子系统可以综合显示当下战场状态，资料随时收集、随时更新，包含敌机敌船的持续追踪，资料可以传给后方指挥中心，紧急时还可以直接传给美国的国家指挥中心。

（七）以色列“费尔康”预警机

“费尔康”（图 4-67）是以色列航空工业有限公司研制的世界上第一种相控阵雷达预警机。

图 4-67　“费尔康”预警机

“费尔康”预警机采用了先进的电扫描技术，具有重量轻、造价低、可靠性高的特点。该机的主要探测设备为 EL/M-2075 主动相控阵雷达，工作频率为 40 ~ 60 吉赫，介于 S 波段与 VHF 波段之间，对战斗机、攻击机的探测距离为 370 千米，对 5 平方米目标机的探测距离为 360 千米，对直升机的探测距离为 180 千米。此外，EL/M-2075 还具备发现隐形飞机和巡航导弹的能力。“费尔康”可同时跟踪至少 50 个目标，并引导数百架飞机进行空战，具有很强的持续跟踪能力和跟踪精度。

“费尔康”预警机的空中预警能力基本上与美国 E-3 预警机相同，有些性能甚至超过 E-3，但价格只有 E-3 的三分之一左右。

（八）美国 SR-71“黑鸟”侦察机

SR-71（图 4-68）是美国洛克希德公司研制的双座双发动机涡轮风扇式高空高速战略侦察机。

图 4-68 SR-71“黑鸟”侦察机

SR-71 是第一种成功突破“热障”的实用型喷气式飞机。“热障”是指飞机速度快到一定程度时，与空气摩擦产生大量热量，从而威胁到飞机结构安全的问题。为此，机身采用低重量、高强度的钛合金作为结构材料；机翼等重要部位采用了能适应受热膨胀的设计，因为 SR-71 在高速飞行时，机体长度会由于热胀伸长 30 多厘米；油箱管道设计巧妙，采用了弹性的箱体，并利用油料的流动来带走高温部位的热量。

SR-71 保有两项纪录：最快的速度以及有人驾驶战机上升的最高距离。SR-71 有三种机型：A 型，战略侦察型，共生产 25 架；B 型，教练型，共生产 2 架；C 型，由 A 型改装的教练型。

（九）美国 EF-111A“渡鸦”电子战飞机

EF-111A“渡鸦”（图 4-69）是以 F-111A“土豚”战斗轰炸机为基础研制的电子战飞机。

图 4-69 EF-111A“渡鸦”电子战飞机

EF-111A 的机体、发动机与 F-111A 基本相同，但加强垂尾，在垂尾翼尖上有电子对抗短舱；修改了武器舱，加装了机身腹下舱；电源系统改用 2 台 90 千伏安的发电机，改进了空调系统。EF-111A 的主要机械设备包括战术干扰系统、终端威胁警告系统、敌我识别器、攻击雷达、地形跟踪雷达、惯性导航系统、仪表着陆系统、高频通信电台等。

EF-111A 机体与 F-111 最明显的区别在于垂尾顶部装有设备舱，形状与 EA-6B 相同，似船头形反扣在垂尾顶端。海湾战争中，EF-111A 参加了对伊军指挥、控制和通信系统进行干扰的“白雪”行动，与 EA-6B 一起行动，利用 AN/ALQ-99 的战术干扰系统又对伊军实施强电磁干扰，取得了很好的作战效果。

四、现代经典军用直升机

直升机的突出特点是可以做低空（离地面数米）、低速（从悬停开始）和机头方向不变的机动飞行，特别是可在小面积场地垂直起降。由于这些特点，其具有广阔的军事用途及发展前景。

（一）美国 AH-1“眼镜蛇”武装直升机

AH-1（图 4-70）是由贝尔公司研制的美国第一代武装直升机，绰号“眼镜蛇”。

图 4-70　AH-1“眼镜蛇”武装直升机

AH-1 的机身为窄体细长流线形，座舱为纵列双座布局，射手在前，驾驶员在后。AH-1 的座椅、驾驶舱两侧及重要部位都有装甲保护，自密封油箱能耐受 23 毫米口径机炮射击。AH-1 的主要武器为 1 门 120 毫米 M197 三管机炮（备弹 750 发），4 个武器挂载点可按不同配置方案选挂 BGM-71“拖”式、AIM-9“响尾蛇”和 AGM-114“地狱火”等导弹，以及不同规格的火箭发射巢和机枪吊舱等。

AH-1 直升机飞行与作战性能好，火力强，是 20 世纪 60 年代世界上第一种反坦克直升机。AH-1 的主要任务是在白天、夜间及恶劣气候条件下提供近距离火力支援和协调火力支援。它还可执行为突击运输直升机武装护航、指示目标、反装甲作战、反直升机作战、对付有威胁的固定翼飞机（实施重点防空和有限区域防空）、侦察等任务。

（二）美国 AH-64“阿帕奇”武装直升机

AH-64（图 4-71）是休斯直升机公司研发的武装直升机，绰号“阿帕奇”。

图 4-71　AH-64“阿帕奇”武装直升机

AH-64 采用半硬壳结构机身，前方为纵列式座舱，副驾驶员 / 炮手在前座，驾驶员在后座。该机的主要武器为 1 门 30 毫米 M230“大毒蛇”链式机关炮，另有 4 个武器挂载点可挂载 AGM-114、AIM-92、AGM-122、AIM-9、BGM-71 导弹以及火箭弹等武器。AH-64 旋翼的任何部分都可抵御 127 毫米子弹，机身表面的大部分位置在被 1 发 23 毫米炮弹击中后，仍能保证继续飞行 30 分钟。AH-64 采用 2 台通用动力 T700-GE-701 发动机，单台功率为 1265 千瓦。

AH-64 生存能力非常强，其旋翼采用了玻璃钢增强的多梁式不锈钢前段和敷以玻璃钢蒙皮的蜂窝夹芯后段设计，经实弹射击证明，这种旋翼桨叶任何一点被 12.7 毫米枪炮击中后，一般不会造成结构性破坏，完全可以继续执行任务。提高直升机的生存能力，等于提高了直升机的作战效率和部队的战斗力。

（三）苏联 / 俄罗斯米-28“浩劫”武装直升机

米-28“浩劫”（图 4-72）是米里设计局研制的单旋翼带尾桨全天候专用武装直升机。

图 4-72 米-28“浩劫”武装直升机

米-28 是世界上唯一的全装甲直升机，特别强调飞行人员的存活率。机身为全金属半硬壳式结构，驾驶舱为纵列式布局，四周配有完备的钛合金装甲。前驾驶舱为领航员或射手，后面为驾驶员。座椅可调高低，能吸收撞击能量。旋翼系统采用半刚性铰接式结构，桨叶为 5 片。米-28 的主要武器为 1 门 130 毫米机炮，另有 4 个武器挂载点可挂载 16 枚 AT-6 反坦克导弹或 40 枚火箭弹（2 个火箭巢）。动力装置为 2 台克里莫夫设计局研制 TV3-117 发动机，单台功率为 1640 千瓦。

米-28 放弃了米-24 许多独特的设计，如能装载 8 名步兵的运兵舱、气泡形风挡等。它的结构布局、作战特点都与西方流行的设计，尤其与 AH-64 相似，因此被西方戏称为“阿帕奇斯基”。

（四）俄罗斯卡-50“黑鲨”武装直升机

卡-50“黑鲨”（图 4-73）是卡莫夫设计局研制的单座武装直升机。

图 4-73 卡-50“黑鲨”武装直升机

卡-50是世界上第一架采用单人座舱、同轴反转旋翼、弹射救生座椅的武装直升机。2具同轴反向旋翼装在机身中部，每具3片旋翼。卡-50的主要武器为1门130毫米2A42型航炮，另有4个武器挂载点可挂载16枚AT-9反坦克导弹或80枚80毫米S8型空对地火箭。卡-50是第一架像战斗机一样配备了弹射座椅的直升机，飞行员利用此装置逃生只需要2.5秒。动力装置为2台TB3-117涡轮轴发动机，每台功率为1640千瓦。

卡-50除能完成反坦克任务外，还可用来执行反舰/反潜、搜索和救援、电子侦察等任务。为提高生存能力，卡-50采用了红外抑制技术、红外诱饵撒布装置和装甲。

五、现代经典军用无人机

与载人飞机相比，无人机具有体积小、造价低、使用方便、对作战环境要求低、战场生存能力较强等优点，备受世界各国军队的青睐。无人机的战场运用，揭开了以远距离攻击型智能化武器、信息化武器为主导的“非接触性战争”的新篇章。

（一）美国RQ-4“全球鹰”无人机

RQ-4(图4-74）是美国诺斯洛普·格鲁曼公司研制的无人侦察机，绰号“全球鹰”。

图4-74　RQ-4“全球鹰”无人机

RQ-4无人机可以提供后方指挥官综观战场或是细部目标监视的能力。它装备有高分辨率合成孔径雷达(SAR)，可以看穿云层和风沙，还有光电红外线模组（EO/IR）提供长时间远程全区域动态监视。白天监视区域超过10万平方千米。例如，要监视洛杉矶一样大的城市，可以从缅因州遥控RQ-4，拍摄370千米×370千米区域的洛杉矶市区24小时，然后悠闲地飞回家。RQ-4还可以进行波谱分析的谍报工作，提前发现全球各地的危机和冲突，也能帮忙导引空军的导弹轰炸，使误击率降低。

RQ-4 飞行控制系统采用全球定位系统（GPS）和惯性导航系统，可自动完成从起飞到着陆的整个飞行过程。通过使用 1 个卫星链路，自动将无人机的飞行状态数据发送到任务控制单元。

（二）美国 MQ-8B“火力侦察兵”无人机

MQ-8B（图 4-75）是美国诺斯罗普·格鲁曼公司研制的垂直起降无人机，绰号“火力侦察兵”。

图 4-75　MQ-8B“火力侦察兵”无人机

MQ-8B 可在战时迅速转变角色，执行包括情报、侦察、监视、通信中继等在内的多项任务。同时，这种做法可为今后进行升级改造预留充足的载荷空间。MQ-8B 无人机还具备挂载“蝰蛇打击”智能反装甲滑翔弹和“九头蛇”低成本精确杀伤火箭的能力，将来可能会使用“地狱火”导弹和以色列拉斐尔公司的“长钉”导弹。

MQ-8B 提供侦察、态势感知、精确定位的支持，已被美陆军选作“未来作战系统”的一个组成部分，将成为旅级部队装备的战术无人机。

（三）美国 RQ-170“哨兵”无人机

RQ-170（图 4-76）是美国洛克希德·马丁公司研制的隐形无人机，绰号“哨兵”（Sentinel）。

图 4-76　RQ-170“哨兵”无人机

RQ-170 无人机沿用了“无尾飞翼式”的设计理念，外形与 B-2 隐形轰炸机相似，如同一只回飞镖。与 F-117A 隐形战斗机和 B-2 隐形轰炸机不同的是，RQ-170 的机翼并没有遮蔽排气装置，这样做的目的可能是避免敏感部件进入飞机平台后遭遇操作损失，并最终导致这样的技术误入他人之手。

2011 年 5 月 1 日，美军在巴基斯坦击毙拉登，RQ-170 无人机便负责监视任务。2011 年 12 月，伊朗称击落 1 架美军 RQ-170 无人机，但美国对此进行了否认。

（四）美国 X-37B 太空无人机

X-37B（图 4-77）是波音美国公司研制的世界上第一架既能在地球轨道上飞行，又能进入大气层的无人机。

图 4-77　X-37B 太空无人机

X-37B 的发射方式多样，它不但能够被装在“宇宙神”火箭的发射罩内发射，也可从佛罗里达的卡纳维拉尔角起飞。X-37B 在绕地球飞行之后，能够自行在美国加利福尼亚州降落，它可以使用范登堡空军基地长 4600 米、宽 61 米的跑道着陆，该基地也是航天飞机的紧急着陆场。另外，它还可以在爱德华兹空军基地着陆。

X-37B 能够实施空天侦察、监控。X-37B 的飞行轨道符合成像侦察载荷的特征，运行规律与成像侦察卫星的运行规律极其接近。与传统侦察卫星相比，X-37B 的机动侦察性能更强，不但能按既定的设计侦察相关区域，而且能够根据需要改变飞行轨迹，灵活机动至传统侦察卫星的覆盖盲区，从而增大侦察和监视的面积，还可有针对性地飞临目标上空，实现对敏感地区的及时、重点侦察和监视。这种灵活的变轨机动能力，将使敌方很难发现其轨迹行踪，从而达到隐蔽生存的目的。此外，也能够有效躲避各类反卫星导弹或武器的攻击，从而显著增大自我防卫能力，提高自身的安全性。

（五）英国“不死鸟”无人机

“不死鸟”（图 4-78）主要用于为炮兵提供定位和识别服务，也可用于侦察。

图 4-78 “不死鸟”无人机

“不死鸟”无人机采用卡车运输，并且使用车上的弹射器进行发射。降落方式为伞降，并装有缓冲装置。该机的腹部通过 1 个稳定的旋转臂装有 1 个双轴稳定传感器吊舱，吊舱中有热成像通用模块。该设备可昼夜照相，视场为 60 度 ×40 度。“不死鸟”无人机还能为灵巧炸弹和远程探雷装置指示目标。另外，由于其地面站采用改进的数据调制解调器，所以具备直接将图像信息传送给英国陆军 WAH-64 直升机的能力。

“不死鸟”无人机的隐身性能好，具有较高的生存力，在战场上易于维修和运输。

（六）俄罗斯卡-137 无人机

卡-137（图 4-79）是俄罗斯卡莫夫设计局研制的多用途无人驾驶直升机。

图 4-79 卡-137 无人机

卡-137 的球形机体堪称世界无人机中的一怪。它的球形机体分上、下两个功能部分。上部装有 1 台 Hirth2706R05 活塞式发动机，功率 48.5 千瓦，还有燃油、控制系统及测高仪和卫星导航系统。下半部装置任务系统，根据用途和任务放置有效载荷和各种传感器，如电视或红外摄像系统、无线电定位装置和信号传送装置等。它总共可携带 80 千克有效载荷。它可完全自主飞行，自动导航精度在 60 米之内，适用于执行边防巡逻、战地侦察、生态监测、森林防火和渔场监护等多种任务。

卡-137 无人机和 PPU-137 地面机动控制站及运载车构成了 MBVK-137（MBVK 是多用途旋翼无人机系统的缩写）无人机系统。机体既具有电磁屏蔽和防腐蚀功能，又能防高强度辐射，这也是卡-137 的特点。

（七）德国 / 法国 / 加拿大 CL-289 无人机

CL-289 无人机（图 4-80）是德国、法国和加拿大联合研制的一款主要用于侦察的无人机，大量装备法国和德国军队。

图 4-80　CL-289 无人机

该机的起飞方式为从移动卡车的零长射架上发射起飞，发射后不久助推火箭自动分离。回收方式为降落伞回收，无人机先由锥形伞减速，然后主伞打开，并使无人机的背部向下，随后前后充气囊充气，在着陆时起到缓冲作用。

CL-289 无人机的主要侦察设备为照相和红外扫描探测设备，能够执行昼夜战场情报搜集任务。

（八）以色列“搜索者”Mk2 无人机

“搜索者”（图 4-81）是以色列研制的一款性能先进的无人侦察机，改进型为“搜索者”Mk2。

图 4-81　“搜索者”Mk2 无人机

“搜索者”Mk2 采用后掠机翼，发动机、通信系统和导航系统较最初型号有了改进，具有良好的空气动力学性能，滞空时间长，操作起来也非常方便。该机飞行高度可达 6000 米以上，续航时间 18 小时，可携带 1200 毫米彩色电荷合元件（CCD）视频摄像机用于昼间使用和菲力尔（FLIR）用于夜间观察。主要用途为监视、侦察、目标捕获及火炮校准，能够自动起飞和降落。

“搜索者”Mk2 具有极好的发动机和空气动力学性能，优异的部署和操作品质和 1 个新的先进通用无人机（UAV）任务地面管制中心，与所有的“马拉持”（Malat）系统兼容。

（九）以色列“苍鹭”无人机

“苍鹭”（图 4–82）是以色列空军目前最大的无人机，由以色列航空工业公司（IAI）研制。

图 4–82　“苍鹭”无人机

“苍鹭”无人机的设计用途为实时监视、电子侦察和干扰、通信中继和海上巡逻等。可携带光电 / 红外等侦察设备进行搜索、识别和监控，还能用于地质测量、环境监控和森林防火等。

“苍鹭”无人机的设计特点是采用复合材料结构、整体油箱机翼、先进的气动力设计、可收放式起落架、大型机舱、电源系统功率大、传感器视野好等。

（十）以色列“赫尔姆斯”450 无人机

“赫尔姆斯”（图 4–83）系列无人机系统由以色列埃尔比特（Elbit）公司开发，该公司是以色列首屈一指的防务电子企业。

图 4–83　“赫尔姆斯”450 无人机

“赫尔姆斯”450 无人机常被视作重型的长航时战术无人飞行器，而不是战略用途的中空长航时飞行器。2007 年 9 月，埃尔比特公司称全球各国军方装备的“赫尔姆斯”450 无人机已累计飞行了 6.5 万小时，采用该飞行器的国家包括克罗地亚、格鲁吉亚、墨西哥、新加坡、英国等。

与“赫尔姆斯”450 无人机相比，“赫尔姆斯”450B 无人机（于 2007 年公布）加装了带有除冰装置的肩翼、可收回的机鼻着陆架，动力也改为功率更大的英国产引擎，由于性能较好，该飞行器亦被授权给英国生产。

第五节　坦克、装甲车

千锤百炼还坚韧，一往直前万里平！

火力、防护和机动性能是坦克和装甲车的三大传统要素，而随着科技发展，未来地面战场的信息化已是明确的、不容置疑的趋势。

一、现代经典坦克

（一）美国“艾布拉姆斯”M1 主战坦克

“艾布拉姆斯”M1 主战坦克（图 4-84）是美国现役中最高性能的主战坦克，它设计于 20 世纪 70 年代，是美军为了与数量庞大的苏联坦克相抗衡而研制的产物，也是冷战时期典型的产物。“艾布拉姆斯”M1 主战坦克比以前的 M9 系列坦克更快，其机动性也更好。

图 4-84　“艾布拉姆斯”M1 主战坦克

美国军队在决定研发 M1 系列坦克后，就于 1973 年 6 月分别与通用和克莱斯勒两大公司签订了研制样车合同。但在研发过程中有一个大问题一直困扰着设计师，这个问题就是他们必须在重量和机动能力上做一个折中，二者难以兼顾。如果放宽对重量的限制，那么坦克将获得强大的火力和防护能力；如果注重机动性，那么坦克的火力和防护力则会有所下降。与其他强国联合研发就可以解决这一问题。1976 年年初，经测试与评估，克莱斯勒公司的设计中选。为纪念二战中著名的装甲部队司令格雷夫顿・艾布拉姆斯将军，特把该坦克命名为“艾布拉姆斯”主战坦克。

M1 主战坦克给人印象最深的特点是它的特种装甲，由钢和其他材料组成“三明治”式结构，可以抵御具有动能穿透力的破甲弹的袭击。M1 坦克比以前的 M60 系列坦克侧面影像更低、更小，可以降低被敌方攻击的概率。它不像早期的坦克那样用装甲铸造法制造装甲外壳，而是用扁平的装甲部件焊接而成，还装有先进的火控系统和防原子、防化学、防生物武器装置。

在动力装置方面，M1 主战坦克采用的是以车载燃气轮机作为主发动机。尽管在理论上和实验室里，车载燃气轮机具有优良的燃料消耗率，但现实中柴油机也有它鲜明的优势。在海湾战争中，坦克群后面常跟随着长长的加油车队，以防止坦克燃料耗尽。M1 坦克发动机的性能毋庸置疑，只是采用车载燃气轮机，相应的支援费用太高。但这也有一个好处，M1 采用的燃气轮机非常可靠，它的引擎工作的时候非常安静。

为了赶上苏联新式坦克的设计，当时美国对基础型号“艾布拉姆斯”坦克进行了一系列改进计划，使后来产生的 M1、M1A1、M1A2 这三种主要型号的火力以及杀伤力变得更强。M1 主战坦克的初期型号使用的是 105 毫米口径线膛炮，但从 M1A1 开始，改用了德国莱茵金属公司的 120 毫米滑膛炮，即 M256 主炮。该炮可发射多种弹药，包括 M829A3 尾翼稳定贫铀合金脱壳穿甲弹和 M830 破甲弹。M829A2 穿甲弹在 1000 米距离上可穿透 780 毫米装甲，3000 米距离上的穿甲厚度约为 750 毫米。

M1 主战坦克的辅助武器为 1 挺 12.7 毫米机枪和 2 挺 7.62 毫米并列机枪，其中，12.7 毫米机枪安装在电动旋转平台上，既可手动操作，也可电动操作。

（二）俄罗斯 T-90 主战坦克

T-90 坦克（图 4-85）是俄罗斯研制的一种新型主战坦克，堪称俄罗斯陆军最先进的陆战装甲装备。它是典型的组合式坦克，采用 T-72 坦克的炮塔，T-80 坦克的底盘，只有整个火控系统是独立研制的，并安装了主动防御系统，它的总体性能还是居于世界前列的。

图 4-85　T-90 主战坦克

20 世纪 80 年代中期，苏联陆军为取代当时同期装备的 T-64、T-72 和 T-80 三大系列主战坦克，使主战坦克的型号实现标准化，于是决定将 1988 年在乌拉尔车辆制造厂生产的 T-72B 主战坦克改进为 T-72BM。该车采用了第三代接触爆炸反应装甲，使该坦克的防护能力有较大提高。T-72BM 曾小批量生产并装备部队，并定型为 T-72y。1992 年，俄罗斯国防部将 T-72y 重新命名为 T-90 主战坦克，并于 1993 年 6 月在库宾卡试验场首次公开露面。1996 年 1 月，俄罗斯国防部决定将逐步采用 T-90 主战坦克作为制式装备。

T-90 坦克的威力炮塔是 T-72 坦克的改进型。该炮塔的防护能力在苏联时代坦克炮塔中首屈一指。T-90 坦克首次安装了主动防护装甲。炮塔采用复合装甲铸造而成，内部还有一个夹层，装甲整体厚度相当于 380 毫米钢装甲，抗穿甲能力相当于 530 毫米装甲，抗破甲能力相当于 520 毫米钢装甲。车体首上装甲板和车体裙板前部两侧，以及炮塔正面、前部两侧和顶部均披挂接触爆炸反应装甲，使炮塔正面的抗穿甲能力达到 780 ~ 810 毫米钢装甲。

T-90 坦克的激光报警机非常先进，一旦探测到自身坦克被制导光束照射，炮塔就会自动转到激光束方向并迅速用榴弹发射器发射特种榴弹。榴弹爆炸后可产生能持续 20 秒钟的烟幕，就好像乌贼遇到危险时释放的“烟幕弹”一样，使敌方的导弹失去攻击目标。这种悬浮烟幕可有效地遮蔽激光束对坦克的照射，足以对付美国的“陶”式、“龙”式、“海尔法”式、“幼畜”式导弹和激光制导组弹等反坦克武器，可使坦克被命中的概率降低到原来的五分之一以下。

2003 年，印度从俄罗斯购进了 400 辆 T-90 坦克，这些坦克很被印度陆军看好。印度军方认为，该坦克不仅能有效提高陆军的整体作战能力，还能从装甲作战能力上震慑印度的传统对手。但因抵挡不住印度炎热的高温天气，T-90 主战坦克已经暴露出一系列的不足和问题。热成像系统可以说是主战坦克至关紧要的"眼睛"，但是 T-90 的热成像系统不能适应印度地区的热带高温天气。该主战坦克在印度沙漠地区的极高温环境下执行任务时，坦克内的平均温度通常可以达到 55 ~ 60 摄氏度，从而导致侦察系统频繁发生故障。

（三）德国"豹"2 主战坦克

1970 年，MBT-70 坦克计划告吹，联邦德国便做出研制"豹"2 坦克（图 4-86）的决定。1972 ~ 1974 年，克劳斯·玛菲公司制出 16 个车体和 17 个炮塔。样车于 1972 ~ 1974 年进行了部件系统技术试验，然后进行部队试验。1975 年 2 ~ 3 月在加拿大进行冬季试车，4 ~ 5 月在美国尤马试验场进行热带沙漠试验。1977 年，联邦德国选出克劳斯·玛菲公司为主承包商并签订了大量生产"豹"2 坦克的合同，在 1800 辆订货中，克劳斯·玛菲公司生产 990 辆，其余 810 辆由克虏伯·马克公司制造。第一辆预生产型"豹"2 坦克于 1978 年年底交给联邦德国国防军用于部队训练。1979 年年初又交付了 3 辆。第一辆生产型"豹"2 坦克由克劳斯·玛菲公司于 1979 年 10 月在慕尼黑交付，正式装备联邦德国国防军。到 1982 年年底，年产量达到 300 辆水平。

图 4-86　"豹"2 主战坦克

"豹"2 主战坦克（A4 型）全重 55 吨，乘员 4 人。车体和炮塔均采用间隙复合装甲，车体前端呈尖角状，增加了厚的侧裙板。炮塔外轮廓低矮，防弹性好，设计时考虑了中弹后的防二次效应问题，将待发弹存于炮塔尾舱，并用气密隔板将弹药与战斗舱隔离。该坦克采用集体防护式三防通风装置。第五批生产型"豹"2 坦克开始安装英国格莱维诺乘员舱灭火抑爆装置。

"豹"2 坦克安装莱茵金属公司研制的 120 毫米滑膛炮，装有热护套和抽气装置，身管系用自紧工艺制造，内膛表面经镀铬硬化处理。坦克弹药基数为 42 发，其中 27 发储存在驾驶员左边的车前部分，15 发储存在炮塔尾舱里。配用尾翼稳定脱壳穿甲弹和多用途破甲弹两种弹药。莱茵金属公司已研制了 5 代 120 毫米曳光尾翼稳定脱壳穿甲弹，其中 DM13 长径比为 12 ： 1，DM21 长径比为 14 ： 1，更新型的 DM33、DM43、DM53 则具有更大的长径比。

该坦克的火控系统采用指挥仪式稳像火控系统，具有易于稳定和很高的行进间对运动目标的射击命中率。车长配有 PERI-R17 型稳定式周视主瞄准镜。炮长有双放大倍率的稳定式 EMES15 型潜望式瞄准镜，其中包括激光测距仪和热成像装置。装在 EMES15 型瞄准镜中的热像仪能使火炮在夜间或不良天气下或者对伪装的目标进行瞄准和射击。

该坦克样车原采用蔡斯 EMES12 型激光测距仪，生产型车采用美国休斯公司专利的钇铝石榴石激光测距仪，并与 EMES15 型炮长主瞄准镜组合为一体。激光测距仪最大测量距离为 9990 米，精度 ±10 米。火控计算机由通用电气德律风根的 FLER-H 型混合式计算机发展为在第五批“豹”2 坦克上安装的数字式电子计算机。

“豹”2 坦克装有 MTU 公司的 MB873Ka-501 型发动机，功率为 1103 千瓦，传动装置采用伦克 HSWL345 型液力机械传动装置，行动装置采用扭杆悬挂，车体每侧有 7 个负重轮、4 个托带轮、1 个后置主动轮、1 个前置诱导轮和 1 个履带调节器。

（四）日本 90 式主战坦克

在富士山脚下，长年驻扎着配备有 90 式坦克（图 4-87）的日本陆上自卫队。90 式坦克的形体较小，但跑得很快，而且火炮威力大，可称得上“陆地雄狮”中的“小猛虎”。

图 4-87　90 式主战坦克

90 式坦克是日本研制的第三代主战坦克。早在 74 式批量生产时，日本就开始着手研制新一代主战坦克了。依仗其雄厚的经济实力，日本充分发挥其先进的电子技术、新材料技术等特长，广泛吸取世界各国先进的坦克技术，于 1990 年定型，故命名为 90 式坦克。该坦克是日本第一种完全安装了稳定的自动装弹机的坦克，其优秀的火控系统使它在 1994 年被瑞典武器评估组织推出的“世界坦克排行榜”中名列第一。

在二战之前，日本的军事装备也比较先进。但在二战中，日本变成了战败国，当时《波茨坦公告》规定日本军队要完全解除武装。所以在战后，日本停止了所有军事技术装备的研制。日本的陆上自卫队装备的都是美制坦克，但日本政府和陆上自卫队梦寐以求的是装备国产坦克。后来，日本在模仿美制坦克和引进部分技术的同时，实现了坦克的国产化，已发展了三代坦克。第一代坦克为 61 式坦克，第二代坦克是 74 式坦克，第三代坦克就是 90 式坦克，其火力、机动性和装甲防护力比 74 式坦克有大幅度提高。

90 式坦克用了诸多的现代化顶尖技术，在火控和车辆电子系统方面，它比法国“勒克莱尔”、德国“豹”2A5 和美国 M1A2 还要先进。它采用 1119 千瓦三菱 10ZG 柴油机，尽管该坦克重 50 吨，但其单位功率仍名列第一。

从远处看，日本 90 式坦克的轮廓和框架与德国的“豹”2 坦克非常相似，二者的车体和炮塔的形状扁平且比较方正，但 90 式坦克的个头和体重比“豹”2 要矮小和轻很多，车下部负重轮和车上部烟幕弹发射器也少。它比“豹”2 及改进型要轻 5 ~ 10 吨。其他与“豹”2 不同的是，90 式坦克有 1 部自动装弹机，乘员为 3 人。

该坦克的火控系统包括水平向稳定的炮长潜望式瞄准镜、双向稳定的车长潜望式瞄准镜和火控计算机、传感器、控制部分、与乘员之间的接口等。数字式火控计算机是火控系统的核心。90 式坦克的火控系统高度智能化，它具备自动目标跟踪能力，而且长期以来传闻该系统具有某种目标识别、排序以及将威胁按优先顺序排列的功能，甚至可以计算火炮的瞄准角、提前角，使瞄准镜十字线自动装定等。

（五）韩国 K2“黑豹”主战坦克

2005 年，韩国 K2“黑豹”主战坦克（图 4-88）向世界公开展示。这对 1975 年之前还不能自己研发主战坦克的韩国来说，实在是件了不起的事，韩国人有理由为 K2“黑豹”自豪一把。

图 4-88　K2“黑豹”主战坦克

韩媒体对 K2“黑豹”坦克进行了高调和大密度的宣传，称其为“全世界技术水平最高的”主战坦克。它采用功率 1103 千瓦的 MTU 公司的 MB-883 发动机，动力强大。若配上特制潜水设备，还能在深 4.1 米的水域潜渡。其坦克炮具有两用功能，炮射制导炮弹既能打坦克又能打直升机。它可以在崎岖的山路上边行进边射击，射速达到 15 发 / 分。它发射韩国自产的具有自动避障能力的“聪明攻击炮弹”，甚至能击中隐藏着的目标，尤其是发射新型穿甲弹，可在 2000 米外同时穿透并排的两辆日本 90 式坦克，这令日本人很受刺激。

2011 年，韩陆军将完成装备 680 辆 K2 坦克的计划。韩媒体认为，K2“黑豹”性能超越了美国王牌的 M1A2 坦克，已成为整体战术技术性能最先进的主战坦克。但韩媒体没有解释 K2“黑豹”的单价怎么会高达 880 万美元。

K2“黑豹”车长 10 米，车宽 3.6 米，车高 2.5 米，战斗全重 55 吨，乘员 3 人，最大速度 70 千米 / 小时，最大越野速度 50 千米 / 小时，最大行程 430 千米。

二、现代经典装甲车

（一）美国 M2 步兵战车

M2 步兵战车，即 M2“布雷德利”步兵战车（图 4–89），是美国研制的一种步兵战车，它以美国五星上将布雷德利名字命名，是一种履带式、中型战斗装甲车辆，也是一种伴随步兵机动作战用的装甲战斗车辆，可以独立作战，也可以协同坦克作战。1980 年定型并投产，1983 年装备部队，共生产了约 4000 辆，参加过海湾战争。车体为铝合金焊接结构，双人炮塔上安装 1 门链式炮、1 具导弹发射器和 1 挺并列机枪。

图 4–89　M2 步兵战车

火炮采用双向供弹方式，可以单发或以 100/ 分、200 发 / 分的射速射击。炮手配备昼夜合一瞄准镜，其夜视部件为红外热成像装置。炮塔的转动、火炮和导弹发射架的俯仰采用电动式，并配有双向稳定系统。发动机为水冷涡轮增压柴油机，动力通过静液机械式传动装置传递。行动装置采用高强度扭杆、液压减振器。车内装有气体过滤装置、自动灭火装置。炮塔前部火炮两侧备装一组 4 具烟幕弹发射器。车体外面可安装反作用装甲，战斗室内部也加装“凯夫拉”防弹衬层。该车的改进型有 M2A1、M2A2 型。M2A2 炮塔和车体上采用附加装甲后，防护能力由防 14.5 毫米机枪弹增大为防 30 毫米机关炮弹。

M2A2 的改进项目还有：驾驶员采用热成像夜视仪；采用导向仪；采用较低矮的电台天线改进核生化防护装置；改进保养及故障诊断设备。其变型车有 M3 骑兵战车、多管火箭发射、防空车等。

（二）美国“斯特瑞克”多功能装甲车

美国五角大楼的官员曾说“斯特瑞克”多功能装甲车（图 4-90）是“21 世纪美国陆军的一张王牌”。它是美陆军远距离部署快速反应部队的理想战车。

图 4-90　“斯特瑞克”多功能装甲车

“斯特瑞克”多功能装甲车是在“锯脂鲤”-3 轮式装甲车的基础上研制而成的，而“锯脂鲤”装甲车本是瑞士莫瓦格公司的著名品牌。美海军陆战队购买后，按美军的习惯改名叫 LAV-25。“斯特瑞克”改变了美军主要坦克和装甲车以美军著名将领之名命名的传统，而用“斯特瑞克”命名来纪念两位获得荣誉勋章的勇敢士兵。他们是二战时期的上等兵斯图亚特·斯特瑞克和越南战争时期的上士罗伯特·斯特瑞克。

该车的车体虽比“锯脂鲤”-3 稍大一点，稍重一点，但无碍空运。一架 C-130“大力神”可运 1 辆齐装满员的“斯特瑞克”装甲车，一架 C-17 可轻松载运 3 辆齐装满员的“斯特瑞克”装甲车。对于美陆军来说，“斯特瑞克”除具有快速部署能力外，其机动力、防护力和攻击力也很突出，适应美陆军新发展的需要。

“斯特瑞克”是具有步兵战车特色的多功能装甲车，推进速度和作战效率明显比乘坐履式“布雷德利”步兵战车要强很多。车体用高硬度装甲钢制造，全焊接装甲结构，内有“凯夫拉”防剥落衬层，可披挂被动附加装甲，采用防地雷性能优良的特制防弹轮胎。其车内容积达 11.5 立方米，比较宽敞。这使得它除能载乘 2 名乘员外，还能载运一个 9 人步兵班。

它装置最大功率达 243 千瓦的卡特皮勒柴油机，动力系统先进，驱动形式 8×8，车辆能以 96 千米 / 小时的速度在泥泞的崎岖小路上平稳行驶。它装有自救绞盘，可在淤陷等紧急情况下实施自救。

它的主要武器为车载 25 毫米炮、40 毫米自动榴弹发射器和 12.7 毫米机枪。它采用了以网络化为核心的信息技术，装置了成套车际信息系统和全球定位系统，可满足高技术战争、反恐作战和维和行动的需要。

“斯特瑞克”装甲车在车辆通用性上的优势非常突出，各型车辆之间有 85％的部件通用，能减少燃油消耗，使车辆维修量降到最低程度。其基本型是轮式装甲战车，并发展了 8 种变型车，如“斯特瑞克”机动火炮系统、“斯特瑞克”核生化侦察车等。

“斯特瑞克”核生化侦察车代表目前世界核生化侦察的最高水平，它吸收了德国“狐”核生化侦察车的优点，配备了美国最新的核生化侦察设备，既可对生物战剂进行探测与识别，也可采集和存储可疑样本以供分析鉴定。其远距离化学制剂探测器可在机动中探测 360 度范围 5 千米内的毒剂。

“斯特瑞克”装甲车车长 6.985 米，车宽 2.72 米，车高 2.64 米，战斗全重 17.2 吨，最大速度 100 千米 / 小时，最大行程 500 千米。

（三）美国 EFV 远征战车

EFV 远征战车如图 4-91 所示。美海军陆战队要用它执行未来“超视距”三栖登陆作战任务。由于其在试用中暴露了设计和工艺上的许多问题，平均每 8 小时就出现 1 次故障，可靠性指数太低，而且使用海域受到了限制，因此生产商要对它实施大量的补救系统工程，来提高其可靠性，这便要继续追加成本。首批量服役也推迟到了 2011 年，而形成初始作战能力要到 2015 年，拥有完全使用能力需要到 2025 年。美海军陆战队原计划采购 1 013 辆，后来减少到了 573 辆。

图 4-91　EFV 远征战车

但 EFV 的试验也有让人兴奋的地方，它能够在不到 2 分钟的时间内完成从海上模式到陆地模式的转换，达到从距离海岸 27.8 ~ 46.3 千米的海中把士兵运送到岸的要求。

EFV 战车由 AAV7A1 两栖突击车发展而来。在 1991 年海湾战争中，

AAV7A1 执行由舰到岸的输送任务，表现上乘。AAAV 吸收了 7AAV7A1 的设计长处，又有大的技术突破，于 2003 年 9 月 10 日被改称为远征战车，英文缩写为 EFV。

EFV 战车设计的最大亮点是水上机动性，其机动力来自动力推进系统和车后部两侧的喷水推进器。它有水上高速行驶模式、水上过渡行驶模式和陆上行驶模式三种模式。水上高速行驶时，EFV 远征战车犹如一个大型水上冲浪板，踏浪如飞，可达到当今世界两栖战车水上行驶的最高速度。用水上过渡行驶模式时，航速也可达 19 千米 / 小时。

高速度靠有好心脏。EFV 远征战车长着一颗功能特别的“心脏”，那是德国 MTU 公司提供的一种有 12 个缸的增压柴油发动机，安装在车体中部，利于获得战车水上航行时的重心平衡。车上携带 1382 升燃油，如果用于两栖作战，这些燃油可保证 EFV 战车在海上航行 40 千米后，仍能在陆上行驶 320 千米。这显示出 EFV 远征战车的机动力优势。

EFV 远征战车在防护上也下了很多功夫。它的车体由铝合金装甲焊接而成，全身可抵御 14.5 毫米重机枪穿甲弹的攻击，车顶能防御 155 毫米榴弹破片的袭击，必要时还可挂附加模块化陶瓷装甲以加强防护。令人称奇的是，车上配装了那么多的烟幕弹发射器，炮塔上安装了 16 具，车体上也安装了 16 具，共 32 具。

EFV 远征战车上装配有先进的光学热成像观瞄探测系统和数字火控系统。炮塔上装有 1 门 40 毫米机关炮，辅助武器为 1 挺 7.62 毫米并列机枪。40 毫米机关炮可击毁 2000 米内的轻型装甲车辆。

EFV 远征战车虽然受到美海军陆战队的肯定，但由于战车的长度较大，每艘两栖突击舰的装载量便会减少。它的耗油量是 AAV7A1 两栖突击车的 2 倍，这势必加重后勤供应的负担。其航速虽快，却易暴露航迹。尤其是其单价，由高达 700 万美元上升到 1230 万美元后仍未止住，增加了作战成本，这难免要给它的发展带来变数。在较长时间内，美海军陆战队很可能选择 EFV 远征战车与 AAV7A1 两栖突击车搭配装备使用的方式。

EFV 远征战车乘员 3 名，搭载陆战队员 17 名，车长 9.45 米，战斗全重 35.38 吨，陆上最大速度 83.4 千米 / 小时，水上最大速度 47 千米 / 小时。

（四）德国“美洲狮”步兵战车

2002 年 8 月，德国国防部做出决定，着手研制一种新型步兵战车。2002 年 9 月 12 日，德国联邦国防预算委员会批准了这一决定。德国联邦国防技术与采购局于 2002 年 9 月 20 日与项目系统管理联合公司（PSM）签订了“美洲狮”新型步兵战车（图 4-92）设计阶段的合同。首辆样车在 2005 年 12 月完成，2006 年完成 20 台预生产车辆，并进行必要的部队试验。2008 年开始批量生产，2012

年之前将完成首批订购的 390 辆车的交付工作。在战场上，步兵战车主要用于伴随、协同主战坦克作战，世界各国涌现出不少性能优良的组合。例如，美国的“艾布拉姆斯”主战坦克和“布雷德利”步兵战车、英国的“挑战者”2 主战坦克和“武士”步兵战车、俄罗斯的 T-90 主战坦克和 BMP-3 步兵战车等。

图 4-92　“美洲狮”步兵战车

德国陆军拥有世界上一流的“豹”2 主战坦克，更需要一种性能极佳的步兵战车与之配合作战。2005 年年底，“美洲狮”履带式步兵战车原型车开下生产线。先进的设计理念、完美的技术整合使其成为 21 世纪步兵战车的典范。“美洲狮”步兵战车将是“豹”2 主战坦克最强有力的作战伙伴。

“美洲狮”步兵战车的总体布局仍采用传统的方式，驾驶员位于车体内左前方，动力传动装置位于右前方。车体采用无焊接薄装甲板制成，配有可更换的防护部件，制造成本低。为了优化战斗室，无吊篮的炮塔不对称地安装在车顶靠左的位置。炮塔结构小而轻，炮塔内无乘员，车长和炮长均位于车体内。炮塔顶部中央装有可旋转 360 度的光学装置，供乘员使用。炮塔右部装有主要武器和辅助武器。

“美洲狮”步兵战车采用 MTU 公司生产的世界上结构最紧凑、重量最轻的 MT-902V-10 型高功率密度型柴油发动机。这种发动机属于 MTU 公司 MTU890 系列的新型发动机，输出功率 800 千瓦，可给“美洲狮”步兵战车提供 25.4 千瓦 / 吨的单位功率。

装甲防护有两种级别，即基本级 A 级，战斗全重 31.45 吨，可用 A-400M 运输机空运。其装甲组件可抵御 14.5 毫米弹药的攻击。地雷防护组件可以抵御 10 千克的地雷。最高防护级别是 C 级，车体侧面和炮塔都加装附加模块。C 级防护时的战斗全重约 41 吨，可抵御集束炸弹子弹药等攻顶武器对车辆顶部的攻击。所有的附加装甲组件都进行了优化，可由乘员利用随车携带的工具快速安装在“美洲狮”步兵战车上。超强型防护的“美洲狮”比 C 级防护又增加 2 吨，战斗全重高达 43 吨，与许多国家装备的主战坦克相当，这是由于其采用了模块化装甲套件的缘故。

在“美洲狮”步兵战车上还为将来安装间隔主动防护系统准备了接口。这种防护系统通过自身的传感器捕捉来袭的导弹和弹丸，并可通过采取相应措施干扰敌方传感器（软杀伤系统），借助爆炸物或榴弹直接对付威胁（硬杀伤系统）。

“美洲狮”步兵战车装有陆军指挥信息系统，为在未来战场上实现互联互通奠定了基础。由于采用与车辆设计结构相匹配的数据总线技术，使采用与系统集成的镶嵌式训练模拟系统成为可能。该训练模拟系统利用计算机和专门软件生成未来的战场景象，并模拟系统误差。除此之外，还能模拟各种地形构造。

该车首次实现了带液气悬挂元件的退耦式行动装置，从而减小了噪音和振动，使乘员可较长时间随车行动。车辆每侧有 5 个负重轮，并有液压终端限制器，迪尔系列轻型履带宽 500 毫米。

“美洲狮”步兵战车将至少服役 30 年，其设计具有延长装备时间的潜力。目前，德国已经开始研发对步兵战车的改进，包括战场内敌我识别、指挥控制、通信和情报系统以及德国未来士兵系统等。

第六节　现代导弹

运筹帷幄之间，决胜千里之外！

一、现代经典反坦克导弹

反坦克导弹是二战期间研制成功的小型制导武器，于 20 世纪 50 年代中期由法国率先投入使用，继而在众多国家掀起研制高潮。历次局部战争证明，反坦克导弹是当今最为有效的反坦克武器。半个多世纪以来，反坦克导弹的战术技术性能显著提高，已成为世界各国反坦克武器的主体。

（一）美国“陶”系列反坦克导弹

“陶”系列导弹（图 4–93）是美国陆军重型反坦克导弹，供车载和直升机载使用，主要用于攻击坦克、装甲车辆和火炮阵地等坚固目标，基础型号为 BGM–71，1962 年研制，1970 年列装。它是一种光学瞄准、管式发射、红外跟踪、导线传输指令半主动制导的第二代反坦克导弹，射程 3750 米。

图 4–93　“陶”系列反坦克导弹

全武器系统由筒装导弹和发射制导装置组成，弹径为 152 毫米，弹长 1164 毫米，弹重 18 ~ 47 千克，空心装药战斗部垂直破钢甲 600 毫米。采用双锥药型罩和在战斗部前端加长 373 毫米，可伸缩式双节炸高棒，垂直破甲威力提高到 800 毫米。1983 年，其为“陶”2 型所取代。“陶”2 型战斗部直径由 127 毫米增大到 148 毫米，改用 540 毫米长的三节可伸缩式炸高棒，配用 35 度的药型罩，垂直破钢甲 1030 毫米。

“陶”2A 型是“陶”2 的改进型，1983 年研制，1987 年 9 月装备驻欧美军。“陶”2A 型采用串联战斗部，以先导炸药引爆披挂在坦克上的爆炸反应装甲，再由后续射流攻击坦克主装甲。“陶”2B 型采用了 2 个爆炸成形弹丸战斗部和 1 个双模式传感器装置。“陶”2B 型的攻击方式为掠飞攻顶。“陶”基础型、“陶”2 型和“陶”2A 型都曾在海湾战争中使用。

几十年来，各型“陶”式反坦克导弹已累计生产了 66 万枚，已扩散到 44 个国家。

（二）法国 / 德国“米兰”反坦克导弹

“米兰”导弹（图 4–94）由法国和德国联合研制，1963 年开始研制，1974 年装备部队，是轻型中程第二代反坦克导弹的典型代表。“米兰”导弹采用目视瞄准、红外半主动跟踪、导线传输指令制导方式。目前，对改进型“米兰”2 进一步改进，将采用串联战斗部，以对付复合装甲和反应装甲。改进后的“米兰”2 称为“米兰”2T。

目前装备的主要是改型弹“米兰”2，装备了近 40 个国家，曾多次用于局部战争和武装冲突，实战证明十分有效。

“米兰”的最小转弯半径为 500 米。武器系统的可靠性大于 95%。最大射程上的发射速度大于 3 发 / 分。“米兰”在发射前的准备时间小于 50 秒。

图 4-94 “米兰”反坦克导弹

“米兰”武器系统用于地面发射时，由两个人就可以完成发射任务。其中，射手携带一套发射制导装置，助手携带两发弹药。该系统用于车载发射时，可将三脚架装在车顶，也可以装在车体内，还可以利用 MCT 无人炮塔。该系统可用于机载发射，可将其装在“小羚羊”轻型直升机上。

“米兰”武器系统经过 1983 年第一次改进后，梅塞施密特 - 伯尔科 - 布洛姆（Messerschmitt-Bölkow-Blohm，简称 MBB）公司又为“米兰”研制了一个双重战斗部，其特点是有个可以伸缩的、保证最有力炸高的长探针，探针前端有一个大于 30 毫米直径的空心装药装置。

基型“米兰”弹径 116 毫米，弹重 6.7 千克，射程 2000 米，垂直破钢甲 690 毫米。1983 年，对基型“米兰”做了改进，战斗部直径由 103 毫米增至 115 毫米。该导弹弹长 760 毫米，弹径 103 毫米，系统全重 27 千克，破甲厚度 700 毫米，射程 25 ~ 2000 米。

（三）俄罗斯“柯涅特”E 型反坦克导弹

“柯涅特”反坦克导弹（图 4-95）是俄罗斯新研制的远程反坦克导弹，主要用于摧毁敌方现代和未来带防爆装甲的坦克、小型防御工事以及掩体内的有生目标。弹长 1200 毫米，弹径 125 毫米，发射重量 19 千克，最大射程 5500 米。该弹使用抗干扰能力强的半主动激光波来制导，并配有红外热成像仪，可以

图 4-95 “柯涅特”反坦克导弹

分解为若干部件由人力携载或车载。据称，它可以击穿 1000 ~ 1200 毫米的均质装甲。

“柯涅特”E 型反坦克导弹的制导系统是很先进的，它采用的是激光驾束半主动制导方式，还配有红外热成像仪。作战时，射手用热成像瞄准具跟踪目标，向目标发射一种激光束，导弹就沿着激光束飞行，在激光束的导引下命中目标。

据说“柯涅特”反坦克导弹诞生之后，是否让其参加希腊防务展览会也颇费一番周折。因为俄市场人员担心“柯涅特”参加以后会影响国外已经订购了俄“康古尔斯”反坦克导弹的客户的信心，强烈反对“柯涅特”展出。设计师们激烈争取，终于使市场人员让步。从中也可看出“柯涅特”在俄罗斯反坦克武器中的地位。

二、现代经典地空导弹

从地（舰）面发射，攻击空中目标的导弹，称地（舰）空导弹。发射装置、导弹、地（舰）面制导设备及技术保障设备等构成防空导弹武器系统。防空导弹出现于二战后期，迄今已发展了三代，形成了高空远程、中空中程、低空超低空近程三个空域地空导弹配系。

（一）美国“爱国者”地空导弹

“爱国者”地空导弹（图 4–96）属美国第四代导弹，1980 年服役。该导弹弹长 5300 毫米，弹径 410 毫米，翼展 870 毫米，弹重约 1000 千克，最大飞行马赫数 3 ~ 3.5，战斗部重 68 千克，作战半径 3 ~ 100 千米，作战高度 0.3 ~ 24 千米。发射方式为 4 联装箱式倾斜发射，每个火力系统单元以连为单位，每连有 5 ~ 8 辆发射车和 4 部雷达车、指控车、电源车、天线车以及 20 ~ 32 枚待发导弹。

图 4–96 “爱国者”地空导弹

安装有组装式集体防护系统的美国“爱国者”地空导弹系统包括指挥车、相控阵雷达载车和发电设备。“爱国者”设计单发命中率为 80％，实际使用时很多情况下都高达 90% 以上，大大高出设计和试验要求。

“爱国者”之所以成为“飞毛腿”的克星，主要基于以下两个方面的原因。

首先，“飞毛腿”B 是苏联 20 世纪 60 年代研制的第二代出口型地地战术导弹，它的技术水平比“爱国者”差了两代。该型弹没有抗干扰能力，弹道一经确定和发射就无法改变，加之弹体过大，速度又低，飞完全程需 5 ~ 9 分钟，击落“飞毛腿”对拥有先进预警能力的美国来说是轻而易举的事，所以“飞毛腿”在“爱国者”面前，只能是权当靶标了。

其次，“爱国者”之所以成为“飞毛腿”的克星，是因为和其他地空导弹相比，它有三大优势。第一，有先进的预警和引导系统。除 DSP 预警卫星外，它还首次采用了一部 AW/MPQ-53 型多功能相控阵雷达，其探测距离达 150 ~ 160 千米，可完成搜索、识别、跟踪、照射目标、制导导弹和电子对抗等多种任务。一部雷达相当于 9 部雷达的功能。它可在 120 度扇面内监视 100 个目标，同时跟踪 8 个目标和向 3 枚导弹传送中段制导指令，并对 3 枚导弹进行末制导，拦截 3 个来袭目标。第二，制导体制先进。它采用了指令与半主动寻的复合制导的方式，提高了制导和抗干扰能力。第三，组配紧凑，机动性好。“奈基”Ⅱ和“霍克”导弹的零部件达 3 万个之多，而“爱国者”还不到 3000 个，组成单元也很少，自动化程度相当高，作战时一个火力单位只需 3 人。

（二）俄罗斯 S-400 地空导弹

S-400“凯旋”地空导弹（图 4-97）是俄罗斯“火炬”设计局的杰作。S-400 是在 S-300P 的不断改进过程中发展出来的新品牌，它配备了射程更远的新导弹和新型相控阵跟踪雷达。雷达具有 360 度的全向覆盖能力。

图 4-97　S-400 地空导弹

S-400“凯旋”充分利用了俄罗斯在无线电、雷达、火箭制造、微电子技术和计算机技术等领域的最先进研究成果，在飞行速度和命中精度等方面均优于美国的“爱国者”3导弹。“爱国者”3的作战距离、最大射高远逊于S-400。初产的S-400可以击落250千米、飞行高度从数十米到几万米的巡航导弹和飞机。新型S-400发射新型远程导弹射程可以达到400千米。因此，从技战术性能分析，“凯旋”导弹应是当今世界上性能最好的防空导弹之一。

能在战略防空网中扮演重要角色，是“凯旋”的又一大特点。S-400完成战斗部分离后，能用于战略弹道导弹防御。它配置了全自动模式工作的目标瞄准系统。S-400升级后，能和A-135M反导弹系统共享目标数据信息。“凯旋”在A-135M反导系统协同下，可以拦截洲际弹道导弹。根据俄军计划，S-400防空导弹将能防护俄罗斯重要的工业中心和大城市，如莫斯科、圣彼得堡以及乌拉尔工业区等。

三、现代经典空空导弹

早在1944年，德国就研制出了有线制导的空空导弹。到目前为止，世界各国研制成功的空空导弹有五六十种，正在研制的型号十几种。其中，美国、俄罗斯、英国、法国、以色列等国处于领先地位。空空导弹按制导方式大体分为红外制导、雷达制导和复合制导三种方式，按射程分为近距、中距和远距等类型。

第一代空空导弹于20世纪50年代中期装备部队，该时期的空空导弹主要由雷达制导和红外寻的制导，但都比较原始。

空空导弹的第二代于20世纪60年代中期开始服役，该时期的空空导弹到了成熟发展阶段。这一代空空导弹主要采用两种制导方式：一是半主动雷达寻的制导；二是被动红外寻的制导。

20世纪70 ~ 80年代服役的空空导弹为第三代。由于美苏冷战的竞争和越南战争的需要，促使空空导弹发展到比较完善的阶段。在这一时期，由于载机普遍采用多普勒火控雷达，空空导弹的寻的系统也有很大改进，使导弹的抗干扰能力、可靠性、识别地面杂波能力和下射能力都有很大提高。

20世纪90年代以来，由于微电子技术的发展，导引系统的智能化和小型化，可以在导弹体积不增大的情况下安装精确制导主动跟踪雷达。

（一）美国AIM-54“不死鸟”空空导弹

AIM-54“不死鸟”空空导弹（图4-98）是二战后美国研制并装备使用的第一个远距拦截空空导弹型号。1973年开始服役，美国主要装备在F-14、F-111战斗机上，用于攻击来袭的超音速轰炸机和巡航导弹，控制空域和保卫舰队安全。配合飞机上的火控系统，该导弹可同时跟踪攻击6个目标。该导弹及其配套使用的机载火力控制系统均由美国休斯公司（休斯导弹系统公司的前身）研制。

图 4-98　AIM-54“不死鸟”空空导弹

“不死鸟”空空导弹采用正常式气功外形布局，与该公司早期研制的“猎鹰”空空导弹相似，故升阻比大、机动性好。弹体外壳材料为铝合金，先涂一层隔热涂料，然后涂一层环氧树脂涂料，涂层前部厚度 3.2 毫米，后部厚度 2.3 毫米，使弹体结构重量减轻，能经受高超音速飞行时的气动加热影响。该弹采用半主动脉冲多普勒雷达中段制导加主动雷达末制导，导引头组件由耐高温陶瓷天线罩、四象限微波平面阵列天线及其射频线路、天线伺服控制机构组成。战斗部 / 引信舱内装有连续杆式战斗部和无线电近炸引信。炸药爆炸生成的环形钢杆的杀伤半径为 15 米。引信的目标探测器采用时域信号处理的 K 波段脉冲雷达，用来确定战斗部的最佳起爆时间和将点火脉冲传递给传爆管线路，并根据导弹与目标的接近速度计算引爆延迟时间。共有 4 个喇叭天线，另有 2 个窗口用来观察引信的安全状态和弹簧的解除保险状态。此外，还有触发引信，其与无线电引信有电连接。发动机舱内装 1 台北美罗克韦尔公司火箭发动机分公司的 MK47Modo 固体火箭发动机，钢制外壳，燃烧室与尾喷管之间用延伸管连接，穿过控制舱进入玻璃钢制造的喷管内。

从作战性能水平上看，20 世纪 70 年代投入使用的 AIM-54A 型和 80 年代投入使用的 AIM-54C 型“不死鸟”导弹，分别属于第二、第三代空空导弹范畴。其中，AIM-54A 型导弹弹长 3.96 米，弹径 380 毫米，翼展 920 毫米，最大射程 150 千米，弹重 447 千克，安装 1 台固体火箭发动机，制导系统为半主动连续波雷达中制导加主动雷达末制导，最小射程 4000 米，最大飞行速度 1530 米 / 秒，使用高度为 25000 米。

美国海军从 1983 年开始提出发展“不死鸟”导弹的后续弹——AAAM 先进远距空空导弹。2004 年 10 月，美海军海航系统司令部宣布，美海军于 9 月 30 日将服役了长达 30 年之久的 AIM-54“不死鸟”导弹退出现役。

（二）苏联 / 俄罗斯 R-73“箭手”空空导弹

R-73（图 4-99）是苏联锦旗设计局在 20 世纪 70 年代末期发展的第四代苏

制战斗导弹。1985 年，R-73 空空导弹定型服役，北约代号为 AA-11“箭手”。它是世界上第一种能离轴发射，且搭配头盔瞄准具达到“可视即可射”的导弹。

图 4-99 R-73“箭手”空空导弹

R-73 弹长 2.9 米，弹径 170 毫米，弹重 110 千克，战斗部重 7.4 千克，射程为 30 千米。R-73 基本型系列包括 R-73K、R-73L、R-73E 和 R-73LE，其差异仅在引信以及使用目标的类型。R-73K 是全系列最早的苏联空军自用量产型，采用无线电引信，在安装有激光引信的 R-73L 问世后就被取代而停产。R-73E 与 R-73LE 分别是 R-73K 与 R-73L 的外销型。

R-73M1 型又称为 R-73M，它的问世使 R-73 家族在欧美同级武器如雨后春笋般问世之际，仍能够傲视群雄。R-73M2 的弹长增加到 3.2 米，翼展增至 0.404 米，发射重增至 115 千克，采用初期惯性导航，无线电指令中途修正加末端红外制导，在某种程度上可视为一种超视距攻击的中程导弹。其前向动力射程为 30 千米，保证杀伤射程 13 千米。制导头发射前离轴角 ±60 度，发射后离轴角 ±80 度。

R-73M2 采用 MK-80M 红外制导头，用灵敏度更高的中长波探测元件。配备可程式化新型电脑，抗干扰能力更强，对战机的探测距离约 15 ~ 20 千米。MK-80M 制导头解析度高，可辨识目标热辐射分布，能在命中前约 1 毫秒计算出目标的中间部位为命点中，增加杀伤率。R-73M2 最具震撼力的功能是它可掉转 180 度攻击后方目标。使用时，载机先通过资料链引导导弹转向，待完成敌我识别、确认不会误击友机后再启动制导头，这种发射方式已在苏 -35 上试验成功。与机上的雷达告警器配合使用，还可用此方法拦截来袭导弹。其在向后射击最大射程 8 ~ 12 千米，最短射程 1 千米。

R-74ME 型在 R-73 的基础上对制导、动力系统均进行了大幅度改进，射程增加到 40 千米，制导头视野可达 ±（80 度 ~ 90 度）。按照苏联 / 俄罗斯的空对空导弹命名法（研制中用 K 开头，定型后用 R 开头），该型导弹目前应称为 K-74ME，它是以 R-73 为基础发展的新一代空空导弹。

R-73 可以称得上是世界第四代近程格斗导弹发展的领航员，其基本性能远远超出当时所有的近程格斗导弹。北约国家曾在两德统一后利用德国接收东德的“米格”29与F-16进行了空中格斗模拟，更加确信了R-73导弹超群的性能。据一般估计，当时的R-73比AIM-9领先20年左右。因此，西方国家奋起直追，在20世纪最后十年间发展出多种性能顶尖的格斗导弹，包括美国的AIM-9X、英国的ASRAAM、德国的IRIS-T以及以色列的“怪蛇”Ⅳ等，R-73也持续推出改型。虽然前述西方导弹局部性能可能比R-73改进型更好（特别是制导头与电子技术），但整体性能未必比得上R-73。而且由于R-73改型大都比其同级西方对手早5 ~ 10年服役，因此说“R-73领先世界10年左右”并不过分。

（三）法国“米卡”空空导弹

“米卡”空空导弹（图4-100）堪称法国导弹科技的招牌，它不仅是法国空军和海军航空兵的主力装备，还随着“幻影”2000战斗机出口到阿联酋、希腊和中国台湾。

图4-100 “米卡”空空导弹

“米卡”空空导弹的全称为“米卡”拦截与空战导弹，从它独特的名字就可看出它的多用途特征。1980年，法国著名的导弹生产商玛特拉公司确定了“米卡”导弹的技术方案包含可更换的模块化导引头、推力矢量控制等基本技术特征，为“米卡”导弹研制了两种导引头：主动雷达型和被动红外成像型，其中前者用于中距拦截，后者则用于近距格斗，通过两种导引头的更换即可使同一空中平台兼具中距拦射和近距格斗能力。1981年年底，“米卡”拦截与空战导弹的研制工作正式铺开。几乎与此同时，法国国防部正式宣布退出根据1980年美国、英国、德国、法国四国签订的《新型空空导弹系列谅解备忘录》实施的联合研制计划。

1992年1月，“幻影”2000战斗机上搭载“米卡”主动雷达型首次进行中距拦射获得成功。1994年，“幻影”2000战斗机开始搭载“米卡”红外制导型进行空中试验。1995年，“米卡”红外制导型空中试射成功。1997年，“米卡”红外制导型通过定型。“米卡”空空导弹的雷达型和红外型分别于1996年和2000年开始大批量生产，法国空/海军总共订购3000枚，两种型号各1500枚。到2003年，“米卡”导弹的出口数量已经突破3000枚。

“米卡”空空导弹弹重112千克，弹长3.1米，弹径165毫米，最大射程为50千米，最大飞行速度为3倍音速，制导系统为惯性制导+无线电指令修正+末段主动雷达或红外成像。该导弹的动力装置为一台两级推力固体火箭发动机，采用了推力矢量控制技术。火箭发动机尾喷口处有4片气流偏转片，它们被集成在一个金属圆盘上，通过计算机控制偏转角度，从而调节飞行姿态。4 片 L 形全动式弹翼加上推力矢量控制技术可使“米卡”导弹最大过载达到 50 克。这对于近距格斗有着非凡的意义，第三代战斗机的最大过载都在 9 ~ 10 克上下。换句话说，“米卡”导弹可以做出战斗机无论如何也做不出来的机动动作，只要导引头锁定了目标并且顶得住电子干扰，飞机想靠机动来摆脱“米卡”是基本不可能的。而 ±90 度的离轴发射角使“米卡”拥有更大的杀伤区域和不可逃区域。

“米卡”空空导弹最主要的特点就是首次将中距拦截与近距格斗双重任务集于一身。中距拦截和近距格斗对导弹的要求是完全不同的，这也就在很大程度上决定了它的优点和缺点。“米卡”的优点在于模块化的结构、较强的通用性，同时减轻了后勤供应系统的负担，一型两用还节省了研制经费。为了确保格斗性能，“米卡”的重量比一些格斗导弹都轻。由于重量限制，“米卡”所装的燃料不多，射程也不远，勉强算得上中距拦截。

四、现代经典空地导弹

空地导弹按其作战使用可分战略空地导弹和战术空地导弹。战略空地导弹可携带核战斗部，主要装备战略和战斗轰炸机，执行二次核打击任务；战术空地导弹是指装在战斗轰炸机、攻击机或直升机上，对地面目标实施战术攻击的导弹，是各国战术空军对地攻击的重要突击武器。

（一）美国“海尔法”空地反坦克导弹

“海尔法”空地反坦克导弹（图 4–101）俗称“聪明”导弹。“海尔法”导弹是专门为“阿帕奇”武装直升机而开发的空地导弹，主要用来对付坦克。与“陶”式导弹不同之处是，它不用导线做有线引导。“阿帕奇”直升机发射“海尔法”导弹之后，行动不会受到限制，可以立刻规避敌人的攻击。

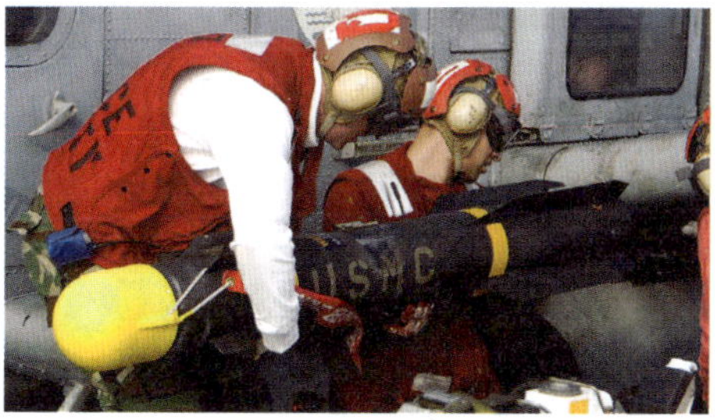

图 4–101　“海尔法”空对地反坦克导弹

该弹的引导方式是半主动激光诱导。激光发生器向着目标照射激光，导弹的接收器收到来自目标反射的激光，导弹沿着目标反射的激光飞行攻击。“海尔法”导弹可以准确地攻击目标，而且射程达 9000 米。它成为 AH–64“阿帕奇”直升机的主要对地武器。海湾战争中，很多伊拉克坦克被“海尔法”导弹摧毁。

（二）以色列“突眼”1空地导弹

“突眼”1（图4-102）是以色列研制的中程防区外空地攻击导弹，主要用于攻击陆上机动目标和固定目标。1983年开始装备以色列空军，1990年美国空军开始装备这种导弹。该导弹采用可修正的惯性导航系统加电视或红外成像末制导，配以爆破杀伤战斗部。该导弹可装于F-15、F-111、B-52等大型战机上。由于它射程远、速度快、命中率高，具有夜战能力，堪称同类导弹的典范。

图4-102 “突眼”1空对地导弹

该导弹射程90千米，弹长4826毫米，弹径553毫米，弹重1360千克，战斗部重350千克。

五、现代经典空舰导弹

空舰导弹属于反舰导弹系列，按其飞行特点属巡航导弹，20世纪40年代末开始研制，苏军首先装备。空舰导弹配有穿甲、破甲和爆破战斗部，目前多采用编码技术和频率捷变雷达寻的制导方式，并开始向远程、隐身及复合制导、热成像制导、“智能”制导方向发展。

（一）美国AGM-84“鱼叉”空舰（地）导弹

AGM-84“鱼叉”导弹（图4-103）是美军目前主要的反舰武器之一，它是由麦克唐纳·道格拉斯公司研制的，1979年装备部队使用。这种高亚音速掠海反舰导弹有舰舰型和空舰型等型。其动力装置为一台涡喷发动机，因而它的射程较远，可达120千米。

图4-103 AGM-84“鱼叉”空舰（地）导弹

该弹长 3840 毫米，弹径 340 毫米，发射重量为 522 千克，制导方式采用中段惯性制导和末段主动雷达制导。弹头处装有一台抗干扰性能较好的宽频带频率捷变主动雷达导引头。近年来，又为这种导弹研制了一种红外成像导引头。这两种导引头可互换。“鱼叉”导弹发射前，由载机上的探测系统提供目标数据，然后输入导弹的计算机内。导弹发射后，迅速下降至 60 米左右的巡航高度，以 0.5 马赫的速度飞行。在离目标一定距离时，导引头根据所选定的方式，开始搜索前方的区域。捕获到目标后，“鱼叉”导弹进一步下降高度，贴着海面飞行。接近敌舰时，导弹突然跃升，然后向目标俯冲，穿入甲板内部爆炸，以提高摧毁效果。“鱼叉”导弹可用于攻击大型水面舰只、巡逻快艇、水翼艇、商船和浮出水面的潜艇等，其单发命中概率为 95%。

（二）法国 AS15TT 空舰导弹

AS15TT 空舰导弹（图 4-104）是法国宇航公司为沙特研制的一种全天候轻型空舰、岸舰和舰舰通用反舰导弹，1985 年开始批量生产，采用无线电指令制导，高度表控制飞行高度。在巡航飞行中，机中雷达一边跟踪目标一边给导弹发送制导指令，使导弹始终对照目标飞行。半穿甲爆破型战斗部，重 30 千克。导弹快艇命中一枚足以被摧毁。

图 4-104　AS15TT 空舰导弹

该导弹弹长 230 毫米，弹径 187 毫米，全弹重 100 千克，飞行速度 280 米 / 秒，射程 2 ~ 15 千米，可以在导弹快艇防空火力外发射导弹。

六、现代经典陆基洲际弹道导弹

陆基洲际弹道导弹常带有多级发动机，有一个战斗部，采用技术非常复杂的分导技术，可拥有多个战斗部，最多达到 14 个。陆基洲际弹道导弹的发射手段主要有洲际弹道导弹地下井发射、公路机动发射、铁路机动发射。目前，先进的洲际弹道导弹采用惯性制导或复合制导，可在 40 分钟内对地球上的任何国家纵深内具有战略意义的目标进行打击，是战略核力量的主要组成部分。

（一）美国“和平卫士”洲际弹道导弹

“和平卫士”洲际弹道导弹（图 4-105）于 20 世纪 70 年代开始研发，其研发的目的在于精确打击敌人的目标。1982 年，美国当时的总统里根下令，要尽可能快速地向现有的导弹发射基地部署 100 枚“和平卫士”导弹。

图 4-105 “和平卫士”洲际弹道导弹

1983 年 6 月 17 日，“和平卫士”导弹第一次试射在范登堡空军基地进行。1984 年，美国生产第一枚全尺寸、具备作战能力的核弹。1985 年，由于经费和其他原因，美国国会批准最多生产 50 枚“和平卫士”导弹。1986 年 6 月，美国部署第一枚“和平卫士”导弹，并于此后不久成立第 400 导弹中队，负责 50 枚“和平卫士”导弹的作战与管理。

根据《战略武器削减条约》，美国于 2002 年 10 月 4 日将第一枚“和平卫士”导弹退出现役，其他导弹也于 2005 年 9 月全部退出现役。

“和平卫士”是一种固体燃料洲际弹道导弹，长 21.6 米，弹径 2.33 米，最大射程为 1.3 万千米，时速为 2.56 万千米，可携带 10 枚 MK21 分导式弹头，并将其精确地投掷到远方，圆周公算偏差值为 100 米。其打击精度、射程和运载能力都超过了“民兵”Ⅲ导弹。该弹采用四级推进方式，前三级为固态燃料推进火箭，第四级（后期推进装置）使用液态燃料推进系统。

（二）苏联/俄罗斯 SS-18 洲际弹道导弹

SS-18 导弹（北约称为“撒旦”）（图 4-106）是两级液体燃料惯性制导的

重型洲际弹道导弹，从 1979 年开始装备部队执行作战任务，共发展了 6 种型号。早期型号（Ⅰ、Ⅱ、Ⅲ型）的 SS-18 导弹携带当量为 1800 万 ~ 2500 万吨的单弹头，在 1983 ~ 1984 年间被携带 10 个分导式多弹头的 SS-18 Ⅳ型导弹取代。SS-18 Ⅳ型导弹从 1980 年开始部署，到 1984 年苏联共有 308 枚 SS-18 Ⅳ型导弹。1988 年之后，SS-18 Ⅳ型导弹部分被 SS-18 Ⅴ型导弹代替。

图 4-106　SS-18 洲际弹道导弹

SS-18 Ⅴ型导弹也携带 10 个分导式多弹头，当量和精度比 SS-18 Ⅳ型导弹有大幅度提高，而且它保持了俄战略火箭军打击硬目标的能力。俄罗斯境内共有 3 个 SS-18 导弹师。

SS-18 由于其大当量、高精度和分导式多弹头的特点，具有很强的打击硬目标的能力，被认为是第一次打击武器。

第五章　未来武器

进入 21 世纪，高新技术的不断迅猛发展和广泛应用，不断引发在全世界范围的军事变革。军事大国，特别是以美国为首的西方发达国家，都企图加快军事技术的创新发展，进一步拉大与其他国家在军事高新技术方面的差距。未来武器在这种背景下应运而生。未来武器是相对于传统武器而言的高新技术武器群体，目前主要处于研制或探索性发展中。它在原理、杀伤破坏机理（杀伤效应）和作战方式上，与传统武器有显著的不同，投入使用后往往能大幅度提高作战效能与消费比，取得出奇制胜的作战效果。加快发展未来武器，是确立军事高新技术优势的重要战略之一。

第一节　太空武器

陆海空外有天地，无声无息起干戈！

地球外层空间作为大地、海洋、天空之后的第四域，自古以来就是人类梦想拥有、利用的广阔之地。19 世纪末 20 世纪初，欧美各国开始探讨火箭技术。二战中，德国的火箭技术获得了突飞猛进，研制出了可用于实战的 V 系导弹。二战结束后，美苏大战导致两国在太空产生了激烈的竞争，苏联首先发射人造卫星和实现载人航天，美国则在登月竞赛中明显胜出。

在美苏太空竞赛中，一个重要的内容就是如何利用太空武器打击对方，所以双方都致力于研制种种太空武器。

太空武器主要包括激光武器、粒子束武器、微波武器、动能武器、导弹甚至核武器等，可以分为定向能、动能武器和传统武器。传统武器包括各种专门的导弹和核弹头，将其部署于太空，等于将导弹和核弹高悬于敌方国家头顶，随时可以进行打击；定向能武器和动能武器是新概念武器，主要包括高能激光武器、粒子束武器、微波武器、动能武器、电子精神控制武器等。

粒子束武器（图 5-1）是利用粒子加速器原理制造出的新型武器。其原理就是将粒子加速到一定速度，然后集束发射，被发射后的粒子束速度接近光速，携带有巨大能量。当以束流的形式击中目标后，高能粒子和目标物体的材料分子发生激烈碰撞，会导致材料产生高热，从而熔化、解体。

图 5-1 粒子束武器示意

微波武器是利用定向辐射和高能微波破坏和杀伤目标。我们可以很容易地从家用微波炉体会到微波所含的能量，很短的时间就可以将物体加热至很高的温度。微波武器可以在较远的距离对目标进行照射，并且其全天候作战能力较强，可以与雷达形成一体化系统，实现搜索、跟踪和打击的瞬间转换。

动能武器的作战原理非常简单，就是利用高空抛物的方式打击目标——当一定质量的物体有了非常高的速度后，在与目标发生碰撞时，所释放的能量相当于小型核弹，就如同陨石撞击地面。美国的太空动能武器主要是向地面目标投射钨、钛、铀等金属棒。

电子精神控制武器是利用人类脑电波扫描技术而发展出的一种超常精神控制武器。每个人的脑电波就如同指纹一样都是不同的，而且可以被扫描记录下来。但是在地面上，脑电波扫描仪最大的信息发送范围只有 100 ~ 200 千米，而卫星可以在高空实现对人脑的控制。地面控制人员可以通过卫星发射对特定的人输入指令，使其说特定的话或者发布特定的命令等。不过，目前这一技术还只处在初期探索阶段。

目前，太空战的主要形式是打击敌方卫星和对敌方地面目标发动攻击。其中前者已经基本可以实现，尤其是用地面导弹打击敌方卫星，这对美国而言是不对称战争，从而存在巨大的威胁。为此，自 2001 年起，美国每两年举行一次“施里弗”演习，用以检验对卫星等太空航天器的打击和防护。此后，美国不断加深太空武器研制，2011 年还进行了“深度撞击”行动。

另外，美国也在大力研制各种太空武器，其新型航天器 X-37B 几次发射中就承担着秘密测试任务。随着美国的研制脚步，可以预见，太空武器时代已经不远了。

第二节　电磁武器

电磁影无踪，谈之色亦变！

电磁武器是指通过电磁能量，或者制造出威力更大的电磁炮，或者通过战场电磁炸弹破坏敌方电子设备，导致敌方设备毁损，后者又称电磁波武器（或电磁脉冲武器）。电磁炮的特点是推力大、弹丸稳定性好、隐蔽性好（不产生火焰和烟雾）、弹丸发射能量可调节、发射成本低。

1961 年 10 月，苏联在新地岛进行的一次距离地面 35 千米的空爆核试验中，数千千米范围内的电子系统受到冲击。1962 年，美国进行的一次核试验产生了同样的效果。这就是氢弹爆炸产生的电磁脉冲。电磁脉冲武器就是利用炸药爆炸压缩磁通量从而爆发出数百万瓦的电磁脉冲，其领域广阔，从极低频到超高频范围内的电子设备均受影响，可以导致敌方的电子、信息、通信、武器控制、电网、民用电子设备及其他电器丧失功能。1999 年 3 月 24 日，美国在对南联盟的轰炸中，测试性地使用了电磁脉冲武器，结果导致南联盟部分地区长达 3 小时的通信中断。美国在对伊拉克的两次战争中也同样使用了电磁脉冲炸弹，使得伊拉克电视台转播信号中断。在巷战中，电磁脉冲武器也具有强大的作用，它可以破坏躲藏在建筑物内的武器，使之失去作用。

电磁脉冲武器（图 5-2）不但可以破坏电子设备，而且能对人体产生伤害和影响。电磁脉冲武器分为低频和极低频武器、射频武器、超高频（或微波，简称 MO）武器、光频武器和粒子武器。其中，低频和极低频电磁脉冲武器威力较小，但是可以对人体产生伤害，可以影响人体新陈代谢，尤其是对甲状腺产生干扰。超高频电磁脉冲武器也就是微波武器，该频段武器可以对人体肌肉产生影响，也可干扰人体神经系统。大功率的 RF/MO 武器（简称 MFP）所产生的超短波在瞬间可释放几百万安培的电流，转为数万亿瓦的脉冲电磁波，可毁损相当大范围内的电子设备。

图 5-2　电磁脉冲武器

电磁脉冲炸弹的优势十分明显，它可以对敌方电子设备产生“大规模杀伤”，且受建筑物、掩体等影响较小。

电磁炮是利用电磁发射技术而制造出的一种威力强大的炮，与传统火炮相比，其对弹丸的作用力时间更长，因而能使弹丸的速度更高，可将 3 克重的弹丸加速到 11 千米 / 秒，将 300 克的弹丸加速到 4 千米 / 秒。电磁炮可分为轨道炮、电热炮、重接炮等。

目前，美国在电磁炮研制方面已经取得相当的成功。2010 年 12 月 12 日，电磁炮发射的炮弹速度达到 5 马赫，并准确击中 200 千米外的靶目标，射程为常规火炮的 10 倍。两次试射所产生的能量分别达到 33 兆焦耳和 32 兆焦耳，而美军的目标是配备 64 兆焦耳级电磁炮，此时射程可达 321 千米。

第三节　激光武器

一束光耀眼，灰飞烟灭中！

激光定向能武器（图 5-3），是利用激光器发射高能量光束，通过照射目标，在短短数秒内就使目标体材料强度降低或直接熔化、引爆燃料部或战斗部，从而导致目标失去作用或被直接摧毁。

图 5-3　美军舰载激光炮

激光武器是现代战争梦寐以求的作战武器。在电影《星球大战》中，激光武器就是主要武器。不过，激光武器技术长期以来一直难以突破。在冷战期间，美国和苏联都竞相研制，直至冷战结束后 20 年，美国经过数十年的积累，终于开发出了可用于实战的激光武器。

激光武器的优势非常明显——命中精度非常高、打击速度快，以及无污染、无后坐力等。另外，还有一个优势就是成本低。以空基激光武器 ABL 为例，其每次射击只需要约 1000 美元，这相比动辄数十万、数百万美元的炸弹、导弹而言，简直是物美价廉。

激光武器按激光生成方法可以分为化学激光器、固体激光器、液体激光器和自由电子激光器四种类型。

1960 年，世界上诞生了第一台激光器，1966 年开始第一个高能气体动力激光器的研制，1970 年连续输出功率达 60 千瓦，1973 年达到 400 千瓦。当年美军曾利用二氧化碳激光机击落靶机，但此时距离实战要求还很远。

1976 年，美国空军继续其空基激光实验室（ALL）的计划，1979 年实现了连续 8 秒、输出功率达 456 千瓦的照射。这次成功的实际武器输出为 380 千瓦，可以在 1 千米的距离上实现 100 瓦 / 立方厘米的能量密度。ALL 项目前后持续了 11 年，期间在试验中击落 5 枚 AIM-9B“响尾蛇”空空导弹和 1 架 BQM-34A 火峰靶机。

此后，美国制订了“星球大战”计划，其中包含继续开发空基激光武器的 ABL 计划和 ALTB 计划。ABL 计划由波音公司为主承包商，TRW 公司负责制造激光机。计划以波音 747-400F 飞机作为载机，实现 2 兆瓦的输出功率。ABL 最终未获成功，不过积累了大量技术。在美国空军研制激光武器的同时，美国陆军也在进行其同类计划。美国曾和以色列自 20 世纪 90 年代共同制订了战术高能激光器（THEL）以及机动战术高能激光器（MTHEL）计划，并在2000～2001年的打靶试验中击落20多枚火箭弹，但两国的合作计划在2005年终止。同时，美国空军以研制氧碘激光器为核心的先进战术激光器（ATL）也在进行。该计划是由波音公司承担，并在2006年交付了ATL载机。2009年9月，首次进行了对地高能激光打击，摧毁了一辆无人车辆。目前，美国高能激光联合技术办公室（HEL/JTO）正在与美国陆军、海军和空军共同研制“联合高能固体激光器”（JHPSSL）。

作为武器，激光技术目前主要存在三大难题：其一，能量来源是一个主要问题；其二，大气扰动问题直至今日仍是一个难题；其三，功率体积（质量）比难以解决，过大的体积和过低的功率都不符合实战要求。

第四节　纳米武器

大千世界生百态，纳米虽小弄新潮！

20世纪90年代出现了一门新兴技术——纳米技术，这一前沿科学技术应用于军事领域，产生了微型纳米武器。纳米技术是在0.1～100纳米，即十亿分之一米尺度的空间内，研究电子、原子和分子运动规律和特性的崭新技术。它包括纳米电子技术、纳米材料技术、纳米机械制造技术、纳米显微技术以及纳米物理学和纳米生物学等不同的学科和领域。纳米技术能按照人的意愿操纵单个原子和分子，实现对微观世界的有效控制。这一技术一经出现，就引起世界各国的高度重视，被列入21世纪的关键技术，各国都投入大量的人力、物力进行研究与开发。

纳米技术的军事应用，可分为纳米信息系统和纳米攻击系统。

一、纳米信息系统

纳米信息系统是指以纳米技术为核心的信息传输、存储、处理和传感系统。它包括微型间谍飞行器、袖珍飞机、“间谍草”、高性能敌我识别器、有毒化学战剂报警传感器和纳米卫星等。

（一）“间谍草”

“间谍草”是西方国家研制出来的一种微型探测器，形状和颜色酷似小草，带有灵敏的电子侦察仪器、照相机和感应器等装置，具有像人一样的“视力”，能侦测出几百米外坦克等装备出动时产生的振动和声响，并可将情报传回指挥部。这种

“间谍草”可用飞机空投或布撒，飘到地面后，会自动在地面上定向，使某一端朝上并指向正确方向。更妙的是，它还具有一定的机动能力，能够移动，比如从障碍物后面转出来。如果用飞机在敌军的部署地区，撒布上数以万计的“间谍草”，就可轻而易举地“实时”掌握敌军的一举一动，而敌人可能还蒙在鼓里。

（二）袖珍飞机

美国已研制了一种非常微小的遥控飞机，只有 5 英镑纸钞大小，至少能持续飞行 1 小时以上。机上装有超敏感应器，可“闻”出柴油机排出的废气，并可在夜间拍摄清晰度很高的红外线照片。袖珍飞机可把获得的最新情报信息传回 320 千米以外的基地，或把敌军的坐标位置传送到己方的导弹发射阵地引导导弹对敌人实施袭击。目前，这种袖珍飞机在美国已完成设计，并将批量生产。

（三）纳米卫星

“纳米卫星”是全部由微型仪器构成的航天器，是一种体积很小、重量很轻的微型卫星。纳米卫星硬件单元间的连接肉眼几乎看不见，其重量小于 0.1 千克，比小型卫星还轻得多，成本也要低很多。使用半导体标准工艺线可以成批地生产纳米卫星。而一枚“飞马座”级运载火箭可发射和部署数百颗甚至数千颗纳米卫星，组成分布式航天体系，提高了航天体系的生存能力和灵活性。

（四）“掌上火箭”

纳米火箭是一种专门用来发射微型卫星和纳米卫星的火箭，其体积只有火柴盒那么大。一枚这样的火箭可以机动发射数百颗乃至上千颗卫星。只要花几百英镑，就能将有效载荷送入轨道，而它的推力与质量的比值要比航天飞机大 1000 倍以上。其发射平台如此之小，甚至可以在掌上进行。

（五）纳米迷彩

由于纳米磁性材料在一定条件下会产生光发散效应，具有凹透镜的作用，当光束通过时会改变传输方向、降低光的强度和改变光的空间分布，从而为舰艇隐身技术向全波段、主 / 被动兼容方向发展提供了物理基础。美国研制的纳米隐身涂料——超墨粉，对雷达波的吸收率就高达 99%。这种新材料用于潜艇外壳，能根据水波的变化提前“感知”和“察觉”来袭的敌方鱼雷，使潜艇及时规避。

二、纳米攻击系统

纳米攻击系统是指运用纳米制造技术制造的微型智能攻击武器。它包括微机器人电子失能系统（微型机器人）、“昆虫平台”“蚂蚁雄兵”“机器虫”和“蜇人黄蜂”等。

（一）微机器人电子失能系统

微机器人电子失能系统由传感系统、处理和自主导航系统、杀伤装置、通信系统和电源系统五个分系统组成。当微机器人电子失能系统接近目标时，能“感觉”敌方电子系统的位置，进而渗入系统实施攻击，使之丧失功能。

（二）“昆虫平台”

“昆虫平台”（图 5-4）是用昆虫作为微机器人电子失能系统的载体，将微机器人电子失能系统预先植入昆虫的神经系统，既可操纵它们飞向敌方目标搜索情报，也可利用它们使目标丧失功能或杀伤士兵。

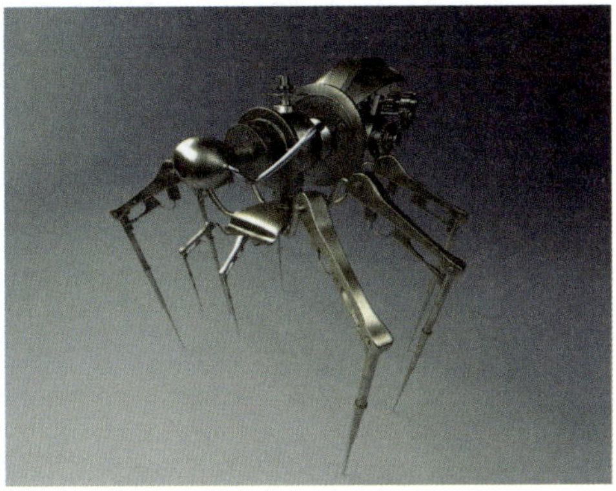

图 5-4　“昆虫平台”纳米武器

（三）“蚂蚁雄兵”

“蚂蚁雄兵”是一种机械蚂蚁，体型只有一般蚂蚁大小，但具有可怕的破坏力，技术性能非常高。这种“小精灵”背部装有微型太阳能电池作为动力，根据需要，身上可装上搜集情报的微型传感器，也可装上微型高能炸药，偷偷潜入敌军总部，专找电脑网络或电线下手，其威力足以炸毁各种重要的通信线路，用它攻击指挥自动化网络是再合适不过了。

（四）“机器虫”

“机器虫”实际上是一种微型战地机器人，由传感系统、处理和自主导航、杀伤机制、通信系统和电源系统等组成。其体积大的只有鞋盒那么大，小的仅有硬币大小。这种“机器虫”能爬行、跳跃，甚至能飞行，它可担负搜集情报信息的任务，也可到千里之外执行排除地雷等危险工作，还可执行攻击电子系统的任务。当“机器虫”接近目标时，能“感觉”出敌方电子系统的位置，并渗入该系统实施攻击，使其丧失功能。

（五）“蜇人黄蜂”

“蜇人黄蜂”是一种黄蜂大小的武器装备，具有信息处理、导航、通信和攻击能力，能在一定范围内飞行、爬行和跳跃。它带有某种极小的弹头，能非常便利地攻击敌人的武器系统和信息系统。它们的攻击目标是敌人的装备系统而非人员。有些“蜇人黄蜂”可以通过插口钻进敌人的计算机内部，破坏其电子线路等硬件，使整个计算机系统瘫痪。可以预见，许多大型武器系统将面临严重威胁，“蚂蚁斗大象”的事例将会层出不穷。

三、纳米武器装备的特点

纳米武器装备与传统武器装备相比，具有系统超微型化、高度智能化和便于大量使用的特点。

（一）武器装备系统超微型化

用量子元器件取代大规模集成电路，可使武器装备控制系统的重量、体积和功耗大幅度缩小。它可以把现代作战飞机上的全部电子系统集成在一块芯片上，使目前需车载机载的电子战系统缩小至可由单兵携带，从而使电子战得以在更广的范围内进行。用纳米技术制造的微型武器其体积只有昆虫般大小，却能像士兵一样执行各种军事任务。由于纳米微型武器装备体形微小，工作特征不明显，极不容易被发现，它们可以在敌方关键设备潜伏长达几十年之久，战时发挥作用。

（二）高度智能化

量子器件的工作速度比半导体器件快 1000 倍。用量子器件取代半导体器件，可以大大提高武器装备控制系统中的信息传输、存储和处理能力。采用纳米技术可使现有雷达体积缩小数千倍，信息获取能力提高数百倍。用微机电系统制造的微型敌我识别器散布于整个飞机蒙皮或车辆的外表面，能以较低的功率自动对询问信号做出应答，敌人难以侦听或截获。用纳米材料制造潜艇的蒙皮，可以灵敏地“感觉”水流、水温、水压等极细微的变化，比真人的皮肤还敏感，并能及时反馈给中央计算机。

（三）便于大量使用

用纳米技术制造的微型武器系统，几乎没有用肉眼看得见的硬件单元的连接，省去了大量线路板和接头，因而成本低廉，运用也十分方便。比如，用微机电系统制成的个人导航装置，可以增强现有全球定位系统接收机的功能，价格仅 100 美元。用一架无人驾驶飞机就可以将数以万计的微机电系统探测器空投到敌军可能部署的地域或散布在天空中，很容易掌握敌人动向。纳米武器因之可以大量使用，以质取胜，以量取胜。美国战略研究所的一位科学家说：“道理很简单，如果美国十几艘航空母舰毁了四五艘，可能会重创美国军力。如果以这笔钱来发展袖珍武器，那么我们可以以量取胜，毁了一百艘袖珍舰艇或飞机，也无关痛痒。”

随着纳米技术在军事领域内的广泛应用，“微型军”家族会越来越庞大。纳米技术的发展，导致武器装备的微型化，将会在军事领域引发一场革命。五角大楼的武器专家预计，未来 5 年内，第一批“微型军”将会服役，10 年内有望大规模部署。当“微型军”开始广泛应用于战争时，称雄一时的重型武器装备系统很有可能败在“微型军”手下。未来将进入“小妖”战“巨魔”的时代，将会出现从天上黑压压的“蜜蜂战机”机群到地面无数的“蚂蚁大军”铺天盖地的战场特异景观。

第五节　战场机器人

刀山火海毫无惧，上天入地胜超人！

战场机器人是指可用于执行侦察、排雷、监视、搜索、作战等任务的无人机器。

机器士兵过去只是出现在科幻电影中，但在今天的美军部队中各种作战无人机器已非稀有。在阿富汗战场、伊拉克战场等，美军士兵已经配备大量侦察、排雷、搜索等“机器士兵”——仅在这两个战场，当时已经装备约 5000 个各种无人地面机器。在伊拉克战争伊始，美国参战陆军已经部署 1 个 MQ-5B“猎人”无人机连和 2 个 RQ-7B“阴影”无人机排，共计 16 架无人机。至今，美国陆军和海军陆战队已经装备数千个“侦察兵”抛投式机器人，可用于建筑物、洞穴等隐蔽空间内的侦察。这种构造简单的“侦察兵”小巧结实，只有 18.6 厘米宽，重 540 克，形同一个哑铃，通过遥控操作可以四处移动，对建筑物、洞穴等内部情况进行视频侦察。

机器人不只执行侦察、监视、排雷这样的任务，而且有些机器人是“携带”武器的，包括步枪、机枪和火箭筒，甚至导弹。

图 5-5　“Guardium”机器人士兵

不只是美国，以色列部队也已经装备可代替士兵巡逻的“Guardium”机器人士兵（图 5-5）。“Guardium”实际上是一辆四轮无人车，装备有夜视仪和多台摄像机，可进行 360 度扫描。“Guardium”的遥控操作非常简单，操作起来如同驾驶玩具车。“Guardium”可执行监视、侦察、巡逻、探测和引爆等任务。

除了各种战场“机器士兵”，还有许多微型“机器昆虫”，如机器蜻蜓、苍蝇、眼镜蛇等，它们都有仿生学设计，不仔细观察是无法分清的。“机器昆虫”的体形微小，十分利于执行侦察任务。另外，有些“机器昆虫”实际上可以执行破坏任务，如剪断电缆、电线，进入电子设备内进行破坏等。实际上，“机器昆虫”的研制已经进入纳米级，微小如米粒、甚至细菌大小的“机器昆虫”“机器微生物”可以大量部署，既可以在战场直接释放，也可以预先进入阵地，长期潜伏，待接到指令后开始执行任务。

第六节　未来单兵战斗系统

以一当十真勇士，横刀立马退千军！

单兵未来作战系统是美国未来战斗系统的组成部分，其单个士兵形成一个单系统作战单元，作战能力大为提高，相当于现在普通士兵的数倍。

美军未来单兵作战系统称为“大地勇士”（Land Warrior，图 5-6），包括单兵防护系统、武器系统、通信系统等，具体包括头盔、防弹衣、生命保障系统、通信系统、火控系统、单兵计算机中心以及外骨骼等增强系统。

图 5-6　“大地勇士”单兵系统

“大地勇士”单兵系统与整个美军的未来作战系统协调一致，成为其重要的组成部分。该系统首先是一个单兵C4I系统，每个士兵都是一个数字化作战单元，其信息可以实时共享，且能与战场指挥部甚至美军最高级指挥部直接相通。同时，每个单兵系统配备有未来单兵作战武器、防弹衣等。其中一个显著的装备是外骨骼，这可以大大增强士兵的能力和“体力”。比如搬运炮弹，通常一个炮弹需要2 ~ 3名士兵才能搬得动，但穿上这套外骨骼系统，一个士兵可以轻松完成搬运，此时一个士兵相当于三个士兵。另外，还有“机动滑板”、小型/微型机器人等装备。这些装备大大提高了普通士兵的作战能力，不但个体能力增强，而且在形成团队作战系统后，其作战能力数倍于现在的普通班、排、连。

德国也在研制其未来士兵作战系统（IDZ）。与美国的未来单兵系统不同的是，该系统分为20个核心组件，以10人为一个作战分队，但并不是每个士兵都有相同的全套装备，而是采用分级模块化的方式，每个士兵承担一部分，互相补充。这种方式成本更低，作战协调性也更好，但需要组队。

参考文献

[1] 牛新光 . 武器装备建设的国防系统分析 [M]. 北京：国防工业出版社 , 2007.

[2] 李炳彦 , 胡延宁 , 王圣良 . 光战争 [M]. 北京：解放军出版社 , 2015.

[3] 李明 , 刘澎 . 武器装备发展系统论证方法与应用 [M]. 北京：国防工业出版社 , 2000.

[4] 赵全仁 . 武器装备论证导论 [M]. 天津：兵器工业出版社 , 1998.

[5] 刘兴堂 . 信息化战争与高技术兵器 [M]. 北京：国防工业出版社 , 2009.

[6] 禚法宝 . 新概念武器与信息化战争 [M]. 北京：国防工业出版社 , 2008.

[7] 毛保全 , 于子平 , 邵毅 . 车载武器技术概论 [M]. 北京：国防工业出版社 , 2008.

[8] 卞荣宣 . 世界轻武器 100 年 [M]. 北京：国防工业出版社 , 2004.

[9] 李明 , 刘澎 . 武器装备发展系统论证方法与应用 [M]. 北京：国防工业出版社 , 2000.

[10] 周纬 . 中国兵器史 [M]. 北京：中国友谊出版公司 , 2010.

[11] 杨泓 . 中国古代兵器论丛 [M]. 北京：中国社会科学出版社 , 2007.

[12] 杨泓 . 中国古兵与美术考古论集 [M]. 北京：文物出版社 , 2007.